KB140784

익숙한
일상의
낯선
양자 물리

익숙한 일상의 낯선 양자 물리

아인슈타인과 함께 하루를 시작한다면

초판 1쇄 2019년 6월 28일
3쇄 2020년 4월 10일

지은이 채드 오젤
옮긴이 하인해
발행인 최홍석

발행처 (주)프리렉
출판신고 2000년 3월 7일 제 13-634호
주소 경기도 부천시 원미구 길주로 77번길 19 세진프라자 201호
전화 032-326-7282(代) **팩스** 032-326-5866
URL www.freelec.co.kr

편집 강신원·오창희
표지디자인 박진범
본문디자인 김경주

ISBN 978-89-6540-248-0

익숙한 일상의 낯선 양자 물리

아인슈타인과 함께 하루를 시작한다면

채드 오젤 지음 | 하인해 옮김

프리렉

추천사

이 책은 우리의 평범한 일상이 양자 현상과 관련되어 있음을 일깨워 주며, 어렵게 느껴왔던 양자 물리를 쉽게 풀어 나가고 있다. 나를 깨우는 아침 햇살과 알람 시계, 그리고 부엌에 있는 연기 감지기와 전기레인지, 냉장고에 붙어 있는 자석까지 모두 양자 현상과 관련이 있다. 그리고 식사와 즐기는 커피의 은은한 향기와 밤 사이에 올라온 SNS의 소식들도 마찬가지다.

이 책의 원제는 《Breakfast with Einstein》으로 아인슈타인은 양자 물리와 깊게 관련되어 있다. 그는 심오한 우주의 시공간에서 사색하는 현학적인 자연철학자가 아니라, 당시의 이슈에 같이 동참하고 고민했던 친구 같은 과학자였다. 광전 효과를 들으면 누구나 쉽게 아인슈타인을 떠올리겠으나 브라운 운동이 그와 관련되어 있음을 알까? 그래서 이 책을 통해 재미있는 양자 물리도 이해해 보고 아인슈타인에 대해서도 재조명해 볼 수 있을 것이다.

이 책에서 다루는 양자 물리는 고등학교 수준이며 수식을 거의 사용하지 않았다. 그래서 고등학생 이상 일반인이나 스스로 물리에 관심이 많다고 생각하는 중학생도 재미있게 볼 수 있을 것이다. 해당되는 고등학교 교과내용을 나열해 보면, 물리1에서는 〈물질과 전자기장〉, 〈소리와 빛〉, 〈정보의 전달과 저장〉 그리고 〈에너지〉, 물리2에서는 〈전기와 자기〉, 〈파동과 빛〉, 〈미시 세계와 양자 현상〉 등이다. 저자는 태양을 설명하면서 4가지 상호작용을 순서대로 설명하고 있는데 이 책의 백미라 할 수 있다. 찬찬히 음미해 보기 바란다. 저자 채드 오젤은 《강아지도 배우는 물리학의 즐거움》, 《위대한 과학자의 생각법》 등의 여러 책을 쓴 교수이며, 또한 과학 분야의 블로거로 활동하고 있다. 그는 어렵게만 여겨져 왔던 현대 물리학을 이해하기 쉽게 설명하는 데 힘쓰고 있다.

물리학에 있어 20세기는 황금 시대였다. 20세기에 들어서며 상대성 이론이 나왔고, 양자 현상을 밝혀 내기 시작하여 1960년대쯤 미시 세계와 거시 세계를 대략 이해하게 되었다. 이후 중력과 나머지 상호작용을 통합하려고 노력해 왔고, 또한 물질의 질량, 전하, 스핀의 원인과 상호작용의 근본까지 밝혀 내려고 하는 대통일장 이론인 초끈 이론이 제시되었다. 거의 30~40년간 화려한 스포트라이트를 받으며 많은 이론 물리학자들이 노력했으나 그 빛을 보지 못하고 2000년 밀레니엄과 함께 물리학 분야 자체가 사그러들었다. 물론 2013년 물질에 질량을 부여한다는 일명 '신의 입자'라 불리는 힉스 입자가 발견되었고, 우주의 나머지를 채우고 있다고 생각되는 암흑 물질과 암흑 에너지가 힘겹게 물리계를 이끌고 있기는 하지만 20세기에 비할 바가 아니다.

이제 새로운 물리가 나타나야 할 시기이다. 우리나라의 기초 과학 수준도 경제만큼이나 높아졌고, 과학 분야의 저서 활동, 번역 활동 등 인프라도 성숙했으며, 일반인을 위한 과학 세미나도 많아졌다. 카오스 재단이 주최하는 과학 세미나에 참석해 보면, 나이가 지긋하신 분들이 자리의 반 이상을 차지하고 있다. 의아하게 생각되기도 했지만, 한편으로는 우리의 과학 분야가 계속 성숙해 감을 느끼게 된다.

순수 과학은 우리의 가장 기본적인 의문을 해결해 주며 자연철학의 관점으로까지 이끈다. 세상은 어디에서 왔을까, 우리는 누구인가, 그리고 어디로 가는가? 이러한 궁금증을 향한 인간 욕망의 하나가 바로 대통일장 이론이다. 하나의 방정식으로 세상을 표현하고자 하는 그런 욕망, 그것은 욕심일까? 이 책을 통해 많은 사람들이 현대 물리학을 더욱 쉽게 이해하고, 더 많은 지식에 갈증을 느꼈으면 한다.

2019년 6월

한국과학기술원 물리학 박사 김태완

옮긴이의 말

당연한 것은 정말 당연할까? 좁은 틈이 난 스크린을 바닥에 놓고 작은 알갱이들을 쏟아부으면 틈의 형태대로 알갱이들이 바닥에 쌓일까? 얇은 종이에 쏜 포탄이 도로 튀어나와 나를 맞추지는 않을까? 어딘가에 놓여 있는 물체는 정말 그곳에 있는 걸까? 폭탄이 설치된 상자 속 고양이는 무사할 수 있을까? 앨리스와 밥이 빛보다 빠른 속도로 암호를 주고받을 수는 없을까? 평범하고 평온한 아침은 정말 평범한 걸까?

양자론은 우리의 직관을 뒤흔든다. 스크린의 좁은 틈을 통과한 알갱이는 전혀 엉뚱한 곳에서 발견되고, 어니스트 러더퍼드는 금박에 쏜 알파 입자가 튕겨 나오는 것을 보고 15인치 포탄을 얇은 종이에 쏘았는데 도로 튕겨 나와 자신을 맞춘 것 같은 충격을 받았다. 입자의 위치와 속도는 동시에 알 수 없다. 불확정적인 입자와 연결된 폭탄이 터지더라도 고양이는 무사하다. 앨리스와 밥은 유령 같은 원격 작용을 통해 빛보다 빠르게 암호를 주고받는다.

그렇다면 양자론 탄생의 주역들은 어떻게 직관을 뛰어넘었을까? 인간계에서 온 존재가 아니었기 때문에 인간의 경험과 완전히 동떨어진 이론을 만들 수 있었던 걸까? 이 책에 등장하는 과학자들이 무시무시한 천재임은 분명하지만 그들도 우리와 같은 인간이었다. 그들의 비범함은 기상천외한 개념을 단번에 생각해내는 능력이 아니라, 기묘하고 추상적인 현상으로 안내하는 작은 단서들을 평범한 일상에서 발견해내는 남다른 예리함에서 찾을 수 있다. 천재이지만 인간이었기에 실험 결과를 완벽하게 설명하는 이론을 만들어놓고도 직관과 다르다는 이유로 고뇌했다. 이를테면 막스 플랑크는 자신의 양자 가설을 언젠가 폐기될 절박한 수학적 트릭으로 치부했다. 당대 최고의 실험 물리학자인 로버트 밀리컨은 아인슈타인의 광전 효과 이론을 실험으로 완벽하게 증명했지만 만족스러운 이론적 토대가 될 수 없다고 깎아내리며 자기 모순적인 태도를 보였다. 볼프강 파울리는 중성미자라는 감지할 수 없는 입자의 존재를 제안하는 끔찍한 짓을 저질렀다는 죄책감에 시달렸다.

누구보다도 괴로워한 건 역사상 가장 위대한 과학자 중 하나로 추앙받는 알베르트 아인슈타인이었다. 그는 자신이 기반을 닦은 양자론의 불합리성을 꼬집기 위해 "신은 주사위 놀이를 하지 않는다"라고 단언했다. 아인슈타인과 에르빈 슈뢰딩거를 필두로 한 양자론 반대파와 닐스 보어를 중심으로 한 양자론 찬성파가 철학적 논쟁에 여념이 없는 동안, 후세대 양자 물리학자들은 양자론을 아무런 여과 없이 받아들이면서 데이비드 머민의 말대로 입 다물고 계산에만 몰두했다. 그들 역시 과학자의 기본 자질인 회의주의를 견지하지 못했다는 생각에 밤잠을 설쳤을지도 모른다. 특별하기만 할 것 같았던 위대한 과학자들의 성과가 타고난 독창성이 아니라 눈앞에 주어진 문제를 해결하려는 조급함에서 비롯되었다는 사실을 알고 나면, 동질감과 함께 심술궂은 안도감이 든다. 끝까지 직관을 고집하다가 결국 양자론 세계에서 소외된 아인슈타인과 슈뢰딩거에게는 주제넘게도 당찮은 연민이 인다.

다른 세계에서 온 듯한 천재 과학자들이 평범한 사람의 직관에서 쉽게 벗어나지 못했듯, 극단적이고 기묘한 양자 물리학 현상 역시 우리의 평범한 하루에 가닿는다. 온전히 하루 전체를 살펴볼 필요도 없다. 알람 시계 소리에 눈을 뜨고, 토스트로 요기하고, 출근 준비를 마칠 때까지 반나절의 반도 안 되는 시간 동안 우리는 우주의 4가지 기본 상호작용, 빛의 이중성, 광전 효과, 배타 원리, 불확정성 원리 등 온갖 양자 현상을 경험한다. 이 책의 저자 채드 오젤은 그 기묘하고 이해하기 힘든 현상들을(리처드 파인만은 양자 역학을 이해하는 사람은 이 세상에 단 한 명도 없다고 자신했다) 그것들이 무대로 삼는 우리의 일상만큼이나 편하고 쉽게 이야기한다. 우리가 당연하게 여기던 가장 단순한 일들에는 놀라움과 신비로움이 숨어 있다. 당연한 것들은 당연하지 않다. 아무리 평범한 아침일지라도.

2019년 4월

하인해

목 차

들어가며

해가 뜨고 알람 시계가 울리면 침대에서 일어나 하루를 시작한다. 침실에서 나오니 복도는 아직 어스름하고, 벽에 설치된 연기 감지기의 상태 표시등만이 희미하게 빛난다. 주방으로 내려가 전기레인지에 주전자를 올려 찻물을 끓인다. 또 잠결에 엉뚱한 화구에 주전자를 올린 건 아닌지 확인하려고 주전자 밑 발열체가 빨갛게 빛나는지 살핀다. 이제 냉장고에 자석으로 고정된 수많은 작품이 하나라도 떨어지지 않도록 조심스럽게 냉장고 문을 열고 아침거리를 찾는다. 빵 두 조각을 토스터에 밀어 넣자 빵틀이 약하게 흔들리고, 난 싱크대에 기대어 빵이 다 구워지길 기다린다.

차는 아직 너무 뜨거워 마실 수 없지만, 식으면서 올라오는 김의 향긋한 풍미를 음미한다. 그리고 컴퓨터 전원을 눌러 바깥세상에서 어떤 일이 벌어지는지 살펴본다. 평소와 다름없이 내 소셜 미디어 계정에는 유럽과 아프리카의 아침 뉴스, 아시아와 오스트레일리아의 저녁 뉴스, 여러 나라에 사는 친구들이 자신의 아이와 고양이를 찍은 디지털 사진의 피드가 지난밤 동안 가득 들어와 있다. 이메일 수신함은 과제에 대한 학생들의 질문이 대부분이고, 간혹 온라인 구매 영수증과 배송 공지가 보인다.

차와 함께 토스트를 다 먹고 나서 강아지에게 목줄을 채워 아침 산책에 나선다. 집으로 돌아오면 아이들을 깨워 등교 준비를 해야 한다. 아이들을 통학 버스에 태우고 나면 학교로 출근해 학생들에게 일상 모든 곳에 존재하는 물리학을 가르친다.

사람들에게 내가 물리학자라는 사실을 말하면 그때부터 대부분 기묘한 양자 현상에 관해 묻기 시작한다. 그러면서 대화 주제는 지난 수십 년 동안 이어진 양자론 논란의 생생하고 흥미진진한 일화로 바뀐다. 사람들은 죽었으면서도 살아 있는 에르빈 슈뢰딩거Erwin Schrödinger의 유명한 고양이나, 알베르트 아인슈타인Albert Einstein이 "유령 같은 원격 작용spooky action at a distance"이라고 조롱한 양자 얽힘quantum entanglement이나, 신이 정말 우주와 주사위 놀이를 하는지 궁금해한다. 세계가 작용하는 방식에 대한 우리의 직관을 뒤흔드는 이러한 이야기는 물리학자뿐 아니라 과학을 전공하지 않은 사람의 상상력까지도 자극한다.

많은 물리학자와 물리학의 대중화에 앞장선 여러 사람의 노력 덕분에 이처럼 추상적이고 기이해 보이는 개념이 대중문화로 진입하는 데에 큰 성공을 거두었지만, 한편으로 우리는 그러한 성공의 희생자이기도 하다. 낯설면서도 매력적인 양자 현상에 대해 들어본 사람 중 대부분은 그러한 일이 거대 강입자 충돌기Large Hadron Collider와 같은 수십억 달러의 실험실이나 블랙홀의 바깥 경계인 사건의 지평선event horizon 부근과 같이 극단적인 천체 물리학적 환경에서만 일어난다고 여긴다. 우리의 직관과 상반되는 데다가 양자 물리 현상을 수학 없이 설명하려면 은유적인 표현을 쓸 수밖에 없어서, 양자 물리는 일상과 무관하다고 단정하는 사람이 많다.

많은 사람이 놀랄만한 사실은 이 글 맨 처음에 나온 평범한 아침 일상에서 일어나는 모든 일이 기묘한exotic 양자 물리가 없다면 불가능하다는 것이다. 알람 시계에 시간을 표시할 수 있는 것은 전자의 파동성 덕분에 원자 안에서 여러 에너지 준위가 나타나기 때문이다. 우리가 서로 귀여운 고양이 영상을 공유하는 데 사용하는 컴퓨터에서 가장 핵심적인 부품인 반도체 칩은 슈뢰딩거의 악명 높은 좀비 고양이로 대표되는 양자 중첩quantum superposition 현상을 빼놓고는 이해할 수 없다. 향기의 화학 작용뿐 아니라 아침밥이 식탁에서 흘러내리지 않게 해주는 고체 물질의 안정성 역시 양자 스핀의 기이한 통계적 성질 없이는 설명할 수 없다.

일상을 평소보다 조금만 더 가까이 관찰하면 모든 것이 양자 물리의 기이하고 추상적인 현상에 크나큰 영향을 받는다는 사실을 알 수 있다. 아침 일상과 같은 평범하기 그지없는 일들도 깊이 들여다보면 그 본질은 양자 현상이다.

얼핏 말도 안 되는 소리 같지만, 진지하게 생각해 보면 분명 진실일 수밖에 없다. 물리학자들이 사는 일상 세계도 여느 사람과 다르지 않다. 최첨단 물리학 실험실에서 물리학자들이 레이저와 입자 가속기로 탐험하는 세상은 우리의 일상과 동떨어져 보이지만, 아무리 정교한 실험과 관측도 그 시작과 끝은 결국 평범한 현실과 이어진다. 실험에 쓰이는 장비가 매우 복잡해 보일지라도 탄생한 계기는 평범하다. 물리학자들이 기이한 현상을 암시하는 작은 단서를 발견할 때마다 개발한 도구와 기술이 발전하면서 점점 난해한 현상을 연구하는 데 쓰이기 시작한 것이다. 기묘하고 추상적인 현상으로 안내하는 작은 단서는 일상 속 사물의 행동에서 발견한 힌트와 미스터리에서 비롯되었다. 양자 물리가 인류가 영위하는 일상에 영향을 미치지 않는다면 인류는 양자 물리를 발견해야 할 필요를 전혀 느끼지 못했을 것이다.

양자 물리를 발견한 이야기는 아침을 차려본 사람이라면 누구나 알 법한 현상과 기술에서 시작한다. 막스 플랑크Max Planck가 '양자quantum'라는 용어를 물리학에 처음 소개하면서 최초로 양자론을 탄생시킨 것은 전기레인지나 토스터의 발열체와 같은 뜨거운 물체가 내보내는 붉은빛을 설명하기 위해서였다. 양자 물리 개념이 처음 적용된 닐스 보어Niels Bohr의 수소 원자 모형의 주요 물리적 현상은 우리가 형광등을 켜면 언제라도 관찰할 수 있다.

양자 물리학의 역사는 대범한 결단을 내려 운 좋게 예측이 적중한 과학자들의 역사이기도 하다. 플랑크와 보어는 고전 물리학으로 설명할 수 없는 현상을 밝히려는 절박한 심정에서 양자 모형을 하나의 트릭으로 제시했다. 루이 드 브로이Louis de Broglie는 수학적 아름다움을 완성하기 위한 임시방편으로 전자가 파동처럼 움직인다고 제안했지만, 운이 좋게도 물질의 파동성이 전류의 움직임을 이해하고 통제하는 데 결정적인 역할을 하면서 수많은 첨단 기술을 탄생시켰다. 볼프강 파울리Wolfgang Pauli는 배타 원리exclusion principle를 발견하여 화학의 기본 개념을 한순간에 정립했다. '파울리의 배타 원리'는 냉장고 자석의 물리학적 원리와 고체로 된 물체가 흘러내리지 않는 이유처럼 그가 생각하지 못한 문제들을 이해하는 데도 필요하다.

알베르트 아인슈타인은 모든 양자 물리 이야기의 주역이다. 대부분은 아인슈타인의 이름을 들으면 현대 물리학의 또 다른 분야이며 양자 물리학만큼 매력적인 상대성 이론을 떠올린다. 양자 물리학과 관련해서 그의 이름이 언급된 문서는 노년에 그가 양자론을 향해 던졌던 재치 있는 비판을 다룬 것이 대부분이다.

그런데도 아인슈타인은 양자 물리학 발전의 주축이었다. 상대성 이론을 발표한 해인 1905년에 그가 플랑크의 양자 모형을 확장하여 광전 효과photoelectric effect를 규명한 덕분에 지금 우리는 디지털카메라로 일상을 방대하게 기록할 수 있게 되었다. 10년 후에는 빛과 원자의 상호작용을 발견하여 현대 이동 통신의 초석인 레이저 발명의 기반을 닦았다. 주류 양자 물리학계와 작별했을 때도 그는 중요한 업적을 남겼다. 그가 양자 역학과 결별하면서 탄생시킨 얽힘 개념은 깨지지 않는 양자 암호와 전례 없는 성능의 양자 컴퓨터와 관련된 차세대 양자 기술의 핵심이다.

이 책의 목표는 앞에 나온 평범한 아침을 파헤치면서 일상에 숨어 있는 양자론을 낱낱이 밝히는 것이다. 이제까지 밝혀진 가장 기이한 현상이 평범한 아침 일과에 어떠한 영향을 미치는지 이어지는 장마다 하나씩 살펴본다. 이처럼 양자 효과가 일상과 어떻게 연결되는지 설명하면서 또한 물리학자들이 양자 효과를 밝힐 단서를 어떻게 추적했는지도 소개한다.

이 책은 양자 물리학을 평범한 아침 식사처럼 별것 아니게 만들기 위한 것이 아니다. 오히려 당연하게 여겨지던 가장 단순한 일상에 숨겨진 신비로움과 놀라움을 보여줌으로써 일상을 흥미롭게 만드는 것이다. 인류 문명의 가장 위대한 지적 성과 중 하나인 양자 물리학은 우리의 마음과 상상력을 넓히는 새로운 아이디어로 가득하다. 어디를 봐야 하는지 안다면 양자 물리학은 언제나 우리 곁에 존재한다.

첫 번째 일상

일출

기본 상호작용

Sunrise:

The fundamental Interactions

해가 뜨고 알람 시계가 울리면
침대에서 일어나 하루를 시작한다.

일상의 소재를 다룬 양자 물리학책이라고 해서 펼쳤는데 처음 나온 주제가 태양이라니 속은 기분이 들지도 모르겠다. 뜨거운 플라스마로 된 둥글고 거대한 태양은 지구 부피의 100만 배가 조금 넘고 우리와 약 1억 5,000만 킬로미터 떨어진 우주 저편에 떠 있다. 태양은 모자란 잠을 깨웠다고 벽에다 집어 던질 수 있는 알람 시계가 아니다.

해가 뜨지 않으면 하루가 시작되지 않는다는 말이 아니더라도, 태양은 일상 속에서 가장 중요한 소재임에 틀림없다. 태양으로부터 빛을 받지 못하면 지구에는 어떠한 생명도 살 수 없다. 식량과 산소를 제공하는 식물은 자라지 못하고 바다는 얼어 버릴 것이다. 우리는 태양이 주는 빛과 열 덕분에 살아간다.

태양은 이 책에서 양자 물리의 핵심 요소인 12개의 기본 입자와 4개의 기본 상호작용을 소개하는 데도 유용하다. 기본 입자란 일반적인 물질을 구성하는 입자이고, 기본 상호작용은 기본 입자 사이에서 작용하는 힘을 의미한다.

더 쪼개지지 않는 12개의 기본 입자는 6개씩 2개의 부류로 나뉜다. 첫 번째 부류인 '쿼크quark'에는 업 쿼크up quark, 다운 쿼크down quark, 스트레인지 쿼크strange quark, 참 쿼크charm quark, 톱 쿼크top quark, 보텀 쿼크bottom quark가 있고, 두 번째로 '렙톤lepton' 부류에는 전자electron, 뮤온muon, 타우tau와 전자 중성미자electron neutrino, 뮤온 중성미자muon neutrino, 타우 중성미자tau neutrino가 있다. 네 가지 기본 상호작용에는 중력, 전자기력, 강한 핵력(강한 상호작용 또는 강력), 약한 핵력(약한 상호작용 또는 약력)이 있다. 학교마다 과학실 벽에는 기본 입자와 기본 상호작용을 형형색색으로 나타낸 '표준 모형Standard Model'이라는 따분하기 그지없는 이름의 도표가 걸려 있다. 양자 물리학에 대해(그리고 기억하기 쉬운 이름을 붙이는 물리학자들의 능력에 대해) 이제까지 밝혀진 모든 것을 보여 주는 표준 모형은 인류 문명의 가장 뛰어난 업적 중 하나로 꼽힌다.[01] 표준 모형 이야기를 시작하기에 태양이 완벽한 주제인 이유는 네 가지 기본 상호작용이 각자 맡은 역할을 수행해야 태양이 빛을 낼 수 있기 때문이다.

이제 태양 내부에서 벌어지는 격렬한 상황을 살펴보면서 태양에 대해 본격적으로 이야기해 보자. 우리의 일상을 가능하게 하는 핵심적인 물리

01 표준 모형과 관련한 물리학 이론을 더 자세히 알고 싶다면 로버트 오터(Robert Oeter)의 《거의 모든 것의 이론(The Theory of Almost Everything)》(2006년)을 참고하기 바란다. 프랭크 클로즈(Frank Close)의 《무한대 퍼즐(The Infinity Puzzle)》(2013년)은 기본 입자들에 관한 역사적 사건들을 상세하게 다룬다.

적 현상은 태양 내부에서 일어나는 일을 통해 설명할 수 있다. 우선 기본 상호작용 중에서도 우선 가장 친숙하고 쉽게 경험할 수 있는 중력부터 알아보자.

중력

라디오 프로그램에서 스포츠팀 순위 매기듯 표준 모형의 기본 상호작용에 순위를 매긴다면, 4개 중 3개가 1위에 오를 만하다. 그래도 굳이 하나만 고른다면 중력일 것이다. 항성들이 존재하는 것은 궁극적으로 중력 때문이고 우리의 몸과 주변을 구성하는 원자 대부분 역시 항성의 진화에 따라 생겨났으므로, 지금 우리가 기본 상호작용에 순위를 매기는 엉뚱한 짓을 할 수 있는 것도 결국 중력 덕분이다.

중력은 우리 일상에서 가장 익숙하고 벗어나기 어려운 기본 상호작용이다. 아침에 침대에서 몸을 일으킬 때마다 중력과 싸워야 하고, 중력 때문에 덩크슛을 넣기가 어렵다(음, 실은 중력 말고도 건강 관리에 소홀한 탓도 있다). 우리는 살아가는 동안 늘 중력에 매여 있기 때문에 낙하하는 놀이 기구를 탈 때면 잠시나마 중력에서 벗어나 놀라움뿐 아니라 짜릿함마저 느낀다.

이처럼 매우 친숙한 중력은 과학 역사를 통틀어 네 가지 힘 중 가장 많은 연구가 이루어졌다. 물체가 아래로 떨어지는 원리를 사람들이 생각하기 시작한 시기는 인류가 자연의 작용을 연구했다는 최초의 기록이 작성되기 전일 것이다. 아이작 뉴턴Isaac Newton이 젊었을 때 나무에서 떨어지는 사과를 보고 놀라(사과에 맞아 놀랐다는 설도 있다) 중력 이론을 세웠다는 전설 때문에 물리학이 뉴턴으로부터 시작되었다고 오해하는 사람들이 많다. 하지만 출처가 불분명한 이 이야기와 달리, 과학자와 철학자는 그전부터 중력을 알았을 뿐 아니라 중력의 작용에 대해 깊이 고민하고 있었다. 뉴턴이 살던 시대 이전에 이미 갈릴레오 갈릴레이Galileo Galilei, 시몬 스테빈Simon Stevin을 비롯한 여러 과학자가 떨어지는 모든 물체는 무게와 상관없이 같은 가속도로 떨어진다는 사실을 실험으로 입증하며 중력 연구에 실질적인 진척을 이루었다.

뉴턴은 나이가 들었을 때 젊은 학자들에게 자신이 직접 사과 이야기를 했다고 한다. 그 일이 일어났을 만한 시기(중력을 연구했을 시기)에 나왔던 자료 중에는 사과 이야기가 없지만, 흑사병이 유행하면서 많은 대학이 문을 닫았을 때 그가 링컨셔Lincolnshire에 있는 가족 농장에서 꽤 긴 시간을 보낸 것은 사실이다. 사과 이야기가 사실이라 해도, 많은 사람이 알고 있는 그 이야기만으로는 뉴턴의 통찰이 지닌 본질을 제대로 파악할 수 없다. 뉴턴의 발견은 중력의 존재가 아니라 그 범위에 대한 것이었다. 즉, 사과를 땅으로 끌어당기는 힘이 달을 지구 주위의 궤도에, 지구를 태양 주위의 궤도에 붙잡아 두는 힘과 같다는 사실을 알게 되었다. 뉴턴은 《자연철학의 수학적 원리Philosophiae Naturalis Principia Mathematica》에서 질량을 지닌 두 물체 사이에 작용하는 인력을 수학적으로 설명하는 만유인력의 법칙을 제시했다. 그가 발표한 운동 법칙과 만유인력의 법칙 덕분에 물리학자들은 태양계 행성들의 타원 궤도 공전과 지구 가까이에서 낙하하는 물체의 등가속도 운동을 포함한 수많은 현상을 설명할 수 있게 되었다. 만유인력의 법칙은 물리학에 수학적 기반을 제공했고 이러한 기반은 오늘날까지도 이어지고 있다.

뉴턴이 세운 중력 법칙의 핵심은 질량을 지닌 두 물체 사이에 작용하는 힘이 거리의 제곱에 반비례한다는 것이다. 다시 말해 두 물체의 거리를 반으로 줄이면 힘은 네 배로 증가한다. 물체의 거리가 가까울수록 서로 강하게 끌어당기므로, 태양계에서는 태양과 가까운 내행성이 외행성보다 빠르게 공전한다. 또한 퍼져 있는 물질은 중력 때문에 서로 모이려고 하고, 가까워질수록 중력의 크기가 커지므로 더욱 단단하게 결합한다.

이처럼 거리가 가까울수록 증가하는 힘은 태양이 계속 존재하는 데 꼭 필요할 뿐 아니라 태양 광선의 궁극적인 원천이다. 단단한 고체가 아니라 뜨거운 기체 덩어리인 태양이 형태를 유지할 수 있는 것은 태양을 이루는 모든 원자 사이에 중력의 끌어당기는 힘이 작용하기 때문이다. 일상에 미치는 영향으로 따지면 중력은 가장 높은 순위를 차지하지만, 중력의 세기는 네 가지 기본 상호작용 중 가장 약하다. 1개의 원자 안에서 양성자와 전자 사이에 작용하는 중력은 두 입자를 결합하는 전자기력의 0.000000000000000000000000000000000000000001(10^{-39})에 불과하다. 하지만 태양을 구성하는 물질들의 무게는 무려 2,000,000,000,000,000,000,000,000,000,000(2×10^{30})kg에 달하므로 엄청난 중력이 생성되어 주변에 있는 모든 것을 안으로 끌어모은다.

성간 가스(주로 수소)와 먼지로 이루어진 구름에서 어느 한 부분이 주변보다 밀도가 조금 높아지면 태양과 같은 항성이 생성되기 시작한다. 밀도가 높아져 질량이 늘어난 부분은 더 많은 기체를 끌어모으고, 또다시 질량이 커지면 끌어당기는 힘이 더 세져 더 많은 기체가 몰린다. 기체가 새로 유입되면서 성장 중인 항성 안으로 밀집하면 온도가 올라가기 시작한다.

미시적인 관점에서 보면, 원시성protostar[02]으로 끌려 들어가는 1개의 원자는 지표면으로 떨어지는 돌처럼 안으로 돌진할수록 속도가 빨라진다. 각각의 원자가 움직이는 속도와 방향으로 기체의 행동을 설명하는 것은 이론적으로는 가능하지만, 태양보다 훨씬 부피가 작은 기체라도 원자의 개수가 엄청날 뿐 아니라 원자끼리 상호작용하므로 개별 원자들의 속도와 방향으로 기체 행동을 설명하는 것은 너무나도 비효율적이다. 원자가 주변과 상호작용하지 않는다면 속도를 높이며 가스 구름 가운데로 향하다가 가운데를 지나면 속도가 줄어들어 결국 멈춘 후 방향을 바꾸어 처음 과정을 되풀이할 것이다. 하지만 실제 원자들은 다른 원자들과 계속 부딪히기 때문에 이처럼 순탄하게 이동할 수 없다. 중력으로 속도가 증가해 에너지가 상승했던 원자는 다른 원자와 충돌하면 방향을 바꾸고 부딪힌 다른 원자에 에너지 일부를 전달한다.

매우 많은 원자가 상호작용하는 가스 구름 개별 원자의 속도와 방향보다는 원자들의 집합적 특성인 온도로 설명하는 것이 훨씬 합리적이다. 온도는 물체를 구성하는 물질이 무작위로 운동하면서 발생하는 운동 에너지의 평균값으로, 일반적으로 기체의 온도는 매우 빠른 속도로 이동하는 원자의 속도 함수이다.[03] 가스 구름 안에서 각각의 원자는 중력에 이끌려 안으로 당겨지면서 속도가 올라가 기체의 총 에너지를 상승시킨다. 에너지

02 역주-우주 공간의 먼지와 가스들이 모여 중력에 의해 수축을 시작하는 항성의 초기 단계

03 감이 잘 오지 않는 독자를 위해 설명하자면, 실온에서 수소 원자 1개는 약 600m/s로 움직이고(음속의 2배) 태양 표면 근처에서는 약 3,000m/s로 움직인다.

가 높아진 원자가 다른 원자와 충돌하면 에너지가 재분배되면서 온도가 올라간다. 원자가 무수히 충돌하고 나면 기체의 총 에너지는 증가하지 않지만, 하나의 원자가 여러 느린 원자 사이를 빠르게 지나가는 게 아니라 모든 원자의 평균 속도가 미세하게 증가한다.

가스 구름 안에서 속도가 빨라진 원자는 중력의 영향을 벗어나 가운데로 방향을 바꾸어 끌려가지 않고 더 멀리 날아가 버리기 때문에 구름의 경계가 바깥으로 확장된다. 하지만 새로 유입된 원자의 에너지가 재분배되기 때문에 크기가 커졌다고 해서 중력 붕괴gravitational collapse[04]가 중단되지는 않는다. 더 많은 원자가 몰리면 원시성의 질량은 더욱 커져 중력은 한층 강해진다. 중력이 커지면 더 많은 기체가 몰려 에너지와 질량은 더욱 상승하고 이러한 현상은 계속 반복된다. 가스 구름은 온도와 질량이 계속 증가하면서 밀도가 점점 높아지고 뜨거워진다.

계속해서 중력이 끝없이 상승해 모든 물체가 무한하게 작은 점으로 몰리면 항성이 아닌 블랙홀이 만들어진다. 가장 근본적인 물리학 이론에 도전장을 내밀며 시공간을 휘게 하는 블랙홀은 분명 매력적인 존재지만 아침을 먹기에 좋은 장소는 아니다.

다행히 우리가 사랑해 마지않는 태양이 지금의 모습을 갖추게 된 건 다른 기본 상호작용들이 중력 붕괴를 막았기 때문이다. 이제부터는 중력 다음으로 친숙한 전자기에 대해 알아보자.

---

04 역주-천체가 스스로의 중력으로 인해 급격하게 수축하는 현상

전자기력

세탁 건조기에서 막 꺼낸 양말 더미에서 소리를 내는 정전기든, 냉장고에 초등학생의 그림을 붙이는 데 사용하는 자석이든, 우리는 매일 전자기 상호작용을 경험한다. 끌어당기기만 하는 중력과 달리, 전자기는 끌어당기기도 하고 밀어내기도 한다. 전하는 음전하와 양전하로 나뉘고, 자석은 N극과 S극으로 이루어지기 때문이다. 전하나 극이 다르면 서로 끌어당기고 같으면 밀어낸다. 사실 전자기 상호작용은 정전기나 자석뿐 아니라 일상 어디에서나 존재한다. 우리가 무언가를 볼 수 있는 것도 전자기 덕분이다.

19세기 초 전자기가 많은 물리학자의 큰 관심거리로 떠오르면서 전류와 자석과 관련한 여러 현상이 처음 연구되기 시작했다. 영국의 물리학자 마이클 패러데이Michael Faraday도 최초로 전자기를 연구한 학자 중 하나였다. 그가 이룬 수많은 기술적 업적은 우리의 아침 일상을 가능하게 하는 데에 중요한 역할을 했다. 그의 기체 액화 연구는 냉장고에 적용되었고, 그가 개발한 '패러데이 상자Faraday cage' 덕분에 우리는 전자기장을 통제해 전자레인지에서 음식을 데울 수 있게 되었다(물론 패러데이 상자는 다른 여러 기술에도 적용되었다). 무엇보다도 그의 가장 중요한 발견은 전류가 주변에 있는 자석에 영향을 줄 뿐 아니라 자석을 움직여 자기장을 바꾸면 전류가 형성되는 현상이다. 그의 발견 덕분에 전기의 상업적 생산이 본격화되면서 현대의 편리한 삶이 가능해졌다. 빈 곳을 메우는 전기장과 자기장이 서로 떨어져 있는 입자들의 움직임을 결정한다는 사실을 밝힌 패러데이는 전하와 자석의 행동을 맨 먼저 이해한 사람 중 하나였다.

아인슈타인이 자신의 사무실에 걸어 놓은 과학자 초상화 세 점 중 한 점의 주인공이었던 패러데이는(나머지 두 명은 뉴턴과 제임스 클러크 맥스웰James Clerk Maxwell이었다) 물리학을 논할 때 결코 빼놓을 수 없는 인물이다. 물리학에 대한 남다른 통찰력을 지닌 그는 기발한 실험들을 설계했지만, 넉넉하지 않은 가정에서 자란 탓에 정식으로 수학을 배운 적이 없었다. 그는 자신이 발견한 '장field' 개념을 수학 공식으로 나타내지 못했기 때문에 동료 물리학자들에게 인정받지 못했다. 전기장과 자기장의 탄탄한 수학적 기반을 마련한 건 부유한 스코틀랜드 가정에서 자란 제임스 클러크 맥스웰이었다. 1860년대에 맥스웰은 당시까지 알려진 모든 전기 현상과 자기 현상은 간단한 수학적 관계식으로 설명할 수 있음을 증명했고, 이후 이러한 공식들은 4개의 '맥스웰 방정식Maxwell's equations'으로 정리되었다. 맥스웰 방정식은 티셔츠나 머그잔에 새겨도 될 만큼 간단하다. 패러데이가 발견한 전기장과 자기장은 실제로 존재할 뿐 아니라 서로 긴밀한 관계를 맺는다. 전기장이 변하면 자기장이 생성되고, 자기장이 변하면 전기장이 생성되는 것이다.

맥스웰 방정식은 이제껏 알려진 모든 전기 현상과 자기 현상을 설명할 뿐 아니라 전기와 자기가 합쳐진 또 다른 현상인 전자기파electromagnetic wave를 예측했다. 진동하는 전기장이 진동하는 자기장과 상호 보완되도록 합쳐져 공간을 통과하면, 전기장의 변화는 자기장의 변화를 일으키고 자기장의 변화는 전기장의 변화를 일으키는 과정이 반복된다. 전자기파는 빛의 속도로 움직이는데, 빛이 파동처럼 행동한다는 사실은 맥스웰의 방정식이 나오기 전에 이미 밝혀진 바 있다.[05] 빛은 본질적으로 전자기 현상이기 때문에 맥스웰 방정식은 곧바로 빛의 성질을 규명하는 이론으로 받아들여졌다. 전자기는 빛과 물질이 어떻게 상호작용하는지 이해하는 토대다. 앞으로 이어질 내용들에서 살펴보겠지만, 물체와 전자기파 사이에서 일어나는 상호작용에 대한 연구는 양자 역학을 탄생시킨 여러 발견의 근간이 되었다.

전자기력은 일상의 물체를 우리가 익숙하게 봐 왔던 형태로 유지해 주는 힘이기도 하다. 일반적인 물질을 구성하는 원자는 더 작은 입자인 양성자, 전자, 중성자로 이루어지고, 이 입자들은 각각 양전하, 음전하, 중성을 띠기 때문에 전하에 따라 구분할 수 있다. 원자에서 핵은 양전하를 띠는 양성자와 전하를 띠지 않는 중성자로 구성되며, 핵이 지닌 전자기력의 끌어당기는 힘은 주변에 전자로 이루어진 구름을 형성한다.

앞에서도 말했듯이 전자기 상호작용은 중력보다 훨씬 세다. 풍선을 머리카락에 문지른 다음 천장에 붙이면 쉽게 알 수 있다. 풍선이 머리카락과 마찰하면 풍선에 있는 원자 중 극히 일부가 머리카락에 있는 원자에서 전자를 빼앗기 때문에 풍선은 약한 음전하를 띠게 된다.[06] 풍선의 미세한 음전하와 천장에 있는 원자 사이에 작용하는 인력은 풍선보다 질량이 비교할 수 없을 만큼 큰 지구의 중력보다 강하므로 풍선은 천장에 붙는다.

이처럼 세기가 강한 전자기는 태양을 형성하는 데 없어서는 안 될 요

05 빛의 파동성을 입증하는 실험은 세 번째 일상에서 다룬다.

06 그렇다면 양전하를 띠게 된 얇은 머리카락들은 위로 솟는다. 양전하로 바뀐 머리카락들이 서로 밀어내며 최대한 멀어지려고 하기 때문이다.

소다. 앞서 언급했던 원자들이 중력으로부터 얻은 에너지를 열로 변화시키는 과정은 전자기 상호작용으로 원자들이 서로 충돌하기 때문이다. 부피가 점점 커지는 항성으로 기체가 모이면서 온도가 상승하다가 절대 온도 100,000K인 섭씨 약 100,000도[07]에 이르면, 수소 원자핵들에서 양성자와 전자가 분리되어 전하를 지닌 입자로 이루어진 기체가 형성되는데 이러한 기체를 플라스마plasma라고 부른다. 중력은 플라스마를 계속 응축하려고 하지만 양전하를 띠는 양성자 사이에 작용하는 척력이 중력의 인력에 대항해 플라스마 속 입자들의 거리를 유지시켜 준다. 생성 중인 항성에는 기체가 점점 모이면서 온도는 계속 높아진다.

전자기와 중력은 세기가 어마어마하게 다르지만, 가스 구름에 있던 전자들이 여전히 주변에 머무르기 때문에 플라스마는 중력을 완전히 벗어나지 못한다. 매우 빠르게 움직이는 전자들은 양성자와 결합할 수 없어 원자를 이룰 수 없지만, 항성 전체의 전하를 중성으로 유지시켜 준다. 양성자들만 있다면 엄청난 양의 양전하가 서로 밀어내 항성은 순식간에 분해될 것이다. 그러나 전자들이 주변에서 양전하를 상쇄하므로 각각의 양성자는 근처에 있는 양성자 몇 개의 힘만 느낄 뿐이다. 반면 항성을 응축하는 중력의 끌어당기는 힘은 모든 입자의 질량에서 발생한다. 더 많은 기체가 유입될수록 중력은 점차 강해져 결국 전자기력보다 세진다.

전자기 상호작용은 뜨거운 플라스마가 중력에 의해 응축되어 붕괴하는 과정을 늦추지만, 전자기력만으로는 중력 붕괴를 막아 항성을 안정적

07 절대 온도계의 눈금 크기는 섭씨 온도계 눈금 크기와 같지만 절대 온도는 절대 영도(분자의 움직임이 최소한인 온도)에서 시작하므로 마이너스 눈금이 없다. 물이 어는 섭씨 0도는 절대 온도 273K에 해당한다.

으로 유지하기에는 역부족이다. 태양이 더 어마어마한 에너지를 분출하여 더욱더 높은 온도에 도달하더라도 안정한 상태가 되기 위해서는 다른 상호작용이 필요하다. 바로 강한 상호작용strong interaction 이다.

강한 상호작용

세 번째 기본 상호작용인 강한 상호작용은 머리카락 두께의 100억분의 1밖에 안 되는 0.000000000001(10^{-12})밀리미터의 원자핵 지름만 한 공간에서 일어나므로 일상에서 직접 경험하기 어렵다. 하지만 강력은 우리가 접하는 모든 물질의 질량 중 약 99%에 작용하므로 강력이 사라지면 그 존재를 절실하게 실감할 것이다.

강한 상호작용을 이해하려면 일반적인 물질을 구성하는 양성자와 중성자가 실제로는 '쿼크'라는 입자로 쪼개질 수 있으며 쿼크의 전하는 전자의 전하보다 작다는 사실을 먼저 알아야 한다.[08] 양성자는 2개의 '업' 쿼크(업 쿼크는 양전하를 띠며 전하량은 전자 전하량의 3분의 2다)와 1개의 '다운' 쿼크(음전하를 띠며 전하량은 전자 전하량의 3분의 1이다)로 이루어지고,[09] 중성자는 1개의 업 쿼크와 2개의 다운 쿼크로 이루어진다. 전자기력이 원자에 전자들을 가두는 것처럼, 강한 상호작용은 쿼크들을 결합한다. 전자기가 '전하'라는 속성을 지니듯이, 강력은 빨강, 초록, 파랑으로 이루어진 '색color'이라

08 가장 최근에 이루어진 연구들에서 전자는 다른 입자로 이루어지지 않은 기본 입자로 밝혀졌다.

09 입자의 속성과 관계없이 임의로 붙인 이름인 '업'과 '다운'은 매우 일상적인 이름을 선호하는 물리학자들의 성향을 잘 보여준다.

는 속성을 지닌다. 양성자와 전자의 수가 같은 원자가 전기적으로 중성인 것처럼, 색이 각각 다른 3개의 쿼크로 이루어진 양성자와 같은 입자는 '무색'이다.

여러 입자로 이루어진 원자의 핵이 어떻게 형태를 유지할 수 있는가는 어려운 문제지만, 양성자와 중성자가 여러 입자로 이루어졌다는 사실과 강력은 쿼크 사이에서 작용한다는 사실을 고려하면 충분히 풀 수 있다. 핵 안에 양전하를 띤 양성자가 6개 들어 있는 탄소 원자를 예로 들어보자. 탄소 안에서 양전하를 지닌 입자들은 앞에서 다룬 전자기력 때문에 서로 강하게 밀어내며 핵을 분열시키려고 한다. 그렇다면 초등학생이 원자를 배우다가 으레 하는 질문에 이르게 된다. 왜 원자핵은 분열하지 않을까?

답은 강한 상호작용strong nuclear interaction 때문이다. 강한 핵력이라는 다른 이름에서 알 수 있듯이 강력은 핵 속에서 작용하고 세기가 무척 강하다. 강력의 세기는 전자기력의 100배가 넘기 때문에 원자 안에서 양성자들을 충분히 결합시킬 수 있다. 하지만 강력은 쿼크 사이에서만 작용하므로, 두 입자가 서로 쿼크로 이루어져 있음을 **확인할** 수 있을 만큼 거리가 가까워야 한다. 중성인 2개의 원자가 서로 가까이 있으면 서로 당기는 힘을 느껴 분자를 이루지만 멀리 떨어져 있으면 상호작용을 하지 않듯이, 무색인 양성자들이 양성자의 지름보다 몇 배 긴 거리로 떨어져 있으면 강한 상호작용은 일어나지 않는다. 앞에서 설명한 항성 플라스마에서 전자들이 양성자들을 상쇄하므로 중력이 플라스마 분열을 막는 것처럼, 여러 색이 섞여 있으면 쿼크 사이에 강력이 상쇄되어 전자기의 척력만 남는다.

하지만 입자들이 가까워지면 서로 이웃한 입자에서 쿼크들이 서로 당기기 때문에 양성자들(그리고 중성자들)이 핵 안에서 결합할 수 있다. 강력은 태양 안에서 이러한 방식으로 작용한다. 실온에서는 전자기 때문에 양성자 사이의 거리가 멀어 강력이 작용할 수 없지만, 생성 중인 항성 안의 플라스마는 시간이 갈수록 뜨거워지기 때문에 양성자의 속도가 점차 빨라져[10] 어느 순간 서로 가까워진다. 생성 중인 항성 중심부에서 매우 높은 온도와 밀도 때문에 거리가 가까워진 양성자 중 극히 일부에서 강력이 발생하면 서로 결합하게 된다. 이 과정에서 수소(핵에 양성자가 1개만 있는 가장 단순한 원자)가 헬륨(핵에 양성자 2개와 중성자 2개가 있는 원자)으로 바뀌면서 엄청난 에너지가 방출된다.

이 에너지는 어디서 나오는 걸까? 세상에서 가장 유명한 공식인 $E=mc^2$으로 간단하게 답할 수 있다. 처음 존재했던 수소의 질량 중 일부가 에너지로 변한다는 것인데, 태양은 1초마다 4백만 톤의 질량을 에너지로 전환하여 내보낸다. 하지만 이 답에는 석연치 않은 부분이 있다. 4개의 수소 원자핵에는 12개의 업 쿼크와 다운 쿼크가 있고 1개의 헬륨 원자핵에도 12개의 업 쿼크와 다운 쿼크가 있어 입자의 전체 수는 변하지 않으므로 사라진 질량이 어디서 유래했는지 불분명하다. 이를 설명하기 위해서 양성자 내부 구조와 강한 상호작용의 성질을 더 자세히 알아보자.

입자 물리학자들이 1960년대에 쿼크의 존재를 처음 발견한 이래 업 쿼크와 다운 쿼크의 많은 속성이 밝혀졌다. 구글 검색창에 '쿼크quark'를 입

10 전자 역시 속도가 빨라지지만 이미 매우 빠른 속도로 움직이고 있기 때문에 온도 변화에 따른 차이가 크지 않다. 항성 안 플라스마에서 전자의 유일한 역할은 주변에 음전하를 일으켜 전체 항성을 전기적 중성으로 만드는 것이다.

력하면 질량을 포함한 온갖 정보를 얻을 수 있는데, 소립자의 질량 단위에서 업 쿼크의 질량은 2.3이고 다운 쿼크는 4.8이다.[11] 쿼크로 이루어진 양성자는 놀랍게도 쿼크 질량의 약 100배인 938에 달한다.

그렇다면 양성자에서 쿼크를 뺀 나머지 질량은 어디서 유래한 것일까? 이번에도 답은 $E=mc^2$이다. 양성자 안에서 쿼크를 결합하는 강한 상호작용은 엄청난 에너지를 수반한다. 그런데 양성자 외부에서 보면 강한 상호작용의 에너지는 질량으로 나타난다. 양성자 질량 중 약 99%는 실체가 있는 입자가 아니라 양성자 형태를 유지하게 하는 강한 상호작용의 에너지다.

이러한 기본적인 과정이 원자 안에서도 일어나기 때문에 양성자와 중성자가 강력을 통해 결합할 수 있다. 우리가 측정하는 원자핵의 질량은 원자핵을 구성하는 양성자와 중성자 질량의 합일 뿐 아니라 양성자와 중성자를 결합하는 강한 상호작용의 에너지에서 나오는 질량도 포함된다.

강한 상호작용이 정확히 '얼마나 많은' 질량을 차지하는지는 개별 원자의 세부적 속성과 결합 구조에 따라 달라진다. 수소와 헬륨처럼 매우 가벼운 원자는 원자핵이 크면 조금이나마 효율적이다. 2개의 양성자와 2개의 중성자를 결합하는 데 필요한 강한 상호작용의 에너지는 4개의 개별 양성자에 필요한 양보다 약간 적다. 4개의 양성자가 핵융합을 통해 헬륨을 생

11 소립자 질량 단위는 $E=mc^2$에 의한 에너지양을 의미한다. 업 쿼크의 질량이 2.3MeV/C^2이라는 것은 업 쿼크 1개를 에너지로 전환하면 230만 전자볼트(eV)의 에너지가 방출된다는 뜻이다(보통의 경우 업 쿼크는 자신의 반물질 입자와 쌍소멸하면서 2개의 광자를 내보내는데 이때 각각의 입자가 2.3MeV의 에너지를 내보낸다). 뒤집어서 말하면, 입자 가속기에서 업 쿼크 1개를 만들려면 2.3MeV의 충돌 에너지가 필요하다(실제로는 4.6MeV의 에너지를 가해 업 쿼크와 업 쿼크의 반물질인 반업 쿼크 1쌍을 생성한다).

성하면,[12] 처음에 지녔던 에너지 중 일부는 더 필요하지 않게 되어 열로 분출된다. 반응이 일어날 때마다 분출되는 에너지는 아주 작기 때문에 야구 경기에서 투수가 이러한 에너지로 공을 던졌다가는 홈에 도착하기까지 한 달 정도 걸릴 것이다. 하지만 태양 안에는 엄청난 양의 수소가 있으므로 1초마다 대략 10^{38}번씩 융합이 일어난다.

요약하자면, 태양 같은 항성이 형성되기 시작하면 기체가 가운데로 몰리면서 중력과 전자기 때문에 온도가 올라간다. 온도가 계속 높아져 몇몇 수소 원자가 융합해 헬륨이 되면, 융합 과정에서 분출된 에너지가 온도를 급격히 상승시키고 융합 속도는 더욱 빨라진다. 중력의 안으로 당기는 힘과 온도가 상승하면서 발생하는 바깥으로 미는 압력이 마침내 균형을 이루면, 항성은 '연료'로 태울 수소가 핵 안에 존재하는 한 안정적인 상태에 머무른다.

항성이 수십억 년 동안 존재할 수 있는 것은 중력, 전자기력, 강력 덕분이다. 중력은 기체를 끌어모으고, 전자기력은 중력 붕괴를 막으면서 온도를 높이며, 온도가 매우 높아져 전자기력이 양성자들을 더 떨어트리지 못하면 강력이 수소를 헬륨으로 융합하면서 막대한 에너지를 내보낸다. 세 가지 상호작용이 서로 경쟁하면서 안정적인 상태가 된 태양은 지구 생명체에게 필요한 빛과 열을 공급한다.

네 가지 기본 상호작용 중 약한 상호작용을 뺀 세 가지로도 이야기를

12 수소 융합 과정을 자세히 살펴보면, 더 많은 입자가 관여하고 불안정한 원소들이 일시적으로 형성되는 중간 과정도 존재하므로 그리 단순하지 않다. 하지만 전체적인 그림에서 중요한 것은 처음 상태(4개의 자유로운 양성자)와 마지막 상태(1개의 헬륨 원자핵) 사이의 에너지 차이다.

끝마칠 수 있을 것 같다(약력은 안 그래도 이미 이름만 봐도 존재감이 약하다). 하지만 약한 상호작용이 태양 생성에 기여하는 역할이 다른 상호작용들보다 작다고 해서 없어도 되는 건 결코 아니다.

약한 상호작용

기본 상호작용 중에서 가장 눈에 띄지 않지만, 정체가 가장 많이 밝혀진 약한 상호작용weak nuclear interaction은 표준 모형에서 독특한 위치를 차지한다. 1960년대부터 1970년대 초에 약한 상호작용 자체뿐만 아니라 전자기와 맺는 긴밀한 관계에 관한 수학 이론이 만들어졌고, 이후 2012년의 힉스 보손Higgs boson 발견을 비롯해 약한 상호작용 이론을 입증하는 여러 실험은 표준 모형과 관련한 가장 위대한 업적으로 인정받는다. 그에 비해 강력은 이론 물리학자들이 물질의 속성을 산출하는 데 여러 문제를 일으키고, 중력은 잘 알려졌다시피 다른 세 가지 상호작용과 수학적으로 모순된다.[13]

하지만 약한 상호작용이 대체 '무슨 일'을 하는지는 이해하기가 쉽지 않다. 과학을 전공하지 않은 사람들에게 약한 상호작용을 설명하기가 유난히 어려운 까닭은 다른 상호작용들과 달리 가시적인 힘으로 나타나지 않기 때문이다. 중력의 당기는 힘은 우리가 매일 경험하며, 전하와 자석 사이에 작용하는 전자기력은 쉽게 느낄 수 있다. 강한 상호작용은 아주 작

13 최고의 중력 이론인 일반 상대성 이론은 부드럽고 연속적인 시공간의 곡률로 중력의 효과를 설명한다. 반면 다른 세 가지 힘을 다루는 양자론은 불연속적인 입자와 갑작스러운 변동을 규명한다. 중력의 수학적 분석법은 다른 세 가지 힘에 잘 적용되지 않고 다른 세 가지 힘의 수학적 분석법 역시 중력에 잘 적용되지 않기 때문에, 수십 년 동안 이론 물리학자들은 수학적 분석법을 통합해 중력에 관한 양자론을 세우는 데 큰 어려움을 겪고 있다. 다행히도 양자 물리학과 일반 상대성 이론이 모두 필요한 경우는 블랙홀 중심의 주변이나 초기 우주와 같이 매우 드물어서, 평상시 아침에는 결코 경험할 일이 없다.

은 척도에서 작용하지만, 전자기의 척력에 대항하여 원자핵을 무너지지 않게 유지해 주는 힘이라는 사실은 그리 어렵지 않게 이해할 수 있다.

반면 약한 상호작용은 무언가를 결합하거나 어떠한 물질을 밀어내는 데 사용되지 않는다. 이러한 이유에서 물리학자들은 네 가지 '기본 힘'이라는 간편한 용어 대신 '기본 상호작용'이라는 용어를 택한 것이다. 입자를 밀거나 당기지 않는 약한 상호작용의 주요 기능은 입자를 변화시키는 것이다. 좀 더 구체적으로 말하면 약한 상호작용은 쿼크 입자를 렙톤 입자로 바꾼다. 이 과정에서 다운 쿼크(음전하)는 전자와 반중성미자antineutrino라고 불리는 제3의 입자를 내보내면서 업 쿼크(양전하)로 변하고, 업 쿼크는 전자를 흡수하고 중성미자neutrino를 내보내면서 다운 쿼크로 변한다. 이러한 변화들로 인해 중성자는 양성자로, 양성자는 중성자로 바뀐다.

태양에서도 양성자가 중성자로 바뀌는데, 그와 반대로 원자핵 안에 있는 중성자가 전자를 내보내면서 양성자로 바뀌는 것이 잘 알려진 베타 붕괴beta decay다. 베타 붕괴가 처음 밝혀진 건 방사능 연구가 시작된 때지만, 양자론이 나온 지 얼마 안 되었을 당시에 베타 붕괴를 설명하는 것은 몹시 어려웠기 때문에 베타 붕괴를 규명하는 과정은 20세기 내내 물리학이 남긴 흥미진진한 일화 중 하나가 되었다.

베타 붕괴가 지닌 문제는 원자핵이 붕괴하면서 방출된 전자의 에너지가 (일정한 최댓값 한도 내에서) 아주 다양하다는 것이다. 2개의 입자로만 이루어진 반응에서 이 같은 현상은 원칙적으로 일어날 수 없다. 에너지 보존 법칙과 운동량 보존 법칙에 따르면 분리된 전자는 일정한 하나의 에너지를 지녀야 한다(중핵heavy nucleus이 붕괴하면 2개의 양성자와 2개의 중성자가 결합한 헬륨 핵이 방출되는 알파 붕괴alpha decay에서처럼). 오랜 시간 동안 물리학자들은 베타 붕괴에서 에너지가 다양하게 나타나는 현상을 설명하는 데 실패했고 급기야 에너지 보존 법칙을 물리학의 기본 원칙에서 배제하는 극단적인 조처를 하기도 했다.

1930년에 오스트리아의 젊은 물리학자 볼프강 파울리가 마침내 답을 찾아냈다. 그는 취리히에서 열리는 무도회에 가느라 참석하지 못한 한 학회에 편지를 보내 베타 붕괴에 관여하는 입자는 '두 가지'가 아니라 양성자로 바뀐 중성자, 전자, 그리고 질량이 아주 작은 제3의 입자까지 모두 '세 가지'라고 제안했다. 얼마 지나지 않아 '중성미자'(중성미자를 뜻하는 'neutrino'는 이탈리아어로 '작은 중성 물질'이라는 의미다)라고 이름 붙여진 이 새로운 입자는 전자와 중성미자가 원자핵을 벗어날 때 지니는 정확한 운동량에 따라 정밀한 양의 에너지를 갖는다.

처음에는 중성미자 개념을 도입하는 것이 에너지 보존 법칙의 폐기만큼 극단적인 조처로 여겨졌다. 파울리 자신도 친구에게 보낸 편지에서 "나는 끔찍한 일을 저질렀어. 관찰할 수도 없는 입자를 존재한다고 주장해 버렸어. 이론 물리학자라면 절대 해서는 안 될 짓이야."라고 한탄할 정도였다. 하지만 몇 년 뒤 이탈리아의 저명한 물리학자 엔리코 페르미Enrico Fermi는 파울리의 개략적인 제안을 다듬어 베타 붕괴에 관한 완전하고 무결한 수학 이론으로 발전시켰고, 페르미의 이론은 발표되자마자 학계의 인정을 받았다. 파울리가 처음에 제안한 중성미자[14]는 세 종류의 중성미자(전자에

14 역주-실제로 파울리가 베타붕괴에서 예측한 제3의 입자는 엄밀하게 얘기하면 전자 반중성미자다. 여기서는 중성미자, 반중성미자 통틀어서 중성미자라는 용어를 사용한 것이다.

서 유래한 전자 중성미자 외에 뮤온 중성미자와 타우 중성미자가 있음) 중 한 종류임이 밝혀졌고, 그가 안타까워했던 것과 달리 중성미자는 관찰 가능하며 이는 클라이드 코완Clyde Cowan과 프레더릭 라이네스Frederick Reines가 1956년에 실시한 실험에서 입증되었다.[15]

이 모든 현상이 태양과 어떤 관련이 있을까? 답을 내기가 쉽지 않지만 앞서 언급한 융합에 관한 내용에서 힌트가 여러 번 나왔다. 태양은 양성자 1개로 이루어진 수소 핵들을 양성자 2개와 중성자 2개가 결합된 헬륨 핵으로 융합하면서 에너지를 얻는다. 이 과정에서 2개의 양성자가 중성자로 바뀌어야 하는데, 이는 약한 핵반응뿐 아니라 앞에서 말했듯이 양성자가 중성미자를 방출하면서 중성자가 되는 '역 베타 붕괴'의 과정 덕분에도 가능하다.[16] 그 결과 태양은 지구에서도 감지될 만큼 엄청난 양의 중성미자를 생성하므로, 태양에서 온 중성미자를 측정하면 태양의 핵에서 어떠한 핵반응이 일어나고 중성미자가 어떠한 속성을 지니는지 알 수 있다.

항성 안에서 양성자가 중성자로 바뀌는 현상은 우리가 숨 쉬는 공기와 마시는 물에 포함된 산소, 우리가 먹는 음식에 들어 있는 탄소, 땅에 있는 규소처럼 일상에서 접하는 다양한 원소가 존재하기 위해 필요하다. 매우 무거운 항성이 핵에 있던 수소를 거의 다 연소하면 헬륨을 더 무거운 원소

15 라이네스는 이 실험으로 1995년에 노벨 물리학상을 수상했다(노벨상은 사망한 사람에게는 수여되지 않기 때문에 1974년에 세상을 떠난 코완은 수상하지 못했다). 중성미자 탐지와 관련해 레이먼드 데이비스 주니어(Raymond Davis Jr.)와 고시바 마사토시(小柴昌俊)가 2002년에 노벨상을 받았고, 2015년에는 가지타 타카아키(梶田隆章)와 아서 B. 맥도널드(Arthur B. McDonald)가 받았다.

16 이 과정에서 양성자는 양전자(positron, 전자의 반입자)를 내보내거나 태양에 원래 있던 기체에 남아 있는 엄청난 수의 전자 중 1개를 흡수해야 한다. 방출된 양전자는 태양에 존재하는 전자 중 1개와 곧바로 쌍소멸하므로 양성자 1개와 전자 1개는 사라지고 대신 중성자 1개와 중성미자 1개가 남으므로 결국 결과는 같다.

로 융합하고, 헬륨마저 다 떨어져 가면 극단적으로 무거워진 항성은 탄소를 태우기 시작한다. 주기율표 순서대로 원소를 태우는 것이다. 하지만 단계마다 융합으로 분출되는 강한 상호작용의 에너지는 규소가 철로 융합될 때까지 점차 감소한다.[17] 철 융합은 에너지를 전혀 내보내지 않기 때문에 철이 융합되면 항성 핵을 유지해 주는 열의 흐름이 끊어진다. 철이 융합되면 항성의 바깥층이 안으로 붕괴하면서 항성 핵에 부딪혀 초신성supernova 폭발이 일어나고 이때 방출된 에너지는 은하 전체를 밝힐 만큼 강한 빛을 일시적으로 내보낸다.

항성이 초신성이 되면 가스 구름이 확장되면서 질량 대부분이 바깥으로 폭발적으로 빠져나가는데, 이때 융합 후반 단계 동안 핵에서 생성되었던 무거운 원소들이 함께 빠져나간다. 확장된 가스 구름은 식으면서 주변에 있는 다른 기체와 상호작용하여 다음 세대의 항성들을 탄생시킬 재료를 만들 뿐 아니라, 죽어가던 항성의 핵에서 생성된 무거운 원소들은 지구와 같이 암석으로 이루어진 행성을 만들 수 있는 재료를 제공한다.

암석과 광물, 숨 쉴 수 있는 공기, 동식물과 같이 우리가 지구에서 볼 수 있는 거의 모든 것은 네 가지 기본 상호작용을 통해 죽은 항성의 잔해로 만들어졌다. 빅뱅이 일어나고 곧바로 수소 구름이 만들어진 뒤 중력이 기체를 끌어모았고, 전자기가 중력 붕괴를 막고 기체의 온도를 올렸으며,

---

17 회수되는 에너지가 감소하는 현상은 강력의 에너지가 질량의 형태로 나타나기 때문이다. 헬륨 핵에서 12개의 쿼크를 결합시키는 데 필요한 에너지는 서로 떨어져 있는 4개의 양성자를 결합시키는 것보다 훨씬 적지만, 입자 수가 늘어남에 따라 새로운 입자들이 추가되면서 절약되는 에너지는 줄어든다. 이는 단체생활의 조직 효율성에 비유할 수 있다. 두 사람이 한집에 같이 살면 혼자 살 때보다 비용이 적게 든다. 하지만 룸메이트를 계속 늘린다고 해서 무한정 돈을 아낄 수 있는 건 아니다. 여섯 번째 룸메이트가 들어오면서 생기는 여러 성가신 일들은 비용 절약을 무의미하게 만들 수 있다. 마찬가지로 크기가 큰 원자핵에 더 많은 입자를 끌어들인다고 해서 그만큼 에너지가 절약되지는 않는다.

강한 상호작용이 핵융합으로 엄청난 에너지를 내보냈다. 마지막으로 약한 상호작용이 수소를 더 무겁고 흥미로운 원소들로 바꾸었다. 네 가지 기본 상호작용 중 한 가지라도 없었다면 우리는 존재하지 않았을 것이다.

나머지 이야기

이제까지 나온 내용은 입자 물리학의 전체 이야기 중 일부분에 불과하다. 태양을 작동하는 기본 상호작용은 앞에서 살펴본 네 가지가 전부지만, 표준 모형에 나온 쿼크는 양성자와 중성자를 이루는 업 쿼크와 다운 쿼크 외에도 네 가지가 더 있고, 렙톤 역시 전자와 전자 중성미자 외에도 네 가지가 더 있다. 그뿐만 아니라 표준 모형에는 각 입자와 질량은 같지만 전하가 반대인 반입자들이 존재한다. 입자와 반입자가 만나면 쌍소멸하고 질량은 에너지가 큰 광자로 바뀐다. 표준 모형의 모든 입자는 실험으로 존재가 증명되었고 입자들이 지닌 세세한 속성은 여러 연구를 통해 밝혀졌다.

여기에서 설명하지 않은 입자들은 수명이 매우 짧아 그나마 가장 긴 뮤온의 평균 수명은 약 100만 분의 2초에 불과하므로 우리의 일상에 미치는 영향이 미미하다. 인위적인 물리 실험이나 우주 공간에서만 발견되는 이러한 입자들은 일반적인 입자들이 높은 에너지로 충돌하면 찰나 동안 나타난 후 순식간에 업 쿼크와 다운 쿼크(주로 양성자와 중성자의 형태로), 전자, 중성미자로 붕괴한다. 희귀 입자들이 발견되면서 표준 모형이 발전한 역사는 무척 흥미로운 이야깃거리이지만 이 책에서는 다루지 않을 것이다.

일상의 소재를 물리학적으로 설명하고자 하는 이 책의 목표는 가장 친숙한 입자인 양성자, 중성자, 전자만으로도 충분히 달성할 수 있다. 이 입자들이 결합하면 원자가 되고 이렇게 결합한 원자가 우리의 일상에서 접하는 모든 사물을 구성한다. 기본 상호작용 중에서 아침 일과에 가장 중요한 것은 원자와 분자를 결합하고 물질과 빛을 연결하는 전자기다.

하지만 자세히 들여다보면 물체의 질량처럼 극히 당연하게 여겨지는 현상에조차 강한 상호작용처럼 기묘한 물리학 원리가 작용한다. 일상의 가장 중요한 동반자인 태양은 온갖 쿼크와 렙톤에 작용하는 네 가지 기본 상호작용이 모두 있어야만 존재할 수 있다는 사실을 기억하자.

두 번째 일상

발열체

플랑크의 절박한 트릭

The Heating Element:

Planck's Desperate Trick

주방으로 내려가 전기레인지에 주전자를 올려 찻물을 끓인다.
또 잠결에 엉뚱한 화구에 주전자를 올린 건 아닌지 확인하려고
주전자 밑 발열체가 빨갛게 빛나는지 살핀다.

뜨거운 물체에서 나오는 붉은빛은 가장 단순하고 보편적인 물리학 현상 중 하나다. 어떤 물질이든 어느 정도 뜨거워지면 처음에는 붉은빛을 내다가 점차 노란색으로 변하고 나중에는 하얀색이 된다. 뜨거운 물체에서 나오는 빛은 **오로지** 물체의 온도에 따라서만 색이 바뀐다. 물체가 어떤 물질로 구성되었는지는 상관없다. 투명한 유리 막대와 까만 철 막대를 같은 온도가 될 때까지 열을 가하면 똑같은 색으로 빛난다. 열을 가하는 방식 역시 영향을 주지 않는다. 전기레인지에서 전류가 흐르는 금속 코일이든 뜨거운 용광로에서 주조되는 코일이든, 온도가 같으면 같은 색으로 변한다.

단순하고 보편적인 현상이 물리학자들의 마음을 사로잡는 까닭은 그 주요 원리 역시 단순하고 보편적일 것 같기 때문이다. 16세기 말 갈릴레오 갈릴레이와 비슷한 시기에 시몬 스테빈은 무게 차이가 열 배에 이르는

납으로 된 공 2개를 교회 탑에서 떨어트려, 모든 물체는 재료나 무게와 상관없이 같은 가속도로 낙하하는 현상을 입증했다.[01] 17세기에 아이작 뉴턴은 이러한 단순하고 보편적인 현상을 관찰해 만유인력의 법칙을 발견했고, 몇백 년 후에는 알베르트 아인슈타인이 영감을 받아 여전히 최고의 중력 이론으로 인정받는 일반 상대성 이론을 수립했다. 아인슈타인은 상대성 이론을 완성할 수 있었던 가장 중요한 순간은 1907년 어느 오후였다고 회고했다. 베른에서 특허청에 근무하던 그는 누군가가 지붕에서 떨어지는 상상을 하다가 낙하 중에는 무게가 느껴지지 않는다는 사실을 발견하고 일반 상대성 이론의 토대가 된 가속도와 중력 사이의 연결 고리를 발견했다. 그는 그때의 상상을 '생애에서 가장 행복했던 생각'으로 꼽았다. 이 행복한 생각의 결과물을 수학적으로 다듬기까지 무려 8년이나 걸렸지만 결국 현대 물리학의 가장 위대하고 성공적인 이론이 되었다.

물리학자들은 등가속 낙하 운동과 마찬가지로 어느 상황에서든 보편적으로 나타나는 열복사 현상을 통해 발열체의 에너지 분포와 빛과 물질의 상호작용 방식에 관한 훌륭한 아이디어를 얻을 수 있을 것으로 기대했다. 하지만 안타깝게도 온도에 따른 빛의 색을 예측하려던 과학자들의 노력은 19세기 말까지 전혀 성공하지 못했다.

열복사는 기존의 물리학과 과감히 결별해야 완전하게 설명할 수 있었다. 한 세기가 지난 지금까지 물리학자들의 논의가 이어지고 있는 양자론

01 이 실험은 두 물체가 공기 저항을 무시할 수 있을 만큼 밀도가 커야 한다. 클립과 깃털을 떨어트리면 클립은 빠르게 떨어지는 반면 깃털은 공기 중에 휘날리다가 서서히 떨어진다. 그렇더라도 두 물체에 작용하는 중력의 크기는 같다. 아폴로 15호 선장 데이브 스콧(Dave Scott)이 달에서 생생하게 보여 주었듯이, 진공 상태에서는 클립과 깃털이 동시에 땅에 닿는다.

의 시작점은 우리가 아침을 요리할 때마다 사용하는 발열체의 빨간빛에서 찾을 수 있다.

어떤 의미에서 보면 파동–입자 이중성, 슈뢰딩거의 고양이, '유령 같은 원격 작용'을 비롯한 양자 물리학의 모든 기이한 현상이 주방에 존재한다고 해도 과언이 아니다.

빛의 파동과 색

급진적인 이론의 필요성을 설명하는 가장 쉬운 방법의 하나는 우선 기존 이론이 실패한 원인을 설명하는 것이다. 양자 모형이 열복사 문제를 어떻게 풀었는지 살펴보기 전에 고전 물리학은 왜 풀지 못했는지 그 이유부터 알아보자. 그러려면 고전 물리학이 빛과 열, 물질을 어떻게 다루었는지에 관한 약간의 배경 지식이 필요하다.

고전 물리학의 아성을 무너트린 실험 중에서 가장 중요한 첫 번째 개념은 빛의 파동성이었다. 19세기 무렵 영국의 지식인 토머스 영Thomas Young의 실험 덕분에 빛의 파동성은 맥스웰 방정식이 발표되기 전보다 반세기나 앞서서 알려졌다. 뉴턴의 시대 이래로 물리학자들은 빛을 입자의 흐름으로 여겨야 할지 어떠한 매질을 통과하는 파동으로 여겨야 할지 혼란스러워했지만, 영의 기발하면서도 간단한 '이중 슬릿double-slit' 실험이 빛의 파동성을 명확하게 입증하여 논쟁에 종지부를 찍었다.

이중 슬릿 실험은 이름에서도 알 수 있듯이 두 개의 얇고 긴 틈(슬릿)이 뚫린 판지에 빛을 통과시키는 실험이다. 영은 서로 간격이 좁은 두 개의 슬릿에 빛을 비추면 반대편에 있는 스크린에 두 개의 슬릿 모양대로 두 개의 밝은 띠가 나타날 것이라고 예상했지만(빛이 각각의 슬릿을 통과할 테니까) 그러한 예상을 깨고 여러 개의 밝고 어두운 띠가 나타났다.[02]

여러 개의 밝고 어두운 띠가 나타난 까닭은 서로 다른 두 개의 슬릿에서 발생한 파동들이 서로 '간섭interference'하기 때문이다. 두 개의 파동이 도착점에서 마루peak가 서로 일치하여 위상phase이 같다면, 각각의 마루가 하나의 파동으로 합쳐져 더 높은 마루를 형성한다. 한편 하나의 파동이 마루이고 다른 파동은 골valley이 되어 위상이 반대일 때, 두 파동은 서로 상쇄한다. 즉, 한 파동의 마루가 다른 파동의 골을 채우기 때문에 결국 파동이 전혀 나타나지 않는다. 빛이 아닌 다른 어떠한 파동에서도 마찬가지 현상이 나타난다. 워터파크에서 볼 수 있는 복잡한 패턴의 파도도 같은 원리이고, 잡음 제거noise canceling 헤드폰이 가능한 것도 상쇄 간섭destructive interference 때문이다.

영의 이중 슬릿 실험에서 간섭이 나타난 이유는 각각의 슬릿에서 나온 빛의 파동이 스크린의 특정 지점에 도달하기까지 걸린 시간이 달랐기 때문이다. 스크린 위에서 두 슬릿의 정중앙에 해당하는 지점은 두 파동이 같은 거리를 이동하므로 위상이 같아 밝은 점으로 빛난다. 가운데보다 살짝 왼쪽에 있는 지점은 왼쪽 슬릿의 파동이 오른쪽 슬릿의 파동보다 스크린까지 이동하는 거리가 짧다. 오른쪽 슬릿의 파동이 더 긴 거리를 움직이기 때문에 진동할 시간이 그만큼 늘어난다. 이때 오른쪽 슬릿 파동의 마루가

---

02 직접 해 보고 싶다면 알루미늄 포일에 얇고 기다란 구멍 2개를 뚫은 다음, 레이저 포인터로 빛을 통과시켜 보라. 이러한 이중 슬릿 실험과 밀접하게 관련된 또 다른 현상은 더 쉽게 관찰할 수 있다. 레이저 포인터에서 나오는 빔에 머리카락 한 가닥을 갖다 대면 머리카락의 서로 다른 면을 지나는 빛의 파동들이 서로 간섭해 여러 점으로 이루어진 패턴을 형성한다.

왼쪽 슬릿 파동의 골을 채운다면 어두운 점이 나타난다. 그러나 그보다 더 왼쪽에 있는 지점은 오른쪽 슬릿에서 나온 파동이 더 긴 거리를 더 오랜 시간 동안 진동하므로 오른쪽 슬릿 파동의 마루가 왼쪽 슬릿 파동의 마루와 겹치면서 또다시 밝은 점을 생성한다.

이 같은 패턴이 반복되면서 일련의 밝은 점과 어두운 점이 나타난다. 밝은 점 사이의 거리는 단순히 파장에 따라 달라지기 때문에, 약 400나노미터에 해당하는 보라색 광선부터 약 700나노미터의 짙은 빨강 광선 사이에 있는 가시광선의 파장을 간편하게 측정할 수 있다.[03] 판지에 슬릿이 많을수록 점들은 좁아지고 선명해지는데, 1820년대에 요제프 폰 프라운호퍼Joseph von Fraunhofer는 빛의 간섭을 이용해 만든 회절 격자diffraction gratings로 태양과 다른 행성들에서 나오는 빛의 파장을 역사상 처음으로 매우 정확하게

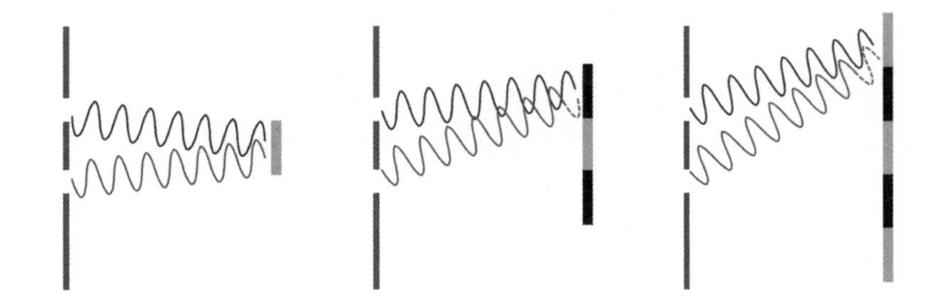

이중 슬릿 실험의 빛 파동 간섭. 두 슬릿의 가운데에서는 파동이 같은 위상으로 합쳐져 밝은 점을 만든다. 가운데보다 약간 위에서는 아래쪽 슬릿의 파동이 더 긴 거리를 이동하면서 진동을 반만큼 더 해(점선 부분) 아래쪽 파동의 마루가 위 파동의 골을 채우기 때문에 어두운 점이 나타난다. 거리가 더 멀어지면, 아래쪽 슬릿 파동이 온전히 한 번 더 진동하므로(점선 부분) 아래쪽 파동과 위쪽 파동은 다시 위상이 같아져 또다시 밝은 점으로 나타난다.

03 1나노미터는 10^{-9}미터, 즉 0.000000001미터이다.

측정했다.

1807년에 발표된 영의 실험은 물리학계에 파문을 일으켰지만, 여전히 많은 물리학자가 빛의 입자설을 폐기하길 주저했다. 한 물리학 학회에서 주최한 현상 공모에 프랑스의 물리학자 오귀스탱 장 프레넬Augustin-Jean Fresnel이 빛의 파동설에 관한 논문을 제출했을 때, 입자설을 고수하던 시메옹 드니 푸아송Siméon Denis Poisson은 영의 실험을 설명하는 파동 간섭 이론이 성립하려면 둥근 물체의 그림자 중앙에는 밝은 점이 나타나야 한다고 반박했다. 그림자에 밝은 점이 있을 리 없다고 생각한 푸아송은 빛의 파동 모형을 받아들이지 않았다.

현상 공모 심사위원 중 한 명이었던 프랑수아 아라고François Arago는 푸아송의 주장에 흥미를 느끼고 그림자 가운데에서 밝은 점을 찾는 실험을 시작했다. 점을 탐색하는 작업은 엄청난 끈기가 필요했으나 그는 끝까지 포기하지 않았고 마침내 둥근 장애물 주변을 통과하는 빛이 간섭 때문에 그림자 중앙에 밝은 점을 형성한다는 사실을 입증했다. '아라고의 점' 또는 '프레넬의 점'이라고 불리는 이 점은 빛이 파동이라는 결정적인 증거가 되었고 대부분의 물리학자는 결국 빛의 파동성을 인정했다.

아라고의 실험으로 파동 모형은 인정받았지만, 정확히 **무엇이** 진동하는지는 한동안 미스터리였다가 1860년대에 들어서 맥스웰 방정식에 의해 빛이 전자기파라는 사실이 밝혀졌다. 19세기 말에 빛의 파동설이 확고하게 자리 잡으면서 물리학자들은 빛과 물질 사이의 모든 상호작용을 전자기파를 바탕으로 규명하려고 했다.

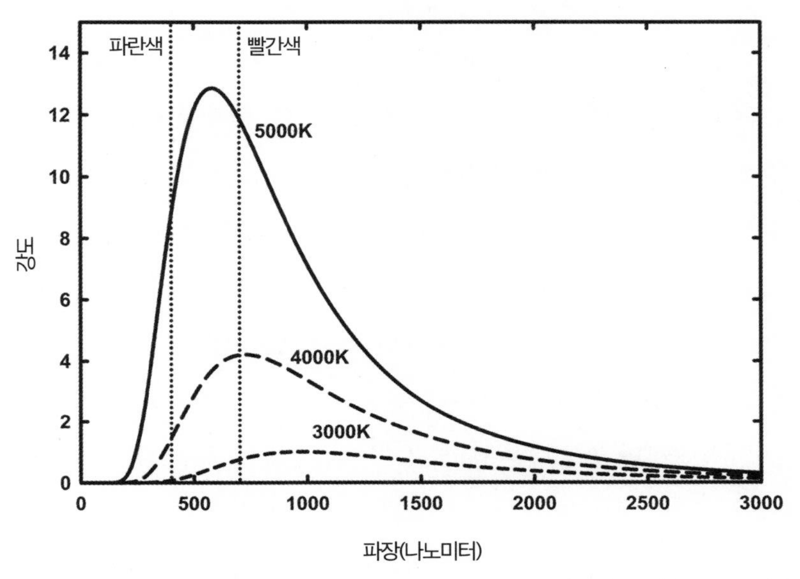

여러 다른 온도에서의 열복사 스펙트럼. 세로 점선은 가시광선 스펙트럼 영역의 양끝을 나타낸다. 온도가 올라갈수록 최고점이 적외선 영역에서 가시광선 영역으로 이동한다.

파동의 여러 속성 중 파장과 진동수는 비교적 쉽게 측정할 수 있다. 파장은 파동의 일부 구간을 스냅 샷으로 찍었다고 가정했을 때 두 마루 사이의 거리를 의미한다. 진동수는 파동이 계속 진행할 때 어느 한 지점에서 마루 하나가 지나간 후 단위 시간(1초) 동안 몇 개의 마루가 지나가는지를 나타낸다. 빛은 일정한 속도로 이동하므로 진동수와 파장은 긴밀하게 연관된다. 파동은 한 번 진동할 때마다 하나의 파장만큼 진행한다. 파장이 짧을수록 같은 시간 동안 반복되는 횟수가 많으므로 진동수가 커진다(즉, 반비례 관계이다). 물리학자들은 빛을 이야기할 때 어떤 문제를 다루느냐에 따라 진동수를 기준으로 삼기도 하고 파장을 기준으로 하기도 한다. 우리 역시 여기에서 진동수와 파장 사이를 오갈 것이다.

발열체가 내보내는 빛의 '색'은 스펙트럼을 통해 알 수 있다. 다시 말해 진동수마다 방출되는 빛의 강도를 측정하면 된다. 어떤 온도에서 빛의 스펙트럼을 측정하여 그래프를 그리면, 진동수가 낮은 곳에서 빛의 양이 적다가 진동수가 커질수록 증가하고 최대치 이후에는 급격히 감소하는 단순하지만 독특한 분포가 나타난다(앞선 그림은 파장에 따라 표시했으므로 진동수 기준에서는 그래프의 좌우를 바꿔서 생각하면 된다). 빛의 '색'은 최고점의 위치, 즉 방출된 빛의 강도가 가장 센 진동수에 따라 달라지고, 최고점의 위치는 순전히 온도에만 영향을 받는다. 온도가 높을수록 방출된 빛이 최대에 이르는 진동수는 높아진다. 따라서 실온의 물체는 빛의 최대 강도가 스펙트럼 가장자리인 적외선 부분에 위치하지만, '붉게' 빛날 만큼 물체의 온도가 올라가면 가시광선 영역 끝의 빨간색 부분으로 이동하고 온도가 더 올라가면 파란색을 향해 움직인다. 하얗게 타는 물체는 스펙트럼 최대치가 녹색 부분이지만,[04] 스펙트럼의 가시광선 영역 전체에서 많은 빛이 방출되기 때문에 하얗게 보이는 것이다. 온도가 두 배로 올라가면(절대 영도에서 시작하는 절대 온도(K) 기준으로) 빛의 최대치 진동수 역시 두 배가 된다.

약 600테라헤르츠의 진동수에서 최고점이 나타나는 5,600K의 물체는 태양 광선과 스펙트럼이 흡사하다. 실제로 태양을 비롯한 항성의 온도는 스펙트럼이 비슷한 발열체의 온도로 유추한다. 한편 낮은 온도의 극단적

04 빛의 파장이나 진동수를 인간이 특정한 색으로 인식하는 과정은 여러 진동수의 빛이 합쳐질 때 더욱 복잡하다. 아이들이 미술 시간에 여러 색을 섞을 때처럼, 붉은빛(파장이 약 650나노미터)과 푸른빛(약 490나노미터)을 섞으면 보라색이 없는데도 인간의 눈과 뇌는 보랏빛(약 405나노미터)으로 인식한다.

인 예는 우주 배경 복사cosmic microwave background다. 빅뱅 직후 발생해 우주로 퍼진 우주 배경 복사의 스펙트럼은 2.7K의 물체와 스펙트럼이 같아 진동수가 약 290기가헤르츠에서 최고점이 나타난다.

열과 에너지

19세기 동안 열역학은 전자기 이론과 빛의 파동 모형과 함께 눈부시게 발전했다. 물리학자들이 빛의 파동 모형과 입자 모형의 논쟁으로 19세기의 문을 여는 동안, 열 역시 두 가지 모형이 경합을 벌였다. 첫 번째 학파는 열 자체가 고유한 물리적 물질이고, '가늠하기 힘든 유체subtle fluid'인 '칼로릭caloric'이라는 물질이 한 물체에서 다른 물체로 흐르는 것이라고 주장했다. 이에 대항하는 '운동 이론kinetic theory' 학파는 열은 거시 물질을 구성하는 미시 원소가 무작위로 운동하면서 발생하는 것이라고 주장했다.

하지만 벤저민 톰슨Benjamin Thomson(카운트 럼퍼드Count Rumford라는 이름으로도 알려졌다)과 제임스 줄James Joule이 수십 년에 걸쳐 실험을 거듭한 끝에 역학 작용과 열 생성의 상관관계를 밝혔고 칼로릭 이론은 이 같은 상관관계에 들어맞지 않았다. 톰슨은 강철을 깎아 대포를 만들 때 발생하는 마찰이 열을 거의 무한정 제공한다는 사실을 증명하면서, '칼로릭'이 유체라면 이는 가능하지 않다고 주장했다. 줄은 일정한 양의 물을 얼마나 저어야 온도를 1도 올릴 수 있는지를 측정하는 '열의 일당량mechanical equivalent of heat'의 정확한 값을 산출함으로써 역학 작용과 열 사이의 관계에 관한 톰슨의 주장을 뒷받침했다.

이론적인 부분에서는 루돌프 클라우지우스Rudolf Clausius와 제임스 클러크 맥스웰[05]이 물체 사이에 흐르는 열과 물체를 구성하는 원자와 분자의 운동 에너지가 갖는 연관성을 입증하는 수학식을 완성했다. 이후 오스트리아의 물리학자 루트비히 볼츠만Ludwig Boltzmann이 맥스웰의 연구를 토대로 만든 열 에너지 통계 모형은 지금도 통용된다.

기체나 고체 안에서 원자와 분자들은 제각각의 속도로 마구 움직이지만, 그 수가 충분하다면 통계적 분석법을 통해 특정 온도에서 특정 운동 에너지를 지닌 원자를 발견할 확률을 예측할 수 있다(이와 관련한 공식은 맥스웰과 볼츠만의 선구적인 업적을 기려 '맥스웰-볼츠만 분포Maxwell-Boltzmann distribution'로 불린다). 이러한 운동 모형에서 핵심은 맥스웰이 처음 제시하고 볼츠만이 다듬은 '에너지 등분배equipartition' 개념이다. 에너지 등분배 법칙에 따르면 에너지는 입자가 취할 수 있는 모든 형태의 운동에 고르게 분배된다. 원자로 이루어진 기체는 모든 운동 에너지가 원자들의 직선 운동에 분포하는 반면, 분자로 이루어진 기체 에너지는 분자들의 직선 운동, 분자 안에 있는 원자들의 진동, 각 분자가 질량 가운데를 중심으로 도는 회전 운동 사이에 고르게 분배된다. 이와 같은 통계적 접근법과 운동 이론은 다양한 물질의 열 관련 속성을 성공적으로 설명했고,[06] 19세기 말에 칼로릭 이론은 자취를 감췄다.

빛을 내려면 열에너지가 필요하고 빛은 열전달에 중요한 역할을 하므

05 그렇다. 전자기를 규명한 그 맥스웰이다. 19세기 유럽의 물리학계는 좁았고 맥스웰은 아주 똑똑한 사람이었다.

06 높은 온도와 아주 낮은 온도 그리고 매우 딱딱한 물질에서는 맥스웰-볼츠만 운동 이론이 작동하지 않는다. 새로운 물리학의 필요성을 예견한 이러한 변칙은 20세기 초에 양자 역학이 부상하는 계기가 되었다.

로(그렇기 때문에 요리할 때 포일로 그릇을 감싸 빛을 차단하면 음식이 타지 않는다), 물리학자들은 자연스럽게 전자기파와 열에너지의 관계에 주목했다. 전자기파와 열에너지의 상관성을 입증하는 데 필요한 경험적 데이터를 모으기 위해 19세기 말 독일의 분광학자들spectroscopists은 여러 온도와 파장의 발열체가 내보내는 빛의 스펙트럼을 측정했다. 측정한 스펙트럼들은 매우 선명하게 나타났지만, 그러한 결과가 열역학적 운동 모형과 어떠한 관계인지는 의문이었다.

1890년대에 독일의 빌헬름 빈Wilhelm Wien과 영국의 존 레일리John Rayleigh 경은 특정 온도에서 방출되는 빛의 양을 경험적으로 예측하는 모형을 각각 개발했다. 그들은 특정 파장 범위에서 측정한 경험적 데이터와 일반적인 물리학적 원칙을 바탕으로 만든 자신의 모형이 다른 파장 범위에서도 성립하기를 기대했다. 그러나 빈의 모형은 높은 진동수의 데이터에는 들어맞았지만 낮은 진동수에서는 빗나갔고, 반대로 레일리의 예측은 낮은 진동수에서만 들어맞았다. 1900년, 막스 플랑크는 두 모형을 조합하여 함수를 구하면 관찰된 데이터와 일치한다는 사실을 발견했다. 플랑크는 자신이 연 파티에서 분광학자 하인리히 루벤스Heinrich Rubens로부터 라일리의 예측과 최근 그의 실험 결과에 대한 이야기를 듣고 함수를 추론했다고 한다. 그는 손님들이 떠나고 서재에서 몇 시간 만에 정확한 함수를 계산했고 같은 날 루벤스에게 엽서를 보내 알렸다. 하지만 플랑크의 함수가 경험적 측면에서는 대단한 성과였는지 몰라도, **왜** 성립하는지는 아무도 몰랐고, 최소한 당시에 널리 받아들여지던 기본적인 물리학 원리로는 설명할 수 없었다.

자외선 파탄

그렇다면 당시 인정받고 있던 원리에 기반을 둔 모형은 어떤 모습이어야 할까? 일반적인 접근 방식은 레일리 경과 영국의 또 다른 물리학자 제임스 진스James Jeans가 시도한 분석법(플랑크의 성공적인 양자 모형보다 조금 늦게 나왔다)으로 묘사할 수 있다. 비록 레일리-진스 모형은 실패했지만 실패한 원인이 무엇인지 분명하게 알 수 있으며, 궁극적인 해법 역시 간단하게 설명할 수 있다.

열복사 문제에 관한 레일리-진스의 접근법에서 밑바탕이 된 아주 단순한 개념은 맥스웰과 볼츠만이 기체의 열 속성을 규명하는 데 활용한 에너지 등분배 원리를 따른다. 간단히 말하면 모든 가능한 빛의 진동수에 열 에너지를 균등하게 배분하는 것이다. 하지만 '균등하게 나누기' 위해서는 잠재적인 진동수가 몇 개인지 셀 수 있어야 하는데, 그러려면 연속적인 빛의 스펙트럼을 여러 부분으로 나눌 단순화한 이론 모형이 필요하다.

진동수를 셀 수 있도록 만드는 트릭은 복사 현상의 보편성과 직접적으로 연관된다. 발열체에서 나온 빛의 스펙트럼은 물체의 어떠한 물성에도 영향받지 않는다는 사실을 기억하라. 진동수를 세기 위한 이론적 모형은 이 점을 반영해야 했기 때문에 물리학자들은 표면에 입사된 모든 빛을 반사하지 않고 모조리 흡수하는 이상적인 물체인 '흑체black body' 개념을 만들었다.[07] 흑체는 빛을 방출하지 않는 어두운 물체가 아니라(어두운 물체는 온

07 영화 <이것이 스파이널 탭이다(This is Spinal Tap)>에서 나이젤 터프넬(Nigel Tufnel)이 한 불멸의 대사인 "어떻게 하면 더 검을 수 있을까? 답은 '불가능하다'이다. '더 검게는 할 수 없다'가 답이다"가 연상된다.

도가 쉽게 올라가 형체가 망가질 것이다), 발열체가 내는 광채처럼 방출된 빛이 흡수된 빛에 어떠한 영향도 받지 않는 물체다.

실험실에서도 손쉽게 근사한 흑체를 만들 수 있다. 상자에 작은 구멍 하나만 뚫으면 된다. 상자에 비해 구멍이 작기 때문에 상자로 들어오는 빛은 바깥으로 나갈 가능성이 극히 낮다. 그러므로 벽에 바로 흡수되지 않는다면 탈출하기 전까지 여러 번 벽에 부딪히며 튕길 것이다. 이러한 상자는 입사된 빛이 진동수와 상관없이 무조건 흡수되고 반사는 되지 않는 흑체의 '암흑'을 훌륭하게 모방한다. 실험 물리학자들도 바로 이러한 방법으로 열복사를 측정했다.[08]

상자 안에서 파동의 진동수는 제한적이기 때문에 구멍 뚫린 상자 모형은 이론 물리학자들에게도 무척 유용하다. 상자 내부 경계에 딱 들어맞는 파동은 계속 유지되는 반면, **부적합한** 진동수의 파동은 서로 간섭하다가 상쇄된다. 구멍을 빠져나온 빛은 상자 안에 존재하면서 상자 밖의 상황에는 전혀 영향을 받지 않는 한정적인 진동수들이 무엇인지 알려준다.[09]

상자 안에 존재하는 한정된 수의 허용 진동수allowed frequency를 파악할 방법이 발견되자 물리학자들은 상자 안 허용 진동수를 집계한 다음 에너지를 각 진동수에 고르게 분배한다면, 그 결과 나타나는 스펙트럼은 여러 실험에서 관찰되고 플랑크 공식으로 규명된 스펙트럼과 비슷할 거라고 기대했다. 안타깝게도 이 단순하고 명쾌한 접근법은 대실패였다. 상자 안에 허

08 대표적인 예가 독일의 실험 물리학이자 오토 룸머(Otto Lummer)와 페르디난트 쿨를바움(Ferdinand Kurlbam)이다.

09 '상자'마다 결과가 다르게 나타날 거로 생각할 수 있겠지만, 상자를 안에 있는 파동들의 파장보다 훨씬 크게 만들기만 하면, 기존에 규명된 수학적 분석법에서 상자 크기는 변수로 작용하지 않는다.

용된 진동수를 집계하는 과정을 살펴보면서 무엇이 문제였는지 알아보자.

'정상파 모드standing-wave mode'라고 불리는 상자 안 허용 진동수에 영향을 미치는 요소는 상자의 크기와 어떠한 파동도 벗어나지 못하게 하는 구속 상태다(상자 구멍이 충분히 작다면 탈출하는 빛은 무시해도 좋을 만큼 아주 작다). 정상파 모드의 생성 과정과 특징을 설명하기 위해 상황을 더 단순화해 보자. '상자'가 1차원이라면 파동은 좌우로만 움직일 뿐 다른 방향으로는 전혀 이동하지 않을 것이다. 이 상자는 우리가 일상에서 흔히 마주치는 평범한 사물과 비슷하다. 바로 현악기의 줄이다.

기타 연주자가 기타 줄을 퉁기면 줄의 작은 일부분이 원래 있던 자리에서 이탈하면서 교란이 일어나고 이러한 교란은 파동 형태로 바깥으로 이동하면서 줄을 위아래로 흔든다. 양끝이 고정된 줄에서 이동하던 파동이 기타의 넥neck을 향하다가 프렛fret 위에서 줄을 누르는 연주자 손가락에 도달하면 반동하여 방향을 바꾸고 넥에서 멀어진다. 같은 줄에서 서로 반대 방향으로 움직이던 파동들은 얼마 지나지 않아 서로 만난 뒤 영의 유명한 이중 슬릿 실험의 빛처럼 서로 간섭한다.

앞뒤로 반동하는 모든 파동을 전부 합하면 대부분의 파장에서 완전한 상쇄 간섭이 일어난다. 줄을 마루까지 끌어올리려고 하는 파동이 있으면 골까지 끌어내리려는 파동이 있으므로 결국 서로 상쇄하기 때문이다. 그러나 매우 한정된 파장들에서는 여러 반사 파동이 전부 정확히 같은 곳에서 마루로 상승하는 보강 간섭constructive interference이 일어난다. 이러한 파장들이 줄을 따라서 파동을 안정적인 패턴으로 만들면서, 줄이 일부 구간에서만 미세하게 움직이고 나머지 부분은 제자리에 고정된다.

이러한 패턴 중에서도 가장 단순한 패턴은 고정된 양끝 사이에서 진동하는 혹이 1개뿐인 '기본 모드fundamental mode'다. 우리는 보통 기본 모드를 그릴 때 위로 솟은 혹 하나를 그리지만, 사실 기본 모드는 시간에 따라 다르게 나타난다. 줄의 가운데 부분은 위로 솟았다가 밑으로 평평해진 다음 아래 골로 향하고 다시 0의 상태로 돌아가다가 마지막으로 다시 위로 향해 마루로 간다. 한 번의 진동을 완료하는 데 걸리는 시간은 해당 모드의 파장이 갖는 진동수에 따라 달라진다.

파동의 파장은 마루에서 골로 갔다가 다시 마루로 가는 거리로 정의된다. 0에서 시작해 마루로 갔다가 다시 0으로 돌아오는 거리는 파동의 절반이므로, 기본 모드의 파장은 줄의 길이의 두 배다. 그다음으로 단순한 패턴은 고정된 양끝 사이에서 1개의 파동이 온전하게 일어나는 것이다. 이러한 패턴은 위(혹은 아래)를 향했다가 다시 아래(혹은 위)로 오는 형태이고, 가운데에는 줄이 움직이지 않는 고정된 마디node가 있다. 기본 모드에 이어 두 번째 '조화 모드harmonic mode'인 이 같은 모드는 파장이 줄의 길이와 정확히 일치한다. 또 다른 조화 모드는 파동이 1.5개이고(진동하는 혹이 3개이고 마디가 2개) 파장의 길이는 줄 길이의 3분의 2이며, 파동이 2개인 조화 모드는 파장이 줄 길이의 절반이다. 이처럼 조화 모드는 끝없이 가능하다.

이러한 허용 모드들을 자세히 관찰하면 한 가지 단순한 패턴이 발견된다. 허용 정상파 모드 각각에서 파장의 절반인 반파장의 정수 개수를 모두 합하면 줄의 길이가 된다. 이 같은 규칙에 따라 각 허용 모드를 진동하는 혹의 수로 번호를 매길 수 있다.

이제까지 설명한 모형을 통해 기타에서 들리는 소리와 흑체에서 관찰

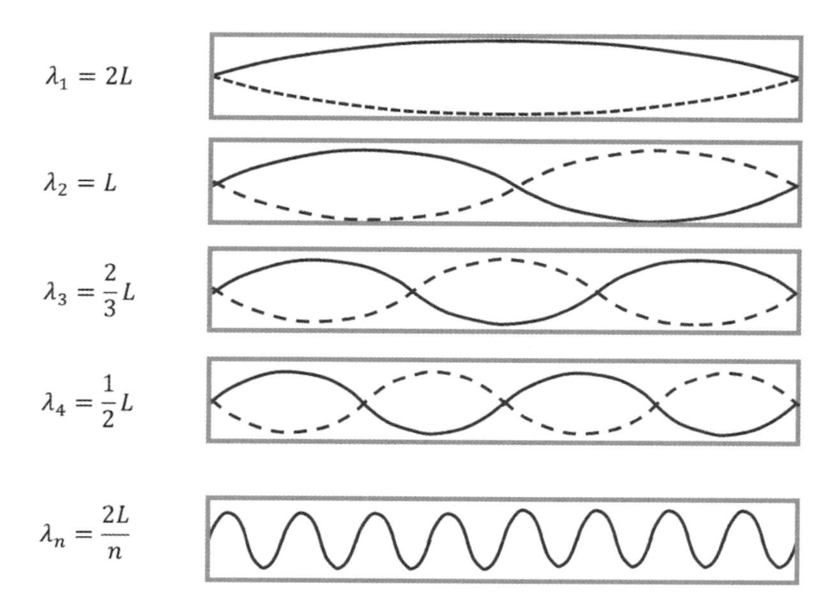

길이가 L인 1차원 '상자'에서 파장이 λ인 정상파 모드

되는 스펙트럼을 비교할 수 있다. 기타 줄을 처음 튕기면 흑체 상자 안으로 들어가는 빛처럼 엄청나게 다양한 진동수의 파동이 일어난다. 하지만 곧바로 줄의 양끝 또는 상자의 벽에서 수많은 파동이 반사되면서 상쇄 간섭이 발생해 대부분의 파장이 상쇄되어 정상파 모드와 일치하는 일부 파장만 남는다.

기타 줄의 경우, 파동의 에너지 대부분은 기본 모드가 된다. 기본 모드는 이름에서 유추할 수 있듯이 기타 소리를 결정하는 가장 기본적인 요소다. 다른 조화 모드는 진동수가 높을수록 에너지를 적게 가져가지만, 진짜 악기의 소리가 컴퓨터가 내는 단조로운 음보다 풍성한 이유가 바로 조화 모드 덕분이다. 제리 가르시아Jerry Garcia와 지미 헨드릭스Jimi Hendrix의 연주가 다르게 들리는 까닭은 기타 연주자들이 튜닝이나 연주 기술을 통해 조화 모드를 다양하게 증폭하거나 억제하기 때문이다.

흑체 상자 속 빛 파동의 경우, 에너지의 분배는 연주자의 미적 취향이 아닌 단순한 열역학 규칙인 에너지 등분배 법칙으로 이루어진다. 3차원에 존재하는 빛에서 정상파 모드를 파악하는 것은 1차원적인 소리보다 조금 복잡하지만, 번호를 매길 수 있는 일련의 모드가 존재한다는 점은 마찬가지다. 이러한 모드를 알 수 있다면, 상자 벽을 구성하는 원자의 열운동이 갖는 전체 에너지를 에너지 등분배 법칙에 따라 균등하게 나누어 각 모드에 분배하면 된다(상자 벽을 구성하는 입자들은 발열체를 구성하는 입자임을 기억하라).[10]

문제는 파장이 짧아질수록 허용 모드가 밀집한다는 점이다. 특정 파장 범위마다 모드 수를 세어보면 짧은 파장에서 모드 수가 무한대로 상승한다는 사실을 알 수 있다(파장이 짧으면 진동수가 커진다). 길이가 50센티미터이고 기본 파장이 1미터인 기타 줄이 있다고 가정해 보자. 파장이 0.1미터에서 0.095미터 사이의 5밀리미터 범위에서는 허용 모드가 2개다. 다시 말해 0.1~0.095미터 파장 범위에서는 정수 개수의 반파장을 전부 합하면 줄의 길이와 일치하는 모드가 2개뿐이다. 0.02~0.015미터 사이의 5밀리미터 범위에서는 34개다. 0.01~0.005미터 사이에서는 200개가 넘는다.

이러한 모형은 스펙트럼 실험에서 관찰되는 것처럼 파장 중간에서 최

10 사실 이러한 모드의 수는 무한대다. 물리학자들이 미적분학을 탄생시킨 이유가 바로 이러한 무한한 수를 다루기 위해서다.

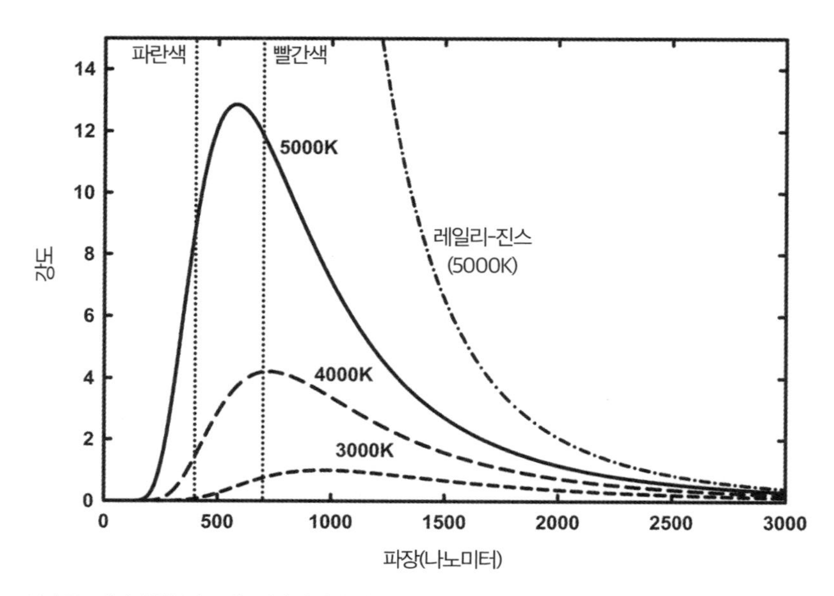

여러 온도에서의 열복사 스펙트럼과 레일리-진스 모형에서 예측한 '자외선 파탄'

대치를 이루는 단순하고 아름다운 형태가 나오지 않는다. 대신 온도와 상관없이 어떠한 물체라도 짧은 파장의(높은 진동수의) 복사가 무한정 일어나는 형태가 된다. 토스터에서는 '결코' 일어나서는 안 되는 상황이다.

모드 수를 세는 단순한 접근법은 완전히 실패해 '자외선 파탄ultraviolet catastrophe'이라는 오명을 얻었다.[11] 플랑크가 1900년에 수학식으로 훌륭하게 규명한 흑체 스펙트럼의 최고점을 설명하기 위해서는 에너지가 분배되는 방식을 근본적으로 다시 이해해야 했다.

11 자외선 파탄이란 고전적인 복사 이론에서 자외선보다 짧은 파장대의 복사가 실제보다 과대하게 예측되어 에너지가 무한대가 되어 버리는 것을 의미한다. 1911년, 파울 에렌페스트(Paul Ehrenfest)가 1905년에 발표된 레일리-진스 모델을 언급하면서 이러한 이름을 지었는데, 이러한 현상을 일컫는 훌륭한 이름으로 자리 잡았다.

양자 가설

방출된 빛의 스펙트럼 곡선에 관해 정확한 수학식을 만든 플랑크가 결국 스펙트럼의 근거도 밝혀냈다. 플랑크는 앞에서 설명한 모형에 의한 각각의 정상파 빛 모드를 물질 안에 있는 '진동자oscillator'라고 가정했다. 각각의 진동자는 한 가지 진동수의 빛만 방출한다. 진동자는 고유의 에너지를 갖는데 그 값은 진동수에 미세한 크기의 상수를 곱해 구한다. 하나의 진동자가 내보내는 빛의 양은 그 고유 에너지의 정수로 된 배수이어야 한다. 플랑크는 이 에너지를 '얼마나'라는 뜻의 라틴어인 '퀀텀quantum', 즉 양자라고 불렀다. 다시 말해 하나의 진동자는 1개, 2개 또는 3개처럼 정수의 에너지 양자를 지녀야지 0.5 양자나 π 양자는 가질 수 없다.

이러한 '양자 가설'은 자외선 파탄이 일어나는 높은 진동수에서 빛의 양을 감소시키는 트릭을 제공한다. 각각의 진동자에 열에너지를 균등하게 분배하면, 낮은 진동수의 진동자는 분배받은 양이 자신의 고유 에너지 몇 배에 이르므로 내보내는 빛이 여러 개의 양자가 된다. 한편 진동수가 높은 진동자 역시 분배받은 열에너지가 자신의 고유 에너지보다 몇 배 크지만 그 배수가 진동수가 낮은 진동자의 배수보다 작으므로, 진동수가 높을수록 내보내는 빛의 양이 감소한다. 또한, 진동수가 아주 높은 진동자는 고유 에너지가 분배받은 열에너지보다 크기 때문에 빛을 발산하지 않는다.

그렇다면 낮은 진동수에서 가능한 정상파 파동은 파장이 상대적으로 긴 몇몇 파동뿐이므로 진동자가 상대적으로 적지만, 각각의 진동자는 상당한 '양자'의 빛을 발산한다. 높은 진동수에서는 진동자가 많지만(파장이 짧을수록 허용 모드가 많으므로), 각각의 진동자는 빛을 거의 또는 전혀 내보내지 않는다. 진동자의 수와 방출되는 빛의 양 사이에 일어나는 경쟁은 흑체 복사 스펙트럼에서 관찰되는 최고점을 설명해 준다. 긴 파장에서 시작해서 점점 줄어들 때는 진동자 숫자가 증가하는 정도가 진동자 1개당 방출되는 빛의 양이 감소하는 정도보다 크기 때문에 빛의 총량은 최고점까지 점차 상승한다. 최고점 이후에는 진동자에서 빛이 방출되지 않기 시작하면서 빛의 총량이 급격하게 감소한다. 이를 통해 온도에 따른 스펙트럼 최고점의 변화도 설명할 수 있다. 온도가 높아지면 열에너지가 상승하여 각각의 모드에 할당되는 분배량이 증가하므로, 양자 가설에 의하여 빛 방출이 차단되는 진동수가 높아진다.

처음에 플랑크는 양자 가설을 절박한 수학적 트릭으로만 여겼다. 실제로 양자 가설은 미적분학에서 자주 쓰이는 트릭과도 비슷하다. 수리 물리학자들은 매끄럽고 연속적인 연산을 불연속적인 단계들로 나눈 다음 기존에 규명된 수학적 분석법들을 통해 각 단계를 무한하게 작게 만들어 원래의 매끄러움을 회복시킨다. 플랑크는 진동수에 따라 증가하는 고유 에너지를 각 진동자에 부여하면 그가 원했던 스펙트럼 최고점이 나타나지만, 진동수와 곱하는 상수를 미적분을 통해 0으로 만든다면 매끄러움을 회복할 수 있을 거라고 기대했다. 그렇다면 불연속적인 계단 형식의 에너지 양자를 폐기할 수 있었다. 하지만 상수는 아주 작긴 해도 결코 0은 아니었다. 그의 업적을 기려 오늘날 플랑크 상수Planck's constant라 불리는 이 상수는 알파벳 h로 표시하며 크기가 0.0000000000000000000000000000000

$6626\,J \cdot s$(6.626×10^{-34}줄·초joule-second)에 불과하다.[12] 에너지가 더 나눌 수 없는 불연속적인 '덩어리'를 이룬다는 양자 가설에 따라 아주 작지만 0은 결코 아닌 플랑크 상수 *h*를 적용하여 모든 가능한 진동수에 에너지를 배분하면, 플랑크가 발견한 흑체 스펙트럼 공식과 정확히 일치한다.

플랑크의 공식은 엄청난 업적이었고 여러 물리학 분야에서 없어서는 안 될 소중한 개념이다. 가령 천문학자들은 멀리 떨어져 있는 항성과 가스 구름이 내보내는 빛의 스펙트럼을 측정하여 온도를 알아낸다. 태양과 같은 항성이 내보내는 빛의 스펙트럼은 흑체 스펙트럼과 매우 비슷하므로, 우리가 관찰하는 빛을 플랑크 공식에 의한 예측치와 비교하면 몇 광년 떨어진 항성의 표면 온도를 유추할 수 있다.

이제까지 측정된 가장 완벽한 흑체 스펙트럼은 앞에서 언급한 우주 배경 복사일 것이다. 우주 전체에 퍼져 있는 우주 배경 복사는 스펙트럼에서 전파 진동수 영역에 해당하는 약한 방사선장이다. 우주 배경 복사는 빅뱅 이론의 가장 중요한 증거 중 하나다. 현재 우리가 관찰하는 우주 배경 복사의 마이크로파는 빅뱅이 일어나고 약 30만 년 후에 생성되었다. 당시 우주는 아직 엄청나게 뜨겁고 밀도가 매우 높긴 했지만, 광자가 탈출할 만큼 온도가 내려갔다. 수십억 년 동안 우주는 팽창하고 식으면서, 수천K에 달하는 고에너지의 가시광선 광자들이 마이크로파 파장으로 늘어났다. 우주 배경 복사의 스펙트럼은 이제까지 수차례 측정되었고 약 2.7K의 흑체와 거의 일치한다. 우주 배경 복사는 하늘의 곳곳마다 수백만 분의 1K씩 온

12 일반적으로는 $h=6.626070040 \times 10^{-34} kg \cdot m^2/s$로 나타낸다.

도가 미세하게 다른데 이는 초기 우주의 환경과 은하, 항성, 행성들의 기원을 알려줄 가장 중요한 정보다.

우주가 아닌 일상에서 플랑크 공식은 우리에게 빛과 열을 어떻게 표현할지 알려준다. 사진사와 디자이너는 어떠한 빛을 일컬을 때 그 빛과 가시광선 스펙트럼이 가장 비슷한 흑체의 절대 온도로 지칭하고, 이러한 수치를 '색온도color temperature'라고 한다.[13] 인테리어 가게에서 '부드러운 흰색' '자연조명'처럼 각양각색의 이름으로 불리는 전구는 여러 기술을 통해 빛의 스펙트럼을 특정 온도의 물체가 내보내는 흑체 복사와 비슷하도록 만든 것이다.

아침 식사를 준비하는 동안에도 흑체 복사를 통해 뜨거운 물체의 온도를 알 수 있다. 프라이팬에 겨냥해 온도를 재는 적외선 온도계는 플랑크 공식을 이용해 만든 것이다. 온도계에 있는 센서가 타깃이 되는 물체에서 눈에 보이지 않는 적외선 복사의 총량을 감지해 같은 양의 적외선을 내보내는 흑체의 온도를 유추한다.

막스 플랑크는 큰 성공과 명예를 얻었지만 자신의 양자론이 영 내키지 않았다. 양자 가설을 조악한 임시방편으로 여긴 그는 다른 누군가가 스펙트럼에 관한 자신의 공식들을 양자론에 기대지 않고 기본적인 물리학 원칙으로 규명해주길 바랐다. 하지만 양자론이 나오자 다른 물리학자들은 주저하지 않고 받아들였다. 그중에는 물리학에 대대적인 혁명을 일으킨 스위스 특허청의 직원도 있었다.

13 인간의 인식은 색과 온도에 대한 용어를 혼란스럽게 만든다. 우리가 일반적으로 '따뜻하다'라고 여기는 붉은빛은 낮은 온도에서 나오고, '시원하다'라고 여기는 푸른빛은 높은 온도에서 나온다.

세 번째 일상

디지털 사진

특허청 직원의 발견

Digital Photos:

The Patent Clerk's Heuristic

평소와 다름없이 내 소셜 미디어 계정에는
유럽과 아프리카의 아침 뉴스,
아시아와 오스트레일리아의 저녁 뉴스,
여러 나라에 사는 친구들이 자신의 아이와
고양이를 찍은 디지털 사진의 피드가
지난밤 동안 가득 들어와 있다.

나는 과학의 역사적인 발견에 관해 글을 쓸 때마다 과거 과학자들의 사진이 얼마나 적은지 새삼 알게 된다. 그나마도 대부분은 과학자들이 유명해지고 난 **뒤인** 말년의 사진들이어서 많은 사람이 과학자의 행색에 대해 편견을 갖는다. 주름진 옷과 헝클어진 백발은 아인슈타인의 트레이드마크지만, 그가 한창 물리학에 혁명을 일으키던 전성기 때의 사진을 보면 멀끔한 청년이었다. 물론 저작권 문제 때문에 사진을 구하기가 어려운 측면도 있지만, 전문적인 기록 보관소들도 20세기 위대한 물리학자들의 사진을 몇십 장밖에 보유하고 있지 않다.

지금의 상황을 생각하면 정말 충격적으로 적은 수치다. 지난 수십 년 동안 디지털 사진이 널리 보급되면서 이제 사람들은 어마어마한 양의 사진을 찍는다. 예전부터 나는 사진 찍기가 취미였지만 필름을 구매하고 현상하는 데 돈이 만만치 않게 들어서 디지털 사진을 갖게 된 2004년 직전까지 찍은 사진은 통틀어서 몇백 장에 불과하다. 하지만 디지털카메라가 생기고 나서 찍은 사진은 '수만 장'에 이르고 대부분 내 컴퓨터 하드 드라이브에 저장되어 있다. 내 아이들(이 책이 발간될 즈음인 2018년에 열 살과 일곱 살)의 사진은 내 부모님이 평생 동안 찍었던 사진보다 많을 것이다. 진짜 카메라가 아닌 휴대 전화로 찍은 스냅 샷은 제외하더라도 말이다.

디지털 사진 기술이 보편화되고 특히 휴대 전화에 카메라가 장착되면서 일상생활에 크나큰 변화가 일어났다. 그저 사진을 처리, 저장, 공유해 주는 회사들의 가치가 수십억 달러에 이르게 되고, '셀카'라는 새로운 문화가 탄생했다. 사람들이 어디서든 사진을 찍을 수 있게 되면서 일반 대중과 공인과의 관계 역시 바뀌었다. 필름 시대에는 공인이 자신이 과거에 한 발언에 대해 아니라고 잡아뗄 수 있었지만 이제는 휴대 전화 카메라 때문에 함부로 발뺌할 수 없다. 이 같은 변화로 말미암은 사회적 여파에 아직 많은 사람이 혼란스러워하고 있다.

디지털카메라는 눈 깜빡할 사이에 고가의 귀중품에서 일상 필수품이 되었지만, 디지털카메라의 과학에 대해 아는 사람은 많지 않다. 트위터에 올릴 아이 사진, 고양이 사진, 아침 메뉴 사진을 찍을 때 사용하는 휴대 전화의 센서는 빛의 입자성에 관한 양자 역학 원리를 바탕으로 한다. 무척 아이러니하게도, 이 같은 센서 기술의 핵심이 되는 원리의 발견은 빛의 '파동성'을 입증하려던 실험의 부산물이었다.

헤르츠의 실험

두 번째 일상에서 언급했듯이, 19세기 초에 토머스 영과 프랑수아 아라고가 빛의 파동이 장애물 주변을 통과할 때 일으키는 간섭 효과를 증명하는 실험에 성공함으로써 빛이 파동처럼 행동한다는 것을 명확하게 입증했다. 또한 19세기 중반에 발표된 맥스웰의 방정식은 빛의 속도로 이동하는 전자기파의 존재를 예측함으로써 '무엇이 진동하는가?'라는 질문에 답을 제시했다.

빛이 전자기파라는 이론을 따른다면 전류로 파동을 형성할 수 있어야 한다. 1880년대 말 독일의 젊은 물리학자 하인리히 헤르츠Heinrich Hertz는 전류로 파동을 생성해 맥스웰의 방정식을 직접 실험할 계획을 세웠다. 이를 위해 그는 공중에 2개의 작은 금속구를 몇 밀리미터 간격으로 떨어트려 놓은 독특한 장치인 '불꽃 간극spark gap'을 고안했다. 그는 불꽃 간극 장치를 장착한 안테나를 전원 장치와 연결해 금속구 사이에 높은 전압의 진동을 발생시켰다. 그러면 전기장이 금속구 사이의 공기에서 퍼져 나가 금속구 사이의 간극에 불꽃이 일어나는데, 이때 흐르는 전류의 진동수는 발진하는 전압의 진동수다(전압은 헤르츠가 원하는 대로 정했다). 맥스웰 방정식에 의하면, 간극을 빠르게 오가는 전자의 운동은 간극 바깥을 향해 같은 진동수로 진동하며 퍼지는 전자기파를 생성해야 한다.

이 같은 전자기파를 검출할 탐지기 역시 불꽃 간극이 일어나도록 전선을 고리 형태로 둥글게 구부린 다음 양끝에 금속구를 달아 만들었다. 전원 장치와 연결된 불꽃 간극에서 전자기파가 탐지기에 도달하자 미세한 전압이 유도되었고 그 결과 탐지기에는 원래의 불꽃보다 훨씬 약한 불꽃이 일어났다. 헤르츠는 탐지기의 금속구 간격을 늘려가면서 탐지기에 도달한 파동이 탐지기의 간극에 불꽃을 생성할 수 있는 최대한의 간격을 측정했다. 도달하는 파동이 강하면 탐지기에 더 강한 전압이 유도되었고 따라서 불꽃이 일어날 수 있는 거리도 늘어났다. 탐지기를 이용해 기록한 파동의 강도는 맥스웰의 예측과 정확히 일치했다. 탐지기를 떠나 진행하는 파동뿐 아니라, 강의실 반대편에 놓인 금속판에 처음 파동을 반사시켜 만든 정상파도 맥스웰의 방정식에 들어맞았다. 헤르츠의 장치에서 나온 파동은 가시광선보다 진동수가 훨씬 낮았지만, 파동이 같은 속도로 움직임을 보

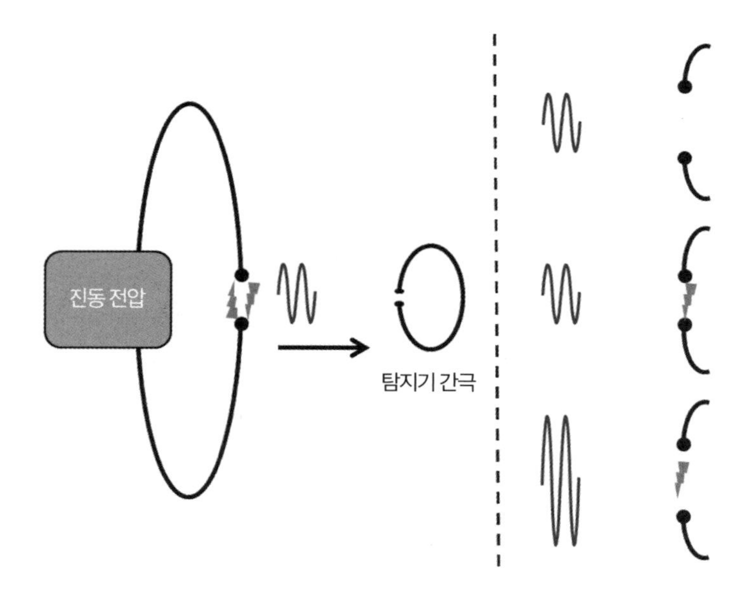

헤르츠가 고안한 불꽃 간극 장치의 원리. 진동하는 높은 전압이 고리로 된 전선의 빈 간극에 불꽃을 일으키고 진동수가 같은 전자기파를 생성한다. 이러한 전자기파는 탐지기 간극에 전압을 유도해 불꽃을 일으키는데, 단 간극이 너무 크거나 처음 생성된 파동이 너무 약하면 안 된다. 불꽃이 발생할 수 있는 가장 넓은 간극을 측정하여 파동의 크기를 가늠한다.

여줌으로써 빛이 전자기 현상임을 입증했다.

헤르츠는 자신의 실험이 어떠한 중요성을 띠는지에 관한 질문을 받았을 때 다음과 같이 단정적으로 대답하며 자신의 사업적인 판단 능력에 대해 과시했다. "아무 쓸모도 없습니다. 맨눈으로는 볼 수 없는 신비한 전자기파의 존재를 입증함으로써 위대한 맥스웰이 옳았다는 사실을 밝혔을 뿐입니다. 어쨌든 전자기파는 존재합니다." 그러나 불과 몇 년 후 불꽃 간극 실험에서 발견된 원리는 전파를 생성하는 데 활용되어 '무선 전보'를 탄생시켰고 나중에는 라디오, 텔레비전, 휴대 전화의 개발로 이어졌다.

헤르츠의 실험은 엄청난 정밀함과 정확성을 요구할 뿐 아니라 수많은 변수가 존재했다. 그는 여러 변수를 조사하는 과정에서 파동이 시작되는 곳부터 탐지기까지 시야가 직선으로 확보되면 불꽃이 일어날 수 있는 탐지기 간극이 조금 넓어지는 현상을 발견했다. 그가 전원 장치에서 처음 발생시킨 불꽃의 빛을 차단해 탐지기에 도달하지 않도록 하면, 불꽃이 일어날 수 있는 탐지기 간극이 줄어들었다. 헤르츠가 발견한 현상은 후에 광전 효과photoelectric effect라고 알려진 현상이었다. 금속 표면에 자외선이 닿으면 광전 효과에 의해 금속에 전하가 생성된다. 탐지기에 들어오는 파동이 비록 약하더라도, 이렇게 자외선으로 발생한 전하에 의해 간극 사이의 불꽃이 쉽게 일어난다.

헤르츠는 광전 효과에 의한 현상을 그저 측정 오류라고 여기며 그리 중요하게 여기지 않았고 빛의 파동성을 파헤치다 보면 자연스럽게 해결될 것이라고 믿었다. 이 작은 오차는 불과 몇십 년 뒤 빛의 '입자성'을 입증하

는 중요한 증거가 되었지만, 정작 헤르츠는 그 사실을 끝내 알지 못했다.[01]

특허청 직원의 발견

헤르츠가 우연히 발견한 광전 효과에 흥미를 느낀 당시의 많은 저명한 물리학자들은 다양한 물질에 자외선을 비추어 결과를 측정했다. 그들은 튀어나온 입자들이 전기장과 자기장에 어떻게 반응하는지 관찰함으로써 빛에 의해 방출된 전하가 전자임을 밝혔다. 영국의 물리학자 J. J. 톰슨J. J. Thomson이 음전하를 띠는 아원자 입자인 전자의 존재를 발견한 직후였다(톰슨은 전자를 발견한 공로로 1906년에 노벨상을 받았다).

원자의 구성 요소인 전자가 광전 효과로 튀어나온다는 사실을 알게 된 물리학자들은 광전 효과와 빛의 파동 모형을 접목하여 매력적이면서도 단순한 모형을 구상했다. 전자는 원자에 결속되어 있고 전자기파가 들어오면 전자가 앞뒤로 흔들린다는 것이다. 물리학자들은 이러한 흔들림이 에너지를 전자로 전이하고, 전이되는 에너지의 양은 빛의 강도에 따라 달라질 거라고 예상했다. 빛의 강도가 셀수록 전자는 크게 이탈하므로, 강한 빛이 도달하면 전자가 충분한 에너지를 받아 빠르게 떨어져 나갈 것이다. 한편 강도가 약한 빛이더라도 전자를 계속 흔들면 에너지를 지속해서 흡수하던 몇몇 전자가 결국 떨어져 나갈 것이다.

물리학자들은 빛의 진동수가 전자에 어떠한 영향을 미치는지는 명확

---

01 헤르츠는 전자기 복사에 관한 선구적인 실험들을 발표한 후 약 5년 뒤 서른여섯의 젊은 나이에 혈관 질환으로 사망했다. 그의 이른 죽음은 물리학계의 크나큰 손실이었다.

히 알지 못했지만, 빛의 강도와 마찬가지로 전자 방출에 기여할지도 모른다고 생각했다. 고전적인 빛의 파동설에서는 파동이 갖는 에너지의 양은 파동의 진동수가 아닌 '크기'에 의해 결정되므로 진동수의 영향은 강도의 영향보다 알아내기가 복잡하다. 진동수가 미치는 영향 중에는 공명 효과가 있을 수 있다. 진자를 알맞은 속도로 살짝 밀면 활발하게 진동하는 것처럼, 어떤 원자를 고유한 진동수로 흔들면 더 효과적으로 에너지를 축적할 것이다. 또한 낮은 진동수의 경우에는 전자의 방출을 지연시키는 효과를 일으킬 수 있다. 진동수가 낮으면 전자가 여러 번 앞뒤로 흔들려야 튕겨 나올 수 있기 때문이다. 하지만 가시광선의 진동수는 매우 높으므로 낮은 진동수가 미치는 영향을 측정하기는 현실적으로 어렵다.

물리학자들이 선호했던 이 간결한 모형은 실험에서 튀어나온 전자의 행동을 다음 네 가지로 예측했다.

- 첫째, 빛의 강도가 셀수록 더 많은 전자가 방출된다. 각각의 원자 안에 있는 전자를 세게 흔들수록 많이 빠져나오기 때문이다.
- 둘째, 물질에서 빠져나온 전자의 에너지는 빛의 세기가 강할수록 크다. 세게 흔들수록 전자가 빠르게 움직이며 빠져나오기 때문이다.
- 셋째, 빛이 세기가 약하고 진동수가 낮으면 전자가 빠져나오는 시간이 지연된다. 어두운 빛으로 약하게 흔들면 전자가 탈출에 필요한 에너지를 모으는 데 더 오랜 시간이 걸리기 때문이다.
- 넷째, 빠져나온 전자들의 수와 에너지가 빛의 진동수에 영향을 받는다면 공명 행동이 관찰될 것이다.

이 단순한 모형은 당시 빛과 전자에 관한 최신 물리학 지식을 조합한 만큼 물리학자들이 큰 매력을 느꼈다. 하지만 이 역시 참담하게 실패했다.

독일의 물리학자 필리프 레나르트Philipp Lenard(한때 헤르츠와 함께 연구했다)는 빛의 강도와 전자 에너지 사이의 상관관계를 입증하기 위한 여러 실험을 진행했지만 성공하지 못했다. 빛을 밝게 하면 예상대로 방출되는 전자의 '수'(진공관 안에 두 장의 금속판을 설치한 다음 금속판 하나에 빛을 비추고 두 금속판 사이에 흐르는 전류를 측정)는 증가했지만, 전자의 에너지(진공관 안 전류의 전압으로 측정)는 빛의 강도와 상관없이 일정했다.

레나르트 실험의 난해한 결과는 튀어나온 전자의 에너지와 빛의 '진동수'가 놀라우리만큼 단순한 관계를 맺는다는 사실이었다. 레나르트가 실험한 모든 물질에서 전자의 에너지는 빛의 진동수가 클수록 직선으로 증가했다. 누구도 예상하지 못한 미궁의 결과였다.

열복사가 그랬던 것처럼, 레나르트가 발견한 단순하고 보편적인 현상의 기반에는 단순한 물리학적 원리가 작용하리라고 여겼으나, 누구도 확실한 모형을 내놓지 못했다. 레나르트 역시 빛은 오로지 전자의 이탈을 자극할 뿐 전자의 에너지는 원자 속 전자의 운동에 의해 결정된다는 이론을 증명하기 위해 수년 동안 연구에 매진했지만, 한 번도 성공하지 못하고 결국 포기했다.

궁극적으로 학계의 인정을 받은 광전 효과 모형을 개발한 사람은 스위스 특허청에서 일하던 무명의 알베르트 아인슈타인이었다. 1905년에 그는 〈빛의 생성과 변형에 관한 실험적 관점On a Heuristic Viewpoint Concerning the Production and Transformation of Light〉이라는 신중한 제목의 논문에서 막스 플랑크의 양자 가설(물질에서 빛을 내보내는 각각의 '진동자'는 고유 에너지를 지니고 이러한 고유 에너지는 방출되는 빛의 진동수로 유추할 수 있음)을 빛 자체에 적용해 볼 것을 제안했다. 아인슈타인의 '실험적 관점'에 따르면 빛줄기는 파동이 아니라 입자(이 입자는 몇 년 후 '광자'로 불렸지만, 사실 아인슈타인은 광자보다는 '광양자light quantum'라는 이름을 더 원했다)의 흐름으로, 각 입자는 플랑크 상수에 빛의 진동수를 곱한 에너지인 1개의 에너지 양자를 갖는다. 광자 1개의 에너지가 빛과 만난 물질의 고유 에너지인 '일 함수work function'[02]보다 크면, 각각의 광자는 1개의 전자를 물질에서 방출시키는데 이때 떨어져 나간 전자는 광자의 나머지 에너지를 가져간다.

빛의 입자 모형은 기존의 물리학과 완전히 동떨어졌지만, 광전 효과에서 나타나는 현상을 탁월하게 설명했다. 빛줄기가 셀수록 광자의 수가 많으므로 더 많은 전자가 이탈할 수 있다. 하지만 전자 1개를 분리시키는 데는 1개의 광자만 필요하므로 전자의 에너지는 빛의 강도에 영향을 받지 않는다. 진동수가 증가할수록 에너지가 증가하는 것은 에너지와 진동수를 연계한 플랑크 법칙에 따라 1개의 광자가 지닌 에너지가 증가하기 때문이다. 광자 에너지가 일 함수보다 크면, 전자가 가져가는 잉여의 광자 에너지는 진동수가 증가할수록 커진다.

아인슈타인의 광자 모형은 단순하고 우아했지만, 입자가 아닌 파동만을 다룬 맥스웰 방정식에는 전혀 맞지 않았기 때문에, 처음 발표되었을 때 물리학계의 반응은 전반적으로 냉담했다. 플랑크 역시 아인슈타인을 프로

02 역주-물질 내에 있는 전자 하나를 밖으로 끌어내는 데 필요한 최소의 일 또는 에너지

이센 과학 아카데미Prussian Academy of Sciences 회원으로 추천하는 서신에서 다음과 같이 말했다. "광양자 가설처럼 그의 추측은 과녁을 빗나갈 때도 있지만, 그러한 사실이 부당하리만큼 불리하게 작용해서는 안 됩니다. 아무리 빈틈없는 과학 분야일지라도 때로 위험을 감수하지 않으면 근본적으로 새로운 개념을 탄생시킬 수 없기 때문입니다."

이처럼 아인슈타인의 실험적 모형은 호응을 얻지 못했지만, 광전 효과 실험에서 관찰되는 현상을 분명하고 명확하게 예측했기 때문에 상당한 관심을 끌었다. 이 모호한 상황은 당시 최고의 실험 물리학자 중 한 명인 로버트 밀리컨Robert Milikan이 나서면서 분위기가 바뀌었다. 광전 효과 실험은 금속 표면이 오염되어 있거나, 서로 다른 금속이 붙어 있는 경우 그들 접촉점에서 발생하는 전압의 미세한 차이로도 결과가 부정확해진다. 하지만 밀리컨 연구팀[03]은 이 모든 문제를 해결하고 1916년에 아인슈타인의 모형을 매우 설득력 있게 실험적으로 입증했고, 이 과정에서 플랑크 상수를 기존의 값보다 훨씬 정확하게 산출했다.

그런데도 밀리컨은 광자 모형의 팬이 아니었다. 광자 모형을 다룬 그의 첫 논문 서문은 드러내지 않고 비판을 하는 과학 논문에 있어 전형적인 사례였다.

음전하를 띠는 전자가 자외선의 영향을 받아 방출될 때의 최대 에너지를

03 당시 관행대로 밀리컨은 논문의 단독 저자로 등재되었다. 하지만 그가 동료에게 전한 감사의 말로 유추해 볼 때(실험을 도와준 A. E. 헤닝스(A. E. Hennings), W. H. 카디시(W. H. Kadisch)와 빛 파동의 분광 측정을 도와준 월터 위트니(Walter Whitney)에게 감사해 했다), 지금이었다면 그들 역시 공저자로 이름을 올렸을 것이다. 그는 실험에 쓰인 진공 유리관을 설계하고 제작하는 데 도움을 준 "기계 기술자 줄리어스 피어슨(Julius Pearson)"에게도 깊은 감사를 표했다.

산출한 아인슈타인의 광전 공식은 (…) 필자가 판단할 때 현재로서는 만족스러운 이론적 토대를 바탕으로 했다고 볼 수 없다. 따라서 그 성과는 오로지 경험적이다.

(…)

필자가 최근 몇 년 동안 이 공식을 다양한 관점에서 실험하여 내린 결론은 공식의 토대가 무엇이든 간에 필자가 측정한 모든 물질의 행동을 매우 정확하게 나타내긴 했다는 것이다.

아인슈타인의 모형을 받아들이지는 않지만, 정확성은 마지못해 인정한 밀리컨의 태도는 당시 학계 전반의 태도와 일치했다. 광자 모형은 쉽사리 받아들이기에는 너무나도 급진적이었으나 매우 정확했기 때문에 무턱대고 무시할 수도 없는 노릇이었다. 시간이 흐를수록 빛이 입자라는 시각은 점차 인정받았지만, 대안을 찾는 노력은 1920년대 중반까지 계속되었다. 사실 엄밀히 말해서 광자의 존재가 결정적으로 입증된 실험은 1977년에야 이루어졌다.[04] 하지만 그보다 앞선 1930년경부터는 빛이 입자라는 사실이 양자 물리학의 구성 요소로서 당연하게 받아들여졌다.

광전 효과는 아인슈타인과 밀리컨 모두에게 성공을 안겨 주었다. 아인슈타인은 상대성 이론으로 가장 잘 알려졌지만, 그가 1921년 노벨 물리학상을 받았을 때 시상 낭독문에 구체적으로 언급된 업적은 광전 효과뿐이

04 1960년대에 레오나르드 만델(Leonard Mandel)과 그의 동료는 금속 표면은 양자 역학적으로 다루는 반면, 빛은 고전적인 파동으로 취급하는 '준고전적인(semi-classical)' 광전 효과 모형을 개발했다. 1977년에 만델이 제프 킴블(Jeff Kimble), 마리오 대저네이(Mario Dagenais)와 공동으로 수행한 실험에서 단일 원자마다 연속적으로 광자를 내보내는 데 분명한 시간 차가 있었고 이러한 시간 차는 입자 모형으로만 설명할 수 있었다.

었다.[05] 1923년에 밀리컨이 노벨상을 받았을 때도 광전 효과에 관한 실험과 그가 이전에 한 전자 전하 측정 실험이 거론되었다. 앞으로도 살펴보겠지만, 빛을 전혀 다른 관점으로 이해하기 시작하면서 현대의 삶에 중심이 될 수많은 기술이 탄생할 수 있었다.

광전 기술

빛의 이중성은 서로 양립할 수 없을 것 같은 입자성과 파동성을 동시에 갖는다는 의미이며 입자 물리학에서 가장 기묘한 개념 중 하나다. 빛의 이중성은 입자성(단일 광자의 에너지양)과 파동성(빛의 진동수)이 연계된 광전 효과로 명확하게 입증되지만, 입자가 진동수를 갖는다는 것이 정확히 어떤 의미인지 이해하기는 쉽지 않다. 현재까지도 물리학자들은 빛의 본질과 핵심 개념을 대중에게 어떻게 설명해야 할지 고심하고 있다.

그러므로 광자는 일상과 동떨어진 기이한 존재처럼 보일지 모른다. 하지만 빛을 전기 신호로 바꾸는 거의 모든 기술은 광자 개념을 바탕으로 한다.

광전 원리를 가장 잘 보여 주는 장치는 광전자 증폭관photomultiplier tube이다. 미리 고백하자면 이 장치는 구조가 조금 복잡하다. 증폭관 안에는 일련의 금속판이 설치되어 있고 금속판 사이로 높은 전압(일반적으로 수백 볼트에서 천 볼트 사이)이 흐른다. 첫 번째 금속판에 광자 1개가 입사하면 광전

05 학계의 진부하고 옹졸한 알력 다툼 때문이었다.

효과 때문에 1개의 전자가 튀어나온다. 그러면 전자는 높은 전압으로 인해 속도를 높여 다음 금속판을 향해 충돌해 더 많은(10~20개) 전자를 떨어져 나오게 한다.[06] 이렇게 빠져나온 전자들 역시 속도를 높여 다음 금속판을 향하고 이러한 과정이 연속적으로 일어난다. 관 끝에 이르면 1개의 광자로 인해 떨어져 나온 전자는 수백만 개에 달하게 되고 전자들이 일으키는 미세한 전류는 그리 어렵지 않게 측정할 수 있다. 광전자 증폭관은 단 하나의 광자까지 감지할 정도로 아주 민감하므로 빛의 양자성을 연구하는 다양한 실험에서 유용하게 쓰인다. 오래된 '광전기 센서electric eye systems'에도 광전자 증폭관이 장착되어 있지만, 이제는 주로 물리학 실험실에서 찾을 수 있다.

하지만 광전자 증폭관의 핵심 원리는 디지털카메라의 원리와 같다. 디지털카메라 센서에서 각각의 화소는 작은 반도체 물질 덩어리다. 화소가 얼마간의 시간 동안 빛에 노출되면, 입사된 광자는 반도체 물질로부터 전자를 완전히 튀어나오게 하는 대신 움직이지 못하는 상태에서 자유롭게 흐를 수 있는 상태로 바꾼다(이에 대해서는 여덟 번째 일상에서 더 자세히 다룰 것이다). 사진을 찍을 때 카메라 셔터가 열려 화소가 노출되면, 자유롭게 흐를 수 있는 상태로 들뜬 모든 전자가 결집하여[07] 전압을 형성한다. 화소에 닿은 빛의 밝기는 이 같은 전압으로 측정한다. 노출이 끝나면 화소 전

06 전자는 질량과 전하를 지닌 물질 입자이기 때문에 질량이 없는 광자가 금속 표면에 충돌할 때보다 효율적으로 에너지를 전달한다.

07 과거 CCD형 카메라에서는 셔터가 열리면 줄을 이룬 화소가 전자를 생성하고 노출이 끝나면 생성된 전자는 칩 가장자리에 있는 센서로 이동했다. 최신 센서인 CMOS형에서는 화소마다 작은 증폭기가 있어 이미지로 해독할 전압 신호를 직접 생성한다.

압으로 이미지를 판독한다.

규소로 만든 광센서의 큰 장점은 크기가 작고 디지털 정보 처리 장치와 호환성이 높다는 것이다. 이제는 휴대 전화에 들어갈 정도로 작은 카메라 칩도 화소 수가 전문가용 디지털카메라 해상도에 버금간다. 지금 내 스마트폰의 카메라는 1천610만 화소이고(5344×3006), 내 최신 DSLR 카메라는 2천400만 화소(6000×4000)다. 현재 휴대 전화 카메라의 품질 한계는 주로 광학의 문제이지 전자 기술의 문제가 아니다. 휴대 전화에 들어갈 만큼 작은 렌즈는 일반 카메라에 들어가는 크기가 큰 렌즈보다 성능이 낮기 때문이다. 하지만 사진에 조예가 깊은 사람이 아니고서야 대부분의 사람은 큰 차이를 느끼지 못한다.

색 센서는 적색 필터, 녹색 필터, 청색 필터로 이루어진 격자를 화소 배열 위에 올려놓아 각각의 화소가 셋 중 하나의 색을 지닌 빛을 감지하도록 하는 장치다. 각기 다른 색을 감지한 이웃한 화소들이 내보낸 전압을 조합해 적색, 녹색, 청색을 섞어 셔터가 열렸을 때 들어온 빛과 가장 비슷한 색을 만든다.

디지털카메라가 세 가지 색만 측정하는 이유는 인간이 빛을 처리해 색을 인식하는 방식과 유사하기 때문이다. 빛에 민감한 망막 세포에 광자가 닿으면 광자의 에너지가 세포의 단백질 분자 구성을 변화시킨다. 이때 일어나는 일련의 화학 반응은 뇌에 신호를 보내 망막 세포가 어떠한 빛을 감지했다는 사실을 알린다. 이러한 세포에는 세 종류가 있고 민감하게 반응하는 광자의 파장 범위가 서로 다르기 때문에, 뇌는 세 가지 세포마다 다르게 나타나는 반응을 토대로 색을 인식한다. 세 가지 세포 모두 넓은 파장 범위에 반응하지만, 청색, 적색, 황록색 빛에 해당하는 파장에 가장 민감하다. 뇌는 이러한 세포들의 활성도를 조합해 색을 유추한다. 적색광은 가장 긴 파장의 수용체만 자극하고, 청색광은 가장 짧은 파장의 수용체만을 자극하며, 녹색광은 세 가지 세포 모두를 자극한다. 텔레비전과 컴퓨터 모니터는 이 세 가지 색을 적절한 비율로 조합하여 수용체들을 자극함으로써, 우리가 실제 세상에서 빛의 스펙트럼과 마주했을 때의 반응을 모방한다. 그러면 뇌는 다양한 색을 보고 있다고 착각한다.

1개의 광자만 있어도 빛 감지가 가능하지만, 일반적인 디지털카메라 센서는 광자 1개에 반응할 정도로 민감해서는 안 된다. 센서뿐 아니라 절대 영도를 넘는 모든 물체는 무작위적인 열운동이 일어나서 자유 전자를 자발적으로 생성하기 때문이다. 화소가 실제 빛의 신호만을 기록하게 하려면, '암전류dark current'[08]를 이루는 자유 전자의 수보다 광전자의 수가 많을 때 센서가 반응해야 한다. 암전류는 약한 빛에서 센서의 감도를 떨어트린다. 암전류 현상은 온도에 크게 영향받기 때문에 천문학이나 양자 광학 실험에 사용하는 첨단 카메라는 암전류를 억제하는 냉각 기능을 갖추고 있어 광자들을 매우 세밀하게 감지한다.

암전류는 인간의 눈에도 영향을 미친다. 망막에 있는 감광성 화학 물질은 원칙적으로는 1개의 광자까지도 감지할 수 있지만, 정교하게 설계된 실험에서 피험자는 여러 개의 광자로 이루어진 빛만을 감지할 수 있었다. 실험실이 아닌 일상생활에서 인간이 밀리초 단위로 깜빡이는 흐릿한 빛을

08 역주-광전효과에 의해 전류가 발생하는 물체 또는 장치에서 열적 원인, 절연성 불량 등의 원인에 의해 빛을 쬐지 않았을 때도 흐르는 전류

감지하려면 약 100개의 광자가 필요하다. 그렇다고 해서 암전류를 감소시켜 민감도를 향상하기 위해 망막을 냉각시키는 방법은 추천하고 싶지 않다.

그러나 디지털카메라에서 암전류는 기술적인 한계일 뿐 핵심 원리는 아니다. 하인리히 헤르츠가 우연히 광전 효과를 발견하고 1905년에 알베르트 아인슈타인이 빛이 입자라는 파격적인 주장을 했기 때문에 우리는 1개의 광자가 1개의 전자를 튀어나오게 하는 양자 물리학적 현상을 이해하게 되었고 그 덕분에 디지털카메라를 개발할 수 있었다.

네 번째 일상

알람 시계

축구 선수의 원자

The Alarm Clock:

The Football Player's Atom

해가 뜨고 알람 시계가 울리면
침대에서 일어나 하루를 시작한다.

엄밀히 말해서 새로운 하루는 해가 뜨면서 시작하지만, **나의** 하루는 알람 시계가 울릴 때 시작한다. 나에게 해가 뜨는 때와 알람 시계가 울리는 때는 생각보다 서로 가깝고, 겨울에는 거의 내내 순서가 뒤바뀐다. 태양은 천문학적 하루의 시작을 열지만, 일하는 하루의 시작은 시계가 알린다.

내 방 침대 옆 탁자에 놓인 평범하고 저렴한 디지털 알람 시계는 짜증나는 '삐삐' 소리로 단잠을 깨우는 것 외에는 별다른 기능이 없다. 하지만 알람 시계가 구현하는 현대의 시간 개념은 원자의 양자 물리학과 물질의 파동성을 근간으로 하고 그 역사는 선사 시대까지 거슬러 올라간다.

시간 측정의 간략한 역사

시간 측정은 그 어떤 기술보다 역사가 긴 기술로, 인류는 문자를 만들기 전부터 시간을 측정했다. 아일랜드에서 기원전 3,000년경에 10만 톤의 흙과 바위로 지어진 인공 언덕인 뉴그레인지Newgrange 연도분[01] 역시 정교한 시간 측정 장치다. 언덕 안에는 20미터 길이의 통로가 중앙에 있는 아치형 방으로 이어진다. 이 방은 거의 1년 내내 어둡지만 동지 무렵 며칠 동안에는 해가 뜰 때 문 위에 난 작은 틈으로 빛줄기가 들어와 통로까지 비춘다. 이를 통해 해가 바뀌었음을 정확하게 알 수 있고 지어진 지 반만년이 지난 지금까지도 완벽하게 작동한다.

시간의 과학과 기술은 뉴그레인지 시대 이후로 많은 발전을 이루었지만, 일정하게 반복되는 사건으로 시간의 흐름을 측정하는 기본적인 원리는 변함없다. 뉴그레인지 달력에서 일정하게 반복되는 운동은 1년 동안 일어나는 일출의 위치 변화다. 북반구에서는 태양이 여름에는 정동향의 북쪽에서 뜨지만, 겨울에는 정동향의 남쪽에서 뜬다. 뉴그레인지 설계자는 낮이 제일 짧은 동지에 해가 가장 남쪽에서 뜨는 매우 규칙적인 패턴을 거대한 기념비를 짓기 오래전부터 관찰해 왔을 것이다.

더 짧은 시간도 천문학적 운동으로 측정할 수 있다. 예를 들어 해시계는 수직으로 서 있는 물체의 그림자 방향으로 시간을 알린다. 밤하늘에 나타나는 별의 움직임을 보고도 시간을 짐작할 수 있다. 지구의 공전은 해시

01 역주-신석기 시대에 많이 만들어진 석실분 무덤. 커다란 돌로 통로를 만들고 그 위를 흙이나 돌로 덮는다.

계와 별의 운동으로 시간을 측정하는 과정을 조금 복잡하게 만들지만, 해와 별의 운동은 수천 년 동안 세심하게 관찰되어 왔기 때문에 꽤 정확한 시간을 알려준다.

물론 천문학적 현상으로 시간을 측정하는 것은 한계가 있다. 무엇보다도 날씨가 맑아야 하고, 해시계나 별의 위치로는 분 단위의 시간을 알 수 없다. 날씨의 한계를 극복하면서도 짧은 시간을 측정하는 방법을 찾기 위해 사람들은 물질의 규칙적인 운동으로 눈을 돌렸다. 고대 이집트와 중국에서는 물시계(물이 담긴 용기가 비워지는 정도로 시간 간격을 측정)를 사용했고, 중세 유럽에서는 겨울에 물시계가 쉽게 얼기 때문에 모래시계가 발명되었다.

농경 정착 사회에서는 천문학적 운동과 물질 운동을 이용한 시계면 충분했지만, 16~17세기에 여러 제국이 전 세계로 뻗어 나가면서 훨씬 정교한 시간 측정 장치가 필요했다. 몇 주 동안 육지를 보지 못하며 대양을 가로지르는 탐험가가 지도에서 자신의 위치를 파악하려면 위도와 경도를 알아야 한다. 위도는 정오에 태양의 위치를 관찰해 쉽게 알 수 있지만 경도의 변화를 정확하게 측정하려면 현재 위치의 시간뿐 아니라 출발한 곳의 시간도 알아야 한다. 천문표astronomical table가 정교해지면서 시간의 경과를 측정해 경도를 파악하는 것이 점차 수월해졌고, 나중에는 추의 진자 운동이나 스프링의 진동을 이용한 휴대용 기계 시계가 나오면서 훨씬 쉽게 경도를 측정할 수 있게 되었다. 항해하는 동안 시간을 측정하는 기계 시계가 발명되기까지 엄청난 기술적 도전이 있었지만,[02] 19세기 중반에는 널리 보

02 여러 저술상을 받은 데이바 소벨(Dava Sobel)의 《경도 이야기(Longitude)》(2012, 웅진지식하우스)를 참고하라.

편화되었다. 하지만 기계 시계도 정확성에 한계가 있었고, 대륙을 아우르는 철도와 전보의 거대한 네트워크가 부상하면서 시간을 더욱 정확히 측정해야 했다.

과학자들이 시간을 연구하면서 직면한 문제는 물리적 물체의 운동을 토대로 한 시계는 본질적으로 불안정하다는 사실이었다. 기계 시계는 제조 과정이 조금만 달라져도 오차가 발생한다. 따라서 2개의 시계에서 추 형태가 서로 조금이라도 다르면 째깍거리는 속도가 달라진다. 천문학적 현상을 이용한 시계도 오류가 일어난다. 지구의 자전 속도는 달이 미치는 중력의 영향 때문에 시간이 지날수록 느려진다. 그러한 이유에서 우리는 몇 년에 한 번씩 뉴스에서 12월 31일 자정에 윤초[03]가 추가된다는 소식을 듣는다.

이상적인 시계는 물리적으로 움직이는 부품이 없는 시계이고, 빛이 전자기파라는 사실이 발견되면서 이상적인 시계가 현실화될 가능성이 열렸다. 빛의 파동은 특정한 진동수에 따라 위아래로 진동하는 전기장이고, 전기장이 운동하기 시작하면 진동수를 변화하게 하기란 거의 불가능하다.[04] 따라서 진동 횟수를 셀 수 있다면 빛을 시계로 활용할 수 있다.

빛을 시간 측정에 이용하려 할 때 가장 큰 어려움은 진동수를 정확하게 알 수 있는 빛을 어떻게 만드느냐는 것이다. 세 번째 일상에서 다룬 헤르츠의 실험에서처럼 전류를 이용해 단일 진동수를 갖는 파동(발열체의 흑

03 역주-원자시계와 태양 시계의 오차를 맞추기 위해 더하거나 빼는 1초를 말한다.

04 빛의 속도는 매질에 따라 바뀌므로, 빛이 예컨대 공기에서 유리로 이동하면 파장은 달라지지만 진동수는 그대로 유지된다.

체 복사와 달리 스펙트럼이 폭넓지 않은 파동)을 생성한다면 어렵지 않다. 하지만 진동하는 전류의 정확한 진동수는 전류를 일으키는 데 사용하는 물리적인 회로에 크게 영향을 받기 때문에, 스프링과 추를 이용한 기계 시계처럼 두 개의 시계를 완전히 동일하게 만들기가 매우 어려운 문제가 발생한다. 또한 빛을 이용해 정밀한 시계를 만들려면 우리가 빛의 진동수를 알아야 할 뿐 아니라, 시계가 언제 어디서 작동하든 진동수가 같아야 한다.

문제의 답은 뜻밖에도 빛과 원자의 미스터리한 상호작용에서 발견되었다.

스펙트럼선의 미스터리

원자와 빛에 대한 연구는 오랫동안 서로 독립적으로 이루어졌다. 하지만 빛은 원자의 내부 구조를 밝히는 가장 중요한 수단이므로 원자와 빛은 떼려야 뗄 수 없는 관계다.

아라고가 빛의 파동성을 명확하게 입증한 19세기 초에 여러 물리학자가 다양한 물질에서 나오는 빛에 대해 연구했다. 예를 들어 윌리엄 하이드 울러스턴William Hyde Wollaston은 태양의 스펙트럼에서 어두운 '선'들을 발견했다. 수직의 긴 틈에 햇빛을 통과시킨 다음 프리즘에 비추면 빛이 분산되면서 여러 색이 폭넓은 대역으로 나타나는데, 몇몇 좁은 구간은 주변과 진동수가 큰 차이가 없는데도 불구하고 눈에 띄게 어두웠다. 처음에 울러스턴은 이처럼 어두운 부분들을 불연속적인 스펙트럼 색(무지개색인 빨주노초파남보)의 경계로 해석했지만, 그러기에는 선이 너무 많을 뿐 아니라 위치도

맞지 않았다. 이러한 '경계' 모형은 1814년에 요제프 폰 프라운호퍼가 회절 격자를 이용해 빛의 파동 간섭으로 파장을 분산시켜 더욱 정확한 태양 스펙트럼을 관찰한 결과 어두운 선이 '수백 개'나 발견되면서 완전히 무너졌다. 프라운호퍼는 선들의 파장을 측정하고 강도에 따라 분류하여 체계적으로 연구하기 시작했다. 태양 스펙트럼에 나타난 어두운 선은 분광학을 개척한 프라운호퍼의 업적을 기려 '프라운호퍼선Fraunhofer lines'으로 불린다.

프라운호퍼가 태양의 스펙트럼에서 어두운 선들을 관찰한 무렵에 윌리엄 헨리 폭스 톨벗William Henry Fox Talbot과 존 허셜John Herschel을 비롯한 다른 여러 과학자는 다양한 화합물을 불로 가열할 때 나오는 빛의 스펙트럼에서 '밝은' 선이 나타나는 현상을 발견했다. 이러한 불꽃 스펙트럼flame spectrum은 가열 과정에서 증발한 소량의 물질에서 나온 것이고, 이러한 증기로부터 나온 스펙트럼은 커다란 발열체에서 나오는 열복사와 스펙트럼이 전혀 다르다. 플랑크가 19세기 말에 규명한 흑체 복사 스펙트럼은 온도에 의해서만 달라지는 반면, 불꽃 스펙트럼은 가열하는 물질의 종류에 극도로 민감하게 반응하므로 물질마다 내보내는 빛은 특정 파장에서 매우 가는 선으로 나타난다. 실제로 톨벗과 허셜은 이러한 밝은 선들이 극소량의 물질을 검출하는 데 유용한 도구가 된다는 사실을 입증했다. 프랑스의 물리학자 장 베르나르 레옹 푸코Jean Bernard Léon Foucault는 어떠한 물질의 차가운 증기는 같은 물질이 불로 가열되었을 때 내보내는 파장들의 빛을 흡수한다는 사실을 발견했다. 이 같은 발견은 프라운호퍼의 어두운 선을 개념적으로 설명해 주었다. 태양 스펙트럼에서 빛이 '사라진' 이유는 태양의 뜨거운 중심부에서 나온 빛을 온도가 상대적으로 낮은 태양 대기 바깥층에 있는 물질들이 흡수하기 때문이다.

19세기 초 산발적으로 이루어졌던 분광학 연구는 19세기 중반으로 접어들면서 구스타프 키르히호프Gustav Kirchhoff와 로베르트 분젠Robert Bunsen 덕분에 공식적인 규칙과 절차를 갖춘 물리학의 한 분야로 체계화되었다. 키르히호프와 분젠은 당시에 알려진 모든 화학 원소가 빛의 방출과 흡수 모두에서 '고유한' 스펙트럼선 패턴을 나타내는 현상을 밝혔다. 이후 몇 년 뒤부터는 스펙트럼선이 새로운 원소를 규명하는 데 사용되었다. 분광학을 통해 발견된 원소 중 가장 극적인 예는 헬륨이다. 헬륨이 지구상에서 실제로 추출된 건 1890년대에 이르러서였지만, 그 존재는 1870년대에 이미 알려졌었다. 당시 관측된 태양 광선의 스펙트럼에서 587.49나노미터의 파장에 해당하는 좁은 구간(스펙트럼에서 노란 부분)이 흑체 스펙트럼과 달리 양쪽 주변보다 훨씬 밝았기 때문이다.

스펙트럼선은 빛을 이용한 시계가 개념적으로 가능하다는 근거가 된다. 모든 원소가 고유한 진동수의 빛만 방출하고 흡수한다면, 특정 원소의 특정 스펙트럼선에서 시계로 활용할 수 있는 빛의 진동수를 알 수 있다. 하지만 진동수를 절대적으로 신뢰할 수 있는지 확신하기 위해서 물리학자들은 원자가 스펙트럼선을 어떻게 생성하고 진동수가 어떠한 물리학적 원리에 의해서 결정되는지 이해해야만 했다. 키르히호프와 분젠이 스펙트럼선의 존재와 스펙트럼선의 물리적, 화학적 유용성을 경험적으로는 입증했지만, 스펙트럼선의 생성 과정은 여전히 미스터리였다.

원소 대부분의 스펙트럼은 가시광선 영역에서 수많은 선이 나타나는 복잡한 구조기 때문에 스펙트럼선이 왜 발생하는지와 이러한 선의 숲들에서 의미 있는 패턴을 알아내기란 쉽지 않았다. 결국 실마리를 제공한 건 가장 가벼운 원소인 수소의 스펙트럼이었다. 수소의 가시 스펙트럼에서는 4개의 선만 나타나는데 각각 656나노미터와 486나노미터, 434나노미터, 410나노미터의 파장이다. 물리학자들은 단순한 수소 스펙트럼은 기본 원리 역시 단순할 거라고 기대했다. 1885년 스위스의 수학자이자 교사였던 요한 발머Johann Balmer는 수소의 가시 스펙트럼선들에 정수로 숫자를 매기면(각각 3, 4, 5, 6) 간단한 수학식으로 가시 스펙트럼선의 파장을 정확히 예측할 수 있다는 것을 발견했다. 몇 년 뒤 스웨덴의 물리학자 요하네스 뤼드베리Johannes Rydberg는 발머의 연구를 수소의 스펙트럼선 전부로 확대하여(발머가 발견한 가시 스펙트럼선뿐 아니라 자외선과 적외선 영역에서 나타나는 비슷한 배열의 선들) 각각 '1쌍'의 정수를 매겼다. 좀 더 구체적으로 설명하자면, 스펙트럼에서 어떠한 구역에 해당하는지는 '*n*'으로 나타내고(자외선 영역인 '라이먼 계열Lyman series'은 1이고, 가시광선 영역인 '발머 계열Balmer series'은 2이며, 적외선 영역인 '파셴 계열Paschen series'은 3이다), 각각의 계열 안에 있는 선은 '*m*'으로 나타낸다. 스펙트럼선의 파장을 계산하는 뤼드베리의 공식을 현대 수학식 표기법으로 나타내면 다음과 같다. 그리스어 문자 람다(λ)는 파장의 전통적 표기다.

$$\frac{1}{\lambda} = R\left(\frac{1}{n^2} - \frac{1}{m^2}\right)$$

뤼드베리 상수Rydberg constant인 R은 $10{,}973{,}731.6\text{m}^{-1}$(좌변에 있는 $1/\lambda$과 단위를 맞춰 m(미터)의 역수다)이고, 이 값을 이용해 수소가 내보내는 모든 파장을 계산할 수 있다.

뤼드베리의 공식은 수소의 모든 스펙트럼선 파장을 매우 훌륭하게 계산했고, 조금 수정하면 다른 원소에서 발견되는 선들의 파장도 알 수 있었다. 뤼드베리 공식이 모든 원소에 들어맞지는 않았지만, 당시까지 가장 성공적인 공식이었고, 공식이 지닌 수학적 단순함은 공식의 원리 또한 단순하고 우아할 것이라고 암시하는 듯했다. 하지만 안타깝게도 이후 무려 25년 동안이나 아무도 그 원리를 알아내지 못했다.

가장 놀라운 존재는 원자 안에 있다

1913년에 덴마크의 이론 물리학자 닐스 보어가 마침내 수소를 비롯한 원소가 방출하고 흡수하는 빛을 규명할 실질적인 돌파구를 마련했다. 하지만 이는 잉글랜드 맨체스터에 있는 어니스트 러더퍼드Ernest Rutherford의 실험실에서 충격적인 사실이 발견되었기 때문에 가능했다.

1898~1907년 동안 캐나다 몬트리올의 맥길대학교에서 진행한 연구로 1908년에 노벨 화학상을 받은 러더퍼드는 1909년에 이미 물리학계의 거물이었다. 방사능을 알파, 베타, 감마 방출로 분류한(현재도 동일하게 분류된다) 그의 연구는 알파 입자가 헬륨 핵(알파 붕괴에 대해서는 열 번째 일상에서 자세히 다룰 것이다)이고 알파 입자의 방출이 하나의 화학 원소를 다른 원소로 변화시킨다는 사실을 밝혔다. 아이러니하게도 물리학자인 러더퍼드가 노벨 화학상을 받은 까닭은 그가 화학 조성의 변화를 발견했기 때문이다. 사실 그는 물리학만이 진짜 과학이고 '나머지는 모두 우표 수집'이라고 비꼬며 물리학 외의 다른 과학은 자료를 모으는 활동일 뿐이라며 공공연하

게 무시했다. 러더퍼드는 노벨상 시상식 연회에서 농담조로 그가 연구한 모든 변화 중 가장 급진적이고 놀라운 것은 자신이 노벨상을 받으면서 물리학자에서 화학자로 변한 것이라고 말했다.

러더퍼드는 그때까지 이룬 성취에 안주하지 않고 1908년에 맨체스터로 거처를 옮겨 또 다른 연구 프로그램에 돌입했다. 새 연구 프로그램의 목적은 라듐의 방사능 붕괴로 생성된 알파 입자들을 금박에 직접 쏘아 입자들이 금박을 통과하면서 휘어지는 정도를 관찰하여 물질의 구조를 유추하는 것이었다. 당시까지 가장 널리 인정받고 있던 원자 모형은 전체 부피를 이루는 양전하 푸딩 덩어리에 건포도처럼 음전하를 띤 전자들이 박힌 J. J. 톰슨의 '건포도 푸딩' 모형이었다. 원자가 이 같은 푸딩 형태라면 러더퍼드가 발사시킨 높은 에너지의 알파 입자들을 강력하게 막지 못한다. 따라서 방향을 바꾸는 알파 입자는 기껏해야 몇 개 안 되고 그나마도 각도가 얼마 휘지 않아야 한다. 처음에 과학자들은 작은 각도로 휘는 알파 입자만을 추적했고 결과는 기대대로였다. 러더퍼드는 이 실험 결과의 타당성을 검토하기 위해 실험 조교인 한스 가이거Hans Geiger와 학부생인 어니스트 마르스덴Ernest Marsden에게 90도 이상으로 휘어 발사된 방향으로 되돌아온 알파 입자가 있는지 확인하도록 했다.

당시 우세했던 이론에 따른다면 그러한 입자는 없어야 했지만, 마르스덴과 가이거는 상당히 많은 알파 입자가 큰 각도로 휘어졌고 일부는 150도까지 휘어져 발사되었던 곳과 아주 가까운 위치로 되돌아왔다는 사실을 발견했다. '뜻밖'이라는 말로는 부족했다. 러더퍼드는 몇 년 뒤 다음과 같이 회상했다.

> 내 삶에서 가장 놀라운 사건이었다. 15인치 포탄을 얇은 종이에 쏘았는데 도로 튕겨 나와 나를 맞춘 것만큼 믿기 어려운 일이었다.

건포도 푸딩 원자 모형에서는 마르스덴과 가이거가 측정한 것처럼 입자가 큰 각도로 휠 수 없다. 금박을 이루는 금 원자가 건포도 푸딩 모형이라면, 구형으로 넓게 퍼진 양전하와 고에너지 알파 입자 사이의 정전기 척력은 알파 입자를 반대 방향으로 돌려보낼 만큼 강할 수 없기 때문이다.

이 사실을 곧바로 알게 된 러더퍼드는 원자의 양전하가 퍼져 있지 않고 뭉쳐 있어야만 마르스덴과 가이거의 충격적인 검사 결과가 가능하다고 생각했다. 다시 말해 양전하를 지닌 핵이 원자 질량의 대부분을 차지해야 했다. 양전하를 띤 작은 핵 주위를 음전하를 띤 전자가 공전하는 오늘날의 원자 그림은 러더퍼드가 제안한 원자 모형을 토대로 탄생했다.

작은 핵이 원자 질량의 대부분을 차지한다고 가정한 러더퍼드는 알파 입자의 에너지와 알파 입자와 충돌하는 물질의 구성에 따라 얼마만큼의 알파 입자가 얼마만큼의 각도로 휘어지는지 예측하는 산란 공식scattering formula을 만들었다. 이후 마르스덴과 가이거가 일련의 실험을 통해 산란 공식의 정확성을 입증했다.

하지만 세 번째 일상에서 다룬 아인슈타인의 광전 모형과 마찬가지로, 러더퍼드의 모형은 실험적인 성공에도 불구하고 곧바로 인정받지는 못했다. 이유는 간단했다. 당시 견고하게 확립된 고전 물리학에 따르면 러더퍼드의 원자 모형은 불가능했기 때문이다. 핵 주위를 공전하는 전자는 끊임없이 운동 방향을 바꿔야 하므로 가속도가 발생하고, 가속화된 전자는 원자를 빠르게 소멸시킬 것이다. 전하를 가속하면 '복사'가 일어나기 때문이다. 이는 헤르츠가 자신의 실험에서 전자기파를 생성하는 데 적용한 원리이자 지난 한 세기 반 동안 만들어진 모든 무선 송신기의 작동 원리다. 공전하는 전자는 사방으로 높은 진동수의 빛 파동인 엑스선과 감마선을 퍼트릴 것이고, 이러한 빛 파동이 에너지를 가져가 전자의 속도를 낮추어 안으로 소용돌이치며 결국 전자는 원자핵과 충돌하게 된다. 태양계와 닮은 러더퍼드의 원자 모형은 고전 물리학 관점에서 보면 허무맹랑한 이론이었다.

양자 세계에 발을 들이다

원자핵이 질량 대부분을 차지하는 러더퍼드의 원자 모형은 마르스덴과 가이거의 산란 실험을 매우 훌륭하게 설명했지만, 전자의 공전은 고전 물리학과 근본적으로 모순되기 때문에 맨체스터 외에서는 진지하게 받아들여지지 않았다. 이러한 상황에서 닐스 보어가 러더퍼드의 연구실에 몇 달 동안 지내기로 한 건 행운이었다. 결국 보어가 수수께끼를 풀어 원자에 대한 이해를 송두리째 바꾸었기 때문이다.

얼핏 보면 보어와 러더퍼드는 어울리지 않는 한 쌍이었다. 보어는 말투가 나긋나긋하고 자신의 의견을 항상 에둘러댔지만, 러더퍼드는 고집이 세고 목소리가 우렁찼다(한번은 러더퍼드가 라디오에 출현하는 동안 한 동료가 그의 연구실을 찾았다. 러더퍼드가 라디오에서 청취자와 대화하느라 연구실을 비웠다는 말을 들은 그는 "라디오가 왜 필요하지?"라고 답했다). 보어와 러더퍼드는 연구 방식도 달랐다. 수학적 재능이 뛰어난 러더퍼드는 순수 이론을 종종 무시했지만, 보어는 순수 이론가에 가까웠다. 보어를 초청하기로 결정한 후 주변에서 놀림을 받던 러더퍼드는 "보어는 달라. 그는 '축구 선수'란 말이야!"라고 받아쳤다(사실 축구선수는 덴마크팀에서 골키퍼로 활약한 닐스 보어의 남동생 하랄트 보어Harad Bohr였다).

보어와 러더퍼드는 성격이 극과 극이었지만 좋은 친구였다. 덴마크의 젊은 과학자 보어가 러더퍼드의 태양계와 닮은 원자 모형을 입증하기 위해 선택한 방식은 막스 플랑크가 흑체 스펙트럼을 설명하기 위해 어쩔 수 없이 동원한 절박한 트릭과 비슷했다. 보어는 고전 물리학이 흑체 복사에서 전혀 통하지 않았듯이 원자 구조 문제에서도 그럴 것이라고 여겼다. 고전 물리학을 따른다면 발열체는 파장이 짧은 빛을 엄청나게 내보내 '자외선 파탄'을 일으켜야 하지만 실제로는 그렇지 않은 것처럼, 고전 물리학에 의하면 원자핵은 오랜 시간 동안 존재할 수 없어야 하지만 실제로는 매우 안정적이다. 플랑크와 마찬가지로 보어는 고전 물리학 규칙이 적용되지 않는 조건들을 가정하여 새로운 원자 모형을 만들었다.

보어가 제시한 원자 모형의 핵심은 '정상 상태stationary state' 개념이다. 고전 물리학에 따르면 공전하는 전자는 빛을 복사해야 하지만, 보어는 특정 궤도에서는 전자의 복사가 일어나지 않는다고 가정했다. 이는 플랑크가 흑체 문제에서 제시한 '허용 모드'와 비슷하다. 플랑크가 상상한 진동자가 기본 에너지의 불연속적인 배수로만 에너지를 내보낼 수 있듯이, 보어 모형의 전자는 기본 각운동량의 불연속적인 배수만큼만을 지닌 채로 원자핵 주변을 돌 수 있다. 회전하는 물체의 속도와 질량 분포에 따라 결정되는 물리량인 각운동량은 외부에서 힘이 가해지지 않는 한 일정하게 유지된다. 대표적인 예가 피겨 스케이터의 회전이다. 피겨 스케이터가 양팔을 편 채 회전하면 회전 속도가 느려지고 안으로 접으면 빨라진다. 팔을 폈을 때와 접었을 때 각운동량은 모두 같지만, 팔을 접으면 질량 분포가 달라지면서 그만큼 회전 속도가 빨라진다. 궤도를 도는 입자의 경우 각운동량은 입자의 선운동량(질량과 속도의 곱)과 궤도의 반경을 곱한 값이므로, 특정 각운동량에서 궤도 반경이 크면 입자는 느리게 공전하고 작으면 빠르게 공전한다.

보어가 제시한 '정상 상태'를 결정하는 양자 조건은 플랑크의 양자 조건과 비슷했다. 허용 궤도allowed orbit에서는 전자의 속도와 궤도 반경으로 산출한 각운동량이 플랑크 상수를 2π로 나눈 값의 정수배여야 한다.[05]

보어는 이러한 양자 조건에서 정상 상태가 어떤 특성을 지니는지 알아보려고, 양전하를 띠는 핵과 음전하를 띠는 전자 사이에 작용하는 인력과 궤도에 입자를 가두는 데 필요한 구심력을 고전 물리학 규칙을 바탕으로 계산했다. 반경이 작은 궤도를 빠르게 도는 입자는 큰 궤도를 천천히 도는 입자와 각운동량은 같지만, 작은 궤도를 따라 입자를 휘게 하는 데는 훨씬 많은 힘이 든다. 가령 궤도 반경을 반으로 줄이면 속도는 두 배가 되지만, 입자를 궤도 안에 유지하기 위해서는 여덟 배의 힘이 든다. 수소 원자에서 전자를 궤도 안에 가두는 힘은 전자기 상호작용에서 비롯된다. 잘 알려진 수소 원자의 전자기 상호작용에서는 전자 궤도의 반경을 반으로 줄이면

05 양자 역학 공식에서 자주 등장하는 이 값을 물리학자들은 'h-바(h-bar)'로 부르고 기호로는 '$\hbar$'로 표시한다. 따라서 $\hbar = h/2\pi \approx 1.055\times10^{-34}$ J·s(줄·초)이다.

힘은 네 배로 증가한다. 이러한 점을 종합해 보면, 특정 각운동량 값이 갖는 최적의 속도와 반경은 단 1개씩이 된다. 따라서 보어의 양자 조건에 따라 각운동량 값을 정하면, 전자기력이 그러한 각운동량을 생성하는 속도로 전자를 궤도로 가둘 수 있는 궤도 반경은 1개밖에 없다.

이러한 계산으로 예측한 수소 원자의 반경은[06] 20세기 초에 밝혀진 대략적인 원자 크기와 일치했다. 전자의 속도를 알면 운동 에너지를 계산할 수 있고 운동 에너지를 핵의 전자기 인력과 함께 계산하면 전자를 완전히 분리하기 위해 얼마만큼의 에너지를 원자에 투입해야 하는지, 다시 말해 전자가 운동 에너지를 얼마나 더 많이 지녀야 핵이 끌어당기는 힘에서 벗어날 수 있는지 알 수 있다. 이렇게 전자를 떼어내는 데 필요한 '이온화 에너지'에 관해 보어가 계산한 값은 수소 원자 실험에서 측정한 값과 일치했다. 수소 원자 실험 결과는 보어 모형의 '타당성'을 입증하면서 그의 모형이 올바른 방향을 향하고 있음을 보여 주었다. 보어의 최종 모형은 각운동량에 따라 정수로 번호를 매긴 일련의 정상 상태로 이루어졌고, 각 상태마다 에너지는 확정적이었다.

핵 주위로 궤도를 도는 전자의 에너지는 전자가 운동하면서 발생하는 운동 에너지kinetic energy와 핵이 끌어당기는 인력에 의한 위치 에너지potential energy의 조합이다. 물리학에서 운동 에너지는 항상 양의 값이지만, 위치 에너지는 음의 값을 갖고 전자와 핵 사이의 간격에 따라 크기가 달라진다. 전자의 위치 에너지는 핵에서 멀어질수록 증가하므로 간격이 아주 커지

06 '보어 반경(Bohr radius)'으로 불리는 이 값은 0.0000000000529미터다. 원자 물리학자들은 원자나 분자의 상호작용 거리를 보어 반경의 배수로 이야기한다.

면 0에 근접하고, 핵과 가까울수록 음의 무한대로 향한다. 이러한 현상 덕분에 전자와 핵이 결합해 원자를 이루는 상태와 전자가 단순히 핵을 지나쳐 핵에서 벗어날 수 있는 상태를 명확하게 구분할 수 있다. 운동 에너지와 위치 에너지의 합이 0을 넘지 않으면 전자는 언제나 핵 주변에 있기 때문에 핵과 전자가 원자로 결합해 있다고 말할 수 있다.

보어의 양자 조건을 입자의 궤도 운동에 관한 고전 물리학 법칙과 조합하면, 총 에너지가 0보다 작은 일련의 궤도에서 n번째 상태의 에너지는 이온화 에너지를 n^2으로 나눈 값이 되는 단순한 규칙이 나타난다.

$$E_n = -\frac{E_0}{n^2}$$

앞의 식은 반경이 늘어나면서 에너지가 0을 향해 상승하는 궤도의 모습에 들어맞는다. 이 식이 성립하지 않는 에너지 범위도 넓은데, 이러한 불가능한 에너지를 지닌 전자는 보어의 양자 조건을 만족하지 못한다.[07]

보어 모형의 궤도에서 전자는 절대적으로 안정적이고 어떠한 빛도 내보내지 않는다. 그러므로 원자가 내보내거나 흡수하는 빛의 스펙트럼을 설명하기 위해 보어는 플랑크와 아인슈타인이 빛의 진동수를 에너지와 연계시킨 법칙을 활용했다. 보어 모형에서 빛은 양자가 하나의 궤도에서 다른 궤도로 도약할 때 방출된다. 다시 말해, 원자가 빛을 내보냈다면 전자가 높은 에너지의 궤도에서 낮은 에너지의 궤도로 떨어진 것이고, 원자가 빛을 흡수했다면 전자는 낮은 에너지의 궤도에서 높은 에너지의 궤도로

07 서로 이웃한 궤도의 에너지 차이는 에너지가 증가할수록 줄어들므로, n이 매우 크면 경계가 불분명해진다. 하지만 고성능 분광기가 개발되면서 n값이 수백 개에 달하는 '뤼드베리 원자(Rydberg atom)'들의 속성도 파악할 수 있게 되었다.

이동한 것이다(상태 도약의 원인에 대해서는 다섯 번째 일상에서 자세히 설명한다). 두 가지 경우 모두 전자가 지닌 에너지의 변화는 빛의 에너지로 유추할 수 있다. 이때 빛의 에너지는 플랑크 법칙에 따라 빛의 진동수와 상관관계를 갖는다.

수소 스펙트럼을 결정하는 것은 특정 궤도의 에너지가 아니라 전자가 궤도 '사이'를 이동하면서 발생하는 에너지의 변화다. 보어 모형의 궤도는 불연속적이므로 스펙트럼에서도 특정 에너지에서 불연속적인 선이 나타나고, 이는 뤼드베리 공식인 $1/\lambda=R(1/n^2-1/m^2)$을 명쾌하게 설명한다. 식의 좌변에서 $1/\lambda$은 방출된 광자의 에너지고, 우변에서 정수 제곱의 역수는 보어가 제시한 정상 상태의 에너지다. 상수 R은 이미 검증된 플랑크 상수와 빛의 속도로 수소의 이온화 에너지를 나눈 값이다. 다음 그림에서 보듯이, 전자가 상태 전이를 거친 후 최종적으로 속하게 되는 궤도는 스펙트럼 선 계열마다 다르다. 가시광선 영역의 발머 계열에서는 원자가 광자를 내보내 $n=2$의 상태가 되고, 자외선에 해당하는 라이먼 계열은 원자가 $n=1$의 상태에 도달한다.

보어 모형에서는 뤼드베리 공식의 상수 R이 질량과 전하를 포함한 전자의 기본적인 물리량과도 관련된다. 이는 별것 아닌 것처럼 보일지 모르지만, 근거를 알 수 없는 임의의 상수만큼이나 이론 물리학자들의 심기를 건드리는 것도 없다. R을 전자의 물리량과 연계하면, 수소보다 무거운 원소에서 전자 1개를 뺀 이온까지도 보어 모형으로 설명할 수 있다. 이처럼 확대한 보어 모형에 따르면, 정상 상태의 에너지는 원자핵의 전하를 제곱한 값에 따라 달라진다. 이러한 발견은 여러 원소가 내보내는 X선의 스펙

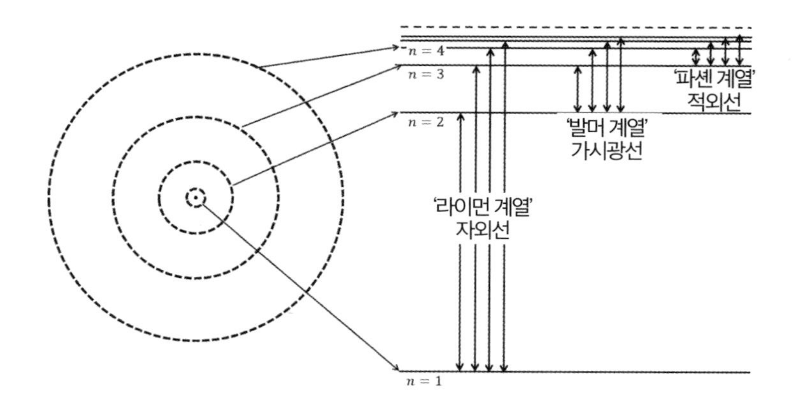

보어 모형의 궤도 및 에너지 준위. 상태 전이로 인해 세 가지 스펙트럼선 계열이 나타난다.

트럼을 이해하는 데 크게 기여했고 여섯 번째 일상에서 살펴볼 주기율표의 원리를 밝혀내는 데 도움이 되었다.

보어가 영감을 얻은 플랑크의 흑체 복사 모형에서처럼 보어 모형 역시 한 가지 문제를 지녔다. 정상 상태에 관한 양자 가설을 인정해야 할 분명한 증거가 없다는 것이었다. 그렇더라도 보어 모형은 수소 원자와 수소 원자 형태의 이온을 훌륭하게 설명했다. 대단한 성공은 아니더라도 수십 년 만에 이룬 첫 성공이었기에 새로운 혁명의 불씨가 되기에 충분했다. 아르놀트 조머펠트Arnold Sommerfeld를 비롯한 여러 물리학자는 보어의 양자 개념을 수학적으로 정리하는 방법을 연구했고, 얼마 지나지 않아 보어와 조머펠트의 모형은 원자와 분자의 구조를 이해하는 보편적인 틀이 되었다.[08]

하지만 무엇보다도 보어 모형의 가장 큰 업적은 새로운 개념의 확립이

08 보어의 이론은 이제 '고전 양자론(old quantum theory)'으로 불린다. 고전 양자론이 현대 양자론에 자리를 내어준 과정과 보어-조머펠트 원자 모형에 대해서는 뒤에서 자세히 살펴본다.

었다. 보어 모형은 플랑크의 양자 가설과 아인슈타인의 광양자 모형을 바탕으로 원자 내부가 불연속적인 에너지 상태로 이루어진다고 제안했다. 원자의 상태와 에너지에 관한 수학적 분석법은 보어 시대 이후 크게 달라졌지만, 그가 제시한 주요 개념은 여전히 유효하며 현대 물리와 화학의 핵심이다.

원자나 분자가 발산한 빛으로 허용 상태의 에너지를 유추할 수 있게 되면서, 원자와 분자 구조에 대해 우리가 아는 사실상의 모든 지식이 탄생할 수 있었다. 스펙트럼이 매우 복잡한 무거운 원자는 전자의 배열과 전자 사이의 상호작용에 대해 수많은 정보를 제공한다. 플랑크의 흑체 스펙트럼 덕분에 우주 저편에 존재하는 물체의 온도를 알 수 있듯이, 다양한 원소가 빛을 방출하거나 흡수하면서 생성한 스펙트럼선 덕분에 우주 멀리에 있는 물체의 구성 성분도 알 수 있다. 지구에 있는 물체 역시 원자와 분자의 스펙트럼선을 바탕으로 화학적 성분을 분석할 수 있다.

스펙트럼선은 사무실에 있는 형광등처럼 일상적인 사물에도 응용된다. 형광등 전구에는 주로 수은 원자로 이루어진 기체가 들어 있다. 전류가 흘러 수은 원자가 들뜨면 스펙트럼에서 적색, 녹색, 청색 부분에 해당하는 빛이 발산되어 인간의 눈에는 푸르스름한 흰빛으로 보인다. 또한 눈에 보이지 않는 자외선도 나오기 때문에, 형광등 겉면에는 자외선에서 나오는 에너지를 흡수하고 가시광선 영역의 에너지로 내보내는 화학 물질이 코팅되어 있다. 코팅 물질의 종류와 양에 따라 빛의 양을 조절하고 색의 조합을 달리하면 다양한 조명 효과를 낼 수 있다.

형광등의 높은 효율성 역시 궁극적으로 보어의 양자 조건 덕분이다.

백열전구의 경우 원하는 색의 흑체 스펙트럼을 얻으려면 필라멘트에 열을 가해 온도를 올려야 하는데, 이때 방출되는 스펙트럼에는 우리 눈에 보이지 않는 적외선이 다량 포함된다. 반면 형광등 안에 있는 기체는 충분히 분산되어 있어 원자들끼리는 서로 독립적이기 때문에, 흑체 복사처럼 넓은 영역의 스펙트럼으로 빛을 내보내지 않고 가시광선 영역에 집중된 불연속 선들에서만 빛을 내보낸다. 같은 양의 전류를 흘려보내면 형광등이 생성하는 빛의 양은 백열등보다 적지만, 결과적으로 인간의 눈이 인식하는 양은 훨씬 많으므로 전체적으로 보았을 때 효율이 더 높다.

원자시계

원자가 내보내는 빛의 스펙트럼을 규명한 보어의 원자 모형은 시간 측정 기술에도 혁명의 기반이 되었다. 오늘날 싸구려 알람 시계조차도 양자역학에 뿌리를 두고 있다. 어떤 원소의 원자가 흡수하거나 방출하는 빛의 진동수는 전자가 이동하는 두 상태의 에너지 차이에 의해서만 좌우되고 이러한 상태들은 물리학 법칙에 의해 일정하다. 우주에 존재하는 모든 세슘 원자는 서로 동일하므로, 작지만 완벽한 진동수 기준 물질이 될 수 있다. 세슘 원자가 빛을 흡수하면 그 빛의 진동수가 무엇인지 어떠한 의심의 여지도 없이 알 수 있기 때문이다. 그렇다면 이 빛을 시간 측정에 사용하면 된다.

1초의 현대적 정의는 세슘에서 두 가지 특정한 전자 상태 사이의 전이로 발생하는 빛이 9,192,631,770번 진동하는 데 걸리는 시간이다.[09] 최첨단의 최신 원자시계는 실험실 내의 마이크로파 광원과 수백만 개의 세슘 원자로 구성되는데, 이들 세슘 원자는 절대 영도에 가깝도록 1K의 수백만 분의 1로 냉각되어 있으며 진동수 기준으로 사용한다. 원자시계에서는 한 가지 전자 상태로 맞춰진 차가운 세슘 원자로 이루어진 구름을 위로 발사하여 한 공간을 지나가게 하는데, 여기서 마이크로파 광원에서 나온 빛과 상호작용하게 된다. 이후 원자가 중력의 영향으로 속도가 느려지면 아래로 내려가 다시 공간으로 들어간다. 세슘 구름이 또 한 번 마이크로파와 상호작용하고 나면, 세슘 원자의 상태를 측정한다. 마이크로파 광원의 진동수가 세슘의 상태 전이와 관련된 진동수와 일치하면 모든 원자는 두 번째 상태로 전이했을 것이고, 진동수에 미세한 오차가 있다면 원자 중 일부는 처음 상태로 남았을 것이다. 원자시계 기술자는 전이를 한 원자의 비율을 이용하여 마이크로파 진동수를 세슘의 상태 전이와 관련된 진동수와 더 정확하게 맞추고, 이러한 과정을 주기적으로 반복한다.

이처럼 두 번의 상호작용으로 이루어지는 과정은(이 기술을 개발한 노먼 램지Norman Ramsey는 1989년에 노벨상을 받았다) 사실 우리가 시계를 맞추는 방식과 같다. 우리는 우선 미국 표준 기술 연구소National Institute of Standards and Technology 홈페이지 등에 나와 있는 정확한 시간에 시계를 맞춘다. 그런 다음 조금 기다렸다가 기준 시간과 시계를 대조해 본다. 시계가 더 빠르거나 느리게

09 여기에서 말하는 상태는 보어가 처음에 구상했던 상태와 근본적으로 다르지 않지만, 1922년에 발견된 전자의 고유한 속성인 '스핀(spin)'에 따라 에너지가 나뉘는 '초미세(hyperfine)' 상태다. 그렇더라도 기본 원리는 같다. 빛의 진동수는 보어가 제시한 대로 두 상태의 에너지 차이로 정해진다.

간다면 시계를 조정해 시간을 맞추어야 한다. 이러한 과정을 반복하면 시계의 정확성을 높일 수 있다.

세슘 원자시계에서 마이크로파와의 첫 번째 상호작용은 기준 시간에 시계를 맞추는 것과 같다. 세슘 원자가 에너지 준위에 해당하는 정확한 진동수로 진동하는 상태로 옮겨지도록 시도하는 것이다. 원자들과 마이크로파는 위상이 완전히 같은 상태에서 한동안 진동한 후 다시 상호작용하게 된다. 진동수가 서로 맞으면 진동은 같은 위상을 유지하고 모든 원자는 두 번째 상태로 도달한다. 하지만 진동수가 조금 높거나 낮으면 원자 중 일부는 처음 상태에 남게 되고 그러면 물리학자들은 그만큼 진동수를 조정해야 한다. 주기가 약 1초인 원자시계는 1시간 정도 작동하고 나면 마이크로파 광원과 세슘 전이 진동수가 10^{16}분의 몇 정도 달라진다. 이러한 '시계'가 정확한 세슘 진동수와 1초의 오차로 벌어지려면 수십억 년이 걸린다.

국제 협약으로 공인된 표준 시간은 여러 국가의 연구실에 설치된 70여 개의 원자시계로 정한다. 표준 시간의 공식 명칭인 'UTC'는 국제 협상의 모범적 사례다. '협정 세계 시간'을 영어로 하면 'Coordinated Universal Time'이지만, 프랑스어는 'Temps Universel Coordonné'이기 때문에 최종 합의된 UTC라는 약자는 영어와 프랑스어도 아닌 하나의 타협안이었다. 인터넷을 비롯한 전 세계 통신망에 사용되는 공식 네트워크 시간은 UTC에 맞춘 것이므로, 스마트폰에 나온 시간은 세슘 시계의 시간이라고 할 수 있다.

물론 내 침대 옆에 있는 싸구려 시계는 인터넷에 연결되어 있지 않다. 벽에 있는 플러그에 꽂힌 알람 시계의 신호는 초당 60번씩 고전압과 저전압 사이를 진동하는 교류 전기에서 나온다. 그렇더라도 알람 시계의 시간 역시 원자시계에서 비롯되었다고 할 수 있다. 광활한 공간에 존재하는 수많은 발전소를 연결하는 현대의 전력망은 진동수를 60Hz로 정밀하게 통제해야 한다. 전력 회사들은 원자시계와 시간 분배 네트워크를 통해 모든 발전소의 진동수를 통일한다. 진동수를 정교하게 통제하지 않으면 버몬트주에 있는 수력 발전소는 뉴욕주 버펄로에 있는 수력 발전소와 진동수가 달라질 것이다. 그렇다면 뉴욕 니스카유나에서 우리 집에 전기를 공급하는 전력 회사는 버펄로 수력 발전소가 전압을 올리려고 하는데 버몬트 수력 발전소는 낮추려고 하는 상황에 직면한다. 이처럼 전압 진동 위상이 맞지 않으면 파동이 서로 상쇄하므로 전력망의 총 전력량이 감소해 수백만 달러에 이르는 손실을 일으킨다.

결국 차가운 세슘 원자를 관측하여 시간을 측정하는 국가 연구소와 이메일에 시간을 표시해 주는 컴퓨터 네트워크 시스템 그리고 매일 아침 나의 하루를 여는 평범한 알람 시계에 이르기까지, 현대 사회에서 이루어지는 모든 시간 측정은 양자 역학으로 귀결된다. 뉴그레인지를 만든 고대인처럼 우리 역시 빛을 이용해 시간의 흐름을 측정하지만, 우리의 시계는 훨씬 작고 기묘한 척도에서 작동한다. 전자는 닐스 보어가 1913년에 처음 제안한 원자의 양자 상태 사이를 오가고, 이때 발생하는 빛 파동의 진동 횟수가 시간의 경과를 측정하는 기준이 되었다.

다섯 번째 일상

인터넷

어렵게 발견한 레이저, 어디에 써야 하나?

The Internet:

A Solution in Search of a Problem

평소와 다름없이 내 소셜 미디어 계정에는
유럽과 아프리카의 아침 뉴스,
아시아와 오스트레일리아의 저녁 뉴스,
여러 나라에 사는 친구들이 자신의 아이와
고양이를 찍은 디지털 사진의 피드가
지난밤 동안 가득 들어와 있다.

현대 사회를 과거와 가장 분명하게 구분하는 기술은 인터넷이다. 지구상의 그 어떤 누구와도 거의 실시간으로 소통하게 해주는 인터넷은 통신뿐 아니라 통신과 관련한 수많은 일상 활동을 온통 바꾸어 놓았다. 우리는 인터넷을 통해 음악과 영화를 구매하고, 원하는 물건이 있으면 무엇이든 문 앞까지 배송시킬 수 있으며, 친구나 가족이 아무리 멀리 떨어져 있어도 메시지와 사진을 보낼 수 있다. 불과 얼마 전만 하더라도 몇몇 과학자의 전유물이었던 인터넷은 이제 우리 삶의 모든 측면에 영향을 미치는 거대한 네트워크로 부상했다. 인터넷이 불러일으킨 변화들이 단점보다 장점이 많을지는 아직 두고 봐야 하지만, 사회는 이미 변했고 앞으로도 변화는 계속될 것이다.

사실 장거리 통신은 새로운 기술이 아니다. 전보가 개발되었을 때부터 사람들은 다른 대륙으로 전자 메시지를 보냈다. 하지만 엄청난 양의 데이터를 전송할 수 있는 고대역 광섬유 네트워크high-bandwidth fiber-optic networks가 없었다면 지금의 인터넷은 존재하지 않았을 것이다. 오늘날 원거리 인터넷 트래픽 중 대부분은 유리 섬유를 통해 이동하는 빛의 펄스pulse로 전송되고, 이러한 펄스를 생성하는 레이저는 양자 물리학의 이해 없이는 만들 수 없다.

웹 시대 이전의 망

글로벌 통신 시대는 대부분의 사람이 생각하는 것보다 훨씬 전인 1858년, 아일랜드와 뉴펀들랜드를 잇는 첫 대서양 횡단 전신 케이블이 완공되었을 때 시작되었다. 엄청난 노력을 들여 준설한 대서양 횡단 케이블은 약 한 달 뒤 작동을 멈췄지만, 짧은 기간이나마 유럽과 북미에서 배로 편지를 보냈으면 몇 주나 걸렸을 시간을 아껴 신속하게 메시지를 주고받을 수 있었다.

최초의 대륙 횡단 케이블은 찰나의 성공이었지만, 새로운 노력으로 이어졌다. 1866년에는 북대서양 해저에 훨씬 견고하고 정교하게 설계된 케이블이 가설되었고, 이후 유럽과 북미 대륙의 전신망은 계속 유지되고 있다. 지난 한 세기 반 동안 연이어 수많은 케이블이 설치되면서 전 세계는 하나로 연결되었다.

모든 통신 네트워크의 중요한 기준이 되는 정보 전송 속도는 초당 전송되는 비트bit 수인 '대역폭bandwidth'[01]으로 산출한다.[02] 1858년에 준설된 최초의 대서양 횡단 케이블의 대역폭은 빈약하기 그지없었다. 빅토리아 영국 여왕이 제임스 뷰캐넌James Buchanan 미국 대통령에게 보낸 첫 공식 메시지는 17시간 40분 만에 전송되었고, 이는 1초에 0.1비트도 안 되는 속도다. 이후 케이블 설계와 전신 기술의 발전으로 전송 속도가 눈에 띄게 향상하면서 1866년에 완공된 케이블은 1858년보다 여덟 배 빨라졌다. 하지만 대서양 횡단 케이블의 대역폭은 20세기가 되었을 때도 여전히 낮았다.

긴 구리선을 통해 전기 임펄스electrical impulse를 보내는 전신 케이블과 이후에 나온 전화 케이블은 여러 가지 문제로 신호 감쇄signal attenuation가 발생했다. 구리처럼 아무리 훌륭한 전도체라도 전기 저항을 띠기 때문에, 선의 길이가 길어지면 투입된 전압에 비해 수신되는 신호의 전압이 서서히 약해진다. 송전 전압sending voltage을 올리면 문제를 해결할 수 있지만, 그렇다고 무턱대고 올릴 수는 없다. 1858년의 케이블이 궁극적으로 실패한 원인 중 하나는 북미에서 전압을 너무 높이 보내 해저 케이블의 단열재가 파손되었기 때문이다.

신호 감쇄는 육지에 가설된 케이블에서도 문제지만, 해저에서 더 큰 골칫거리다. 육지에서는 저전압 신호를 수신하여 고전압으로 재전송하는 '리피터repeater'를 일정한 간격으로 설치하면 신호 감쇄를 막을 수 있다. 하지만 1860년대에 수백 킬로미터에 달하는 대양 한가운데에 리피터를 설

01 '대역폭'은 특정 채널을 통해 성공적으로 전송될 수 있는 주파수 범위를 의미할 때도 있어 혼동의 여지가 있다.

02 과거에는 '초당 단어 수'를 기준으로 했지만 단어의 길이는 각각 다를 수밖에 없으므로 객관적인 기준이 될 수 없다. 1940년대에 클로드 섀넌(Claude Shannon)은 0과 1의 2진수 비트로 정보량을 측정하는 훨씬 안정적인 방식을 개발했고 이는 현재까지도 쓰이고 있다.

치하는 것은 불가능했다. 거의 한 세기가 지난 후에야 자동 리피터가 내장된 케이블이 대서양 해저에 처음 가설되었다. 또한 리피터를 설치하면 감쇄 문제는 해결할 수 있지만, 육지와 바다 모두에서 비용이 많이 들고 케이블 구조가 복잡해진다. 수십 년 동안 통신 기술자들은 구리 송전선의 대역폭을 획기적으로 늘릴 방법을 고심했다.

그러다 완전히 새로운 방식으로 신호를 전송하는 레이저가 개발되면서 마침내 대역폭이 획기적으로 증가하게 되었다. 구리선으로 전압 세기를 조절해 신호의 비트를 '0'과 '1'로 암호화한 이전의 방식과 달리, 지금의 네트워크는 가느다란 유리 섬유를 통과하는 빛의 펄스를 껐다 켰다 하면서 신호를 보낸다.

재질이 미세하게 다른 두 종류의 유리가 얇은 원통 형태를 이루는 광섬유는 가느다란 '코어core'를 다른 재질의 유리인 '클래딩cladding'이 감싼다. 코어를 통해 이동하는 빛은 두 재질의 경계에서 반사되기 때문에, 섬유가 모서리 부분에서 휘더라도 빛을 코어에 효과적으로 가둘 수 있다. 이러한 기술로 빛의 펄스를 어떠한 방향으로도 유도할 수 있기 때문에, 전송선을 직선으로 유지하지 않아도 된다.

광섬유는 신호 감쇄 문제에서 구리선보다 훨씬 큰 강점을 지닌다. 섬유를 통과하는 빛 펄스는 빛 중 일부가 밖으로 새거나 유리로 흡수되면서 소멸하긴 하지만, 최신 섬유 시스템에 사용되는 적외선 파장(현재 통용되는 두 가지 대역에서 사용되는 파장은 약 1,300나노미터와 1,500나노미터다)에서는 리피터 없이 신호를 보낼 수 있는 거리가 구리 송전선보다 열 배 이상 길다. 그뿐만 아니라 광섬유의 빛은 근처에 있는 다른 섬유의 코어로 새어 들어

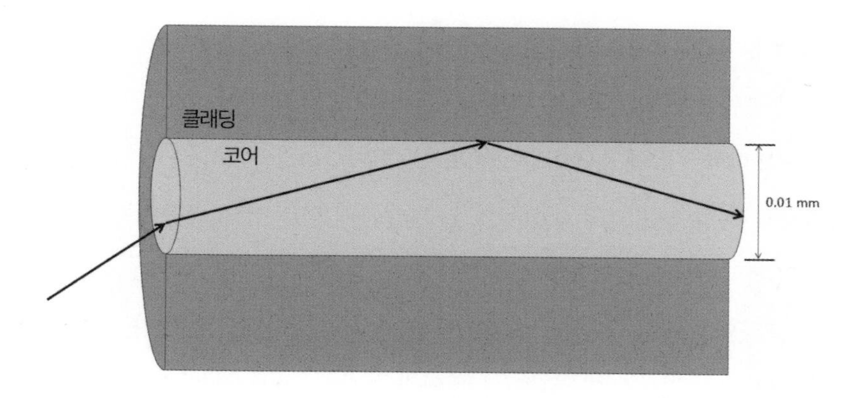

광섬유 구조. 유리로 된 코어 주변을 또 다른 유리 재질의 클래딩이 감싼다. 섬유 끝에서 들어간 광선은 두 재질의 경계에서 반사되기 때문에 코어 안에 가둘 수 있다.

가지 않기 때문에 구리선보다 훨씬 많은 개수의 회선을 다발로 묶을 수 있다. 따라서 근접해 있는 전도체 사이에서 신호 전류가 누설되는 누화crosstalk가 광섬유에서는 일어나지 않는다. 반면 구리선은 회선이 너무 가까이 있으면 높은 전압의 신호가 다른 선에 약한 신호를 유도한다.

전기 펄스 신호를 보내는 구리선 대신 빛 펄스 신호를 보내는 광섬유를 사용하기 시작하면서 전 세계 통신 네트워크의 대역폭이 폭발적으로 증가했다. 나와 같은 세대 사람은 국제 전화를 하면 상대방의 목소리가 잘 안 들렸던 때를 기억할 테지만(그렇다고 내 나이가 아주 많은 것도 아니다), 내 아이들은 전 세계 어디서든 고화질의 스트리밍 영상을 볼 수 있는 걸 당연하게 여긴다.

하지만 빛을 생성하고 통제하는 기술이 극적으로 발전하지 않았다면 광섬유 네트워크는 불가능했을 것이다. 무엇보다도 머리카락보다 가는 고대역 광섬유의 코어로 단일 진동수의 빛을 보내려면 아주 가는 빔을 만들어야 한다. 발열체가 생성하는 빛은 진동수의 범위가 넓기 때문에, 일반적인 광원으로는 그렇게 얇은 빔을 만들 수 없다. 원자로 이루어진 기체의 스펙트럼선은 앞에서 살펴봤듯이 매우 좁지만, 형광등에서 사용하는 것과 같은 기체의 빛은 너무 분산되어 있기 때문에 섬유 안으로 통과시키기가 어렵다.

고대역 광섬유 통신에 적합한 빛은 레이저로만 만들 수 있다. 레이저를 만들려면 원자가 빛을 내보내는 양자 원리에 관한 지식이 있어야 하는데, 이를 밝혀낸 사람은 우리에게 매우 친숙한 인물이다.

원자가 빛을 내는 법

최초의 레이저는 여러 관련 이론이 경합을 벌이며 특허 전쟁이 끈질기게 이어진 끝에 1960년이 되어서야 제작되었다. 하지만 레이저의 핵심 원리는 그보다 40여 년이나 앞선 1917년, 알베르트 아인슈타인에 의해 규명되었다.

아인슈타인이 물리학계와 일반 대중 모두에게 명성을 얻게 된 가장 결정적인 계기는 상대성 이론, 특히 중력을 물질에 의한 시공간의 4차원 휘어짐으로 설명한 일반 상대성 이론의 발표였다. 그렇기 때문에 대부분의 사람은 그가 매우 난해한 수학 문제에만 매달렸을 거라고 단정하지만, 사실은 그렇지 않다. 1905년, 특수 상대성 이론에 관해 발표한 초기 논문은 비교적 간단한 수학식만 다루었고, 일반 상대성 이론이 완성된 건 그로부터 10년이 지난 1915년이었다. 10년의 공백이 있었던 이유는 그가 친구인 마르셀 그로스만Marcel Grossmann의 도움을 받아 일반 상대성 이론을 완성하는 데 필요한 공간 휘어짐에 관한 수학을 공부했기 때문이다. 물론 아인슈타인은 수학에 뛰어났지만, 그의 천재성은 물리학에 대한 직관과 놀라운 통찰력에 있었다. 덕분에 그는 자신보다 수학적 지식이 훨씬 풍부했던 수학자 다비트 힐베르트David Hilbert보다 조금 앞서서 일반 상대성 이론을 완성할 수 있었다. 후에 힐베르트는 "괴팅겐 거리에 있는 모든 아이는 아인슈타인보다 4차원 기하학을 더 잘 이해한다."라고 비꼬았지만, 일반 상대성 이론을 탄생시킨 것은 결국 아인슈타인의 물리학적 통찰력이었다는 사실을 인정할 수밖에 없었다.

사실 아인슈타인의 전공은 입자 집합의 특성을 다루는 오늘날의 통계역학에 가깝다. 그가 1905년에 발표한 박사 논문 '분자 차원에 대한 새로운 결정A New Determination of Molecular Dimensions'은 설탕 용액의 점성과 용해된 분자의 크기에 관한 것으로 그의 유명한 연구와 비교하면 무척 시시하다. 같은 해 그는 미세한 입자가 물속에서 나타내는 불규칙한 움직임인 브라운 운동Brownian motion에 관한 논문을 발표했다. 아인슈타인은 입자와 입자 주변에 있는 물 분자 사이의 무작위적인 충돌이 브라운 운동을 일으킨다고 주장하면서, 논문에 게재한 공식으로 브라운 운동을 통계적으로 분석해 분자의 물성을 파악하는 방법을 제시했다. 이러한 두 논문은 원자와 분자가 물리적으로 실존함을 입증함으로써 원자와 분자는 수학적 계산을 위한 가상의 개념이라고 끝까지 고집한 사람조차 백기를 들게 했다.

1917년에 아인슈타인은 자신의 통계학적 뿌리를 토대로 엄청난 수의 광자와 원자가 서로 상호작용하면 어떠한 일이 일어날지 다룬 논문을 발표했다. 광자는커녕 원자의 개념도 확립되지 않은 '고전 양자론' 시대에 그의 시도는 무모해 보였다. 하지만 물리학에서 가장 별난 점 중 하나는 몇 개의 입자에서는 해결할 수 없다고 판명된 문제라도 셀 수 없이 많은 입자에서는 놀라울 정도로 간단히 해결된다는 것이다. 1개의 광자가 1개의 원자와 상호작용하는 물리학적 원리를 이해하기는 거의 불가능하지만, 광자와 원자의 수를 엄청나게 늘리면 각각의 상호작용에서 일어나는 일을 대부분 무시할 수 있다. 개별 원자 간의 충돌을 고려하지 않고도 브라운 운동을 통해 분자의 물성을 알아냈던 것처럼, 아인슈타인은 광자와 물질 간의 상호작용을 매우 단순화하여 광자의 속성을 추론했다.

논문에서 아인슈타인은 전자가 불연속적인 두 허용 궤도 사이를 오갈 때만 빛을 흡수하거나 내보내는 보어 모형에서 원자와 광자 사이의 상호작용에 주목했다. 문제를 단순화하기 위해 그는 원자의 두 가지 상태(에너지가 낮은 '바닥 상태ground state'와 에너지가 높은 '들뜬 상태excited state')만을 가정했고, 두 상태의 에너지 차이로 결정되는 빛의 단일 진동수만을 살펴보았다.

이처럼 단순한 그림에서는 빛과 원자의 상호작용을 두 가지 조건으로 분류할 수 있다. 첫 번째는 원자가 바닥 상태인지 아니면 들뜬 상태인지이고, 두 번째는 적절한 진동수의 빛이 존재하는지 여부다. 이러한 틀에서 일어날 수 있는 현상은 다음 세 가지로 정리할 수 있다.[03]

1. 흡수 — 원자가 바닥 상태이고 빛의 진동수가 적합하다면, 원자는 광자

03 에너지가 낮은 원자가 빛이 없는 상태에서 자발적으로 상태를 바꾸는 네 번째 상황도 생각해볼 수 있지만, 이는 에너지 보존 법칙에 어긋나기 때문에 불가능하다.

를 흡수하여 들뜬 상태가 된다.

2. 자발적 방출—원자가 들뜬 상태라면, 빛의 유무와 상관없이 바닥 상태가 되어 광자를 내보낼 수 있다.
3. 유도 방출—원자가 들뜬 상태라면, 적합한 진동수의 광자가 들뜬 원자로 하여금 또 다른 광자를 내보내게 하여 바닥 상태가 되도록 유도할 수 있다.

원자 증기의 빛 흡수와 방출을 통해 원소의 존재를 분석하는 방법은 보어가 원자의 양자 모형을 발표하기 훨씬 전부터 사용되었기 때문에, 앞의 세 가지 중 처음 두 가지는 1917년 당시에 이미 잘 알려졌었다.[04] 한편 아인슈타인이 고안한 세 번째 유도 방출은 레이저 기술(궁극적으로는 인터넷)을 가능하게 한 핵심적인 물리학 원리다.

하나의 광자가 원자에 있던 다른 광자를 방출시켜 에너지를 내보내게 하여 원자의 에너지를 '낮춘다'라는 생각은 이상하게 보일지 모르지만, 아인슈타인이 지적했듯이 원자 안에 있는 전자를 진동자(빛의 생성 측면으로 생각하면 진동자여야 한다)로 여기면 고전 물리학 관점에서 분명 가능한 상황이다. 그네에 탄 아이를 민다고 상상해 보자. 그네가 가장 높은 지점에 있을 때 밀면 그네의 운동 에너지가 증가해 더 높이 올라갈 것이다. 하지만 정확히 같은 진동수로 가장 낮은 지점에 있을 때 반대로 밀면 그네는 곧

---

04 원자가 자발적으로 빛을 내보내 더 낮은 상태로 바뀐다는 개념은 널리 받아들여지고 있었지만, 이를 수학적으로 설명하기는 너무나도 어렵다. 자발적 방출이 일어나는 이유를 완전히 이해하려면 양자 역학 이론에 통달해야 하지만, 한마디로 말한다면 자발적 방출은 빈 공간에 존재하는 에너지에 의해서 일어난다. 사실 자발적 방출의 과정이 밝혀지기까지는 수십 년의 세월이 더 걸렸다. 아인슈타인은 들뜬 원자에서 일어나는 빛의 자발적 방출을 경험적 사실로 받아들였을 뿐이다.

멈출 것이다.[05] 마찬가지로 공전하는 전자를 적절한 진동수의 빛이 '밀면' 전자의 에너지는 증가하거나 감소한다. 양자 시나리오에서는 에너지가 높은 상태에서 낮은 상태로 감소하면 광자가 방출되어야 한다.

아인슈타인이 유도 방출의 자세한 내용을 모두 밝히지는 못했지만, 고전 물리학 관점으로 유추한 상황을 생각해 보면 유도 방출이 이미 존재하는 빛을 증폭시킨다는 사실을 알 수 있다. 유도 방출에서 방출된 광자는 방출을 일으킨 광자와 진동수가 같고 정확히 같은 방향으로 움직인다. 요약하자면, 유도 방출은 하나의 들뜬 원자와 하나의 광자가 만나면 원자가 바닥 상태가 되면서 모든 면에서 동일한 2개의 광자가 생성되는 과정이다.

아인슈타인이 빛에 대해 배운 사실

아인슈타인은 앞에서 열거한 세 가지 과정을 제시하면서 각각의 과정이 어떻게 작용하는지를 자세히 설명하는 대신 각기 고유의 확률을 지닌다고 주장했다. 열역학과 통계 물리학 지식을 바탕으로 그는 엄청난 수의 원자 집단이 빛과 상호작용할 때 관찰할 수 있는 특징에서 이러한 확률과 광자의 속성을 추론했다. 아인슈타인은 확률적 관점에 의한 이 같은 단순한 원자–광자 상호작용 모형으로 물리학에서 수많은 발견을 이루었다.

원자–광자 상호작용 모형은 열역학에서 핵심 개념을 빌려왔다. 즉, 원자로 이루어진 기체와 광자의 집합은 평형 상태에 도달할 수 있어야 한다

05 이 사고 실험이 흥미롭더라도 실제로 그네에 탄 아이에게 실험한다면 아이는 그다지 좋아하지 않을 것이다.

는 원리다. 크기가 어느 정도 큰 계system가 평형을 이루면, 각각 구성 요소의 물성이 변하더라도 계 전체의 물성은 변하지 않는다. 가령 기체 안에서 원자 2개가 충돌하더라도, 하나는 속도가 느려지고 다른 하나는 빨라지기 때문에 기체의 전체 에너지(및 기체의 온도)는 일정하게 유지된다. 열역학과 통계 물리학의 기초인 평형 상태는 원자나 분자 집합이 지닌 속성을 유추하는 데 매우 유용하다. 아인슈타인이 평형 개념을 광양자에도 적용한 건 자연스러운 일이었다.

아인슈타인의 단순한 원자 – 광자 모형에서 말하는 평형은 광자의 수와 높은 에너지 상태로 들뜬 원자 간의 평형을 말하는데, 하나의 원자가 흡수한 광자는 또 다른 원자가 내보낸 동일한 진동수의 광자들로 보충되고, 하나의 원자가 낮은 에너지 상태로 떨어지면 또 다른 원자가 광자를 흡수하여 높은 에너지 상태로 들뜨게 됨을 의미한다. 이러한 상황에서 높은 에너지를 지닌 원자의 수와 빛의 강도는 평균적으로 일정하게 유지된다. 그렇다면 어떤 온도에서 출발한 원자 기체가 빛과 평형에 도달하려면 그 빛이 어떤 속성을 지녀야만 하는가가 관건이다.

일반적인 열역학에서 평형 상태는 계 안에 있는 서로 다른 구성 요소가 동일한 온도에 도달할 때 이루어진다. 이를테면 차가운 물에 뜨거운 금속 조각을 넣으면, 금속은 식고 물은 데워지면서 계의 상태가 빠르게 변한다. 그러다가 금속과 물 모두 미지근한 온도가 되면 더 변하지 않고 평형에 도달한다. 아인슈타인이 고민했던 문제 중 하나는 원자와 빛의 조합에서도 같은 상황이 일어나는가였다.

우리는 앞에서 온도와 빛의 관계에 대한 한 가지 사실을 배웠다. 플랑크의 흑체 복사에서 스펙트럼은 온도에 의해서만 결정된다는 점이다. 한편 원자는 두 가지 방식에서 온도와 관계를 맺는다. 우선 잘 알려졌다시피 기체의 온도는 기체 안의 원자가 지닌 운동 에너지의 평균으로 정의된다. 하지만 온도 역시 들뜬 상태의 원자 수를 변화시킨다. 기체가 지닌 열에너지 중 일부가 원자의 내부 에너지로 전환될 수 있기 때문이다. 예를 들어 바닥 상태에 있는 두 원자 사이에서 충돌이 일어났는데 두 원자 모두 속도가 느려지면 한 원자는 들뜬 상태가 된다. 19세기 말에 맥스웰과 볼츠만이 정립한 단순한 온도 공식으로 계산하면 특정 온도의 원자 기체에서 들뜬 상태에 있는 원자를 찾을 확률을 구할 수 있다.

아인슈타인은 어떤 온도에서 출발한 기체를 이루는 원자가 앞에서 열거한 세 가지 광자 과정을 통해 빛과 상호작용하다가 계가 평형에 도달하면, 광자의 수(다시 말해 해당 파장에서 빛의 강도)는 원자와 온도가 같은 흑체의 스펙트럼을 플랑크 공식에 따라 계산했을 때와 정확히 일치함을 입증했다. 마찬가지로 흑체 복사 스펙트럼이 규명된 어떠한 빛이 모든 원자가 바닥 상태인 기체와 상호작용하다가 평형에 도달할 경우, 바닥 상태보다 높아진 원자 수는 해당 온도에서 예측되는 수와 정확히 일치한다.

양자 개념을 빛에 적용하자 흑체 스펙트럼에 대한 플랑크의 양자 공식이 자연스럽게 성립된 사실은 광자가 실재한다는 강력한 증거였다. 물론 원자로 이루어진 기체가 빛과 평형에 도달하려면 광자의 흡수와 방출로 인해 원자들의 속도도 바뀌어야 한다(평균 운동 에너지가 변해야 하기 때문에). 다시 말해 개별 광자는 운동량을 지녀야 한다. 아인슈타인은 자신의 모형에서 광자가 지녀야 하는 운동량이 1905년에 발표한 특수 상대성 이론에 따른 수치와 정확히 일치함을 보여 주었다. 이로써 빛의 양자성은 광자 개념을 뒷받침하는 또 다른 근거가 되었을 뿐 아니라 이미 확립된 물리학 분야에도 들어맞았다.

몇 년 뒤 아서 홀리 컴프턴Arthur Holly Compton은 금속에서 전자를 튕겨 나오게 하는 X선 파장의 변화를 통해 광자의 운동량을 직접 관측했다. 후에 '컴프턴 산란Compton scattering'으로 불리게 된 광자의 운동량 관측 실험은 빛의 입자성을 최종적으로 입증한 결정적 증거였고,[06] 컴프턴은 1927년에 노벨 물리학상을 수상했다. 현대의 레이저 냉각 기술의 핵심 원리가 바로 광자 운동량이다. 작은 가스 구름에 빛을 산란시켜 원자 속도를 낮추면 절대 영도에 가까운 1K의 백만 분의 1로 냉각할 수 있다. 원자 속도를 낮추는 레이저 냉각 기술 덕분에 그 어느 때보다도 원자의 속성을 정확하게 예측할 수 있게 되었고 그 결과 원자와 분자 연구에 일대 혁명이 일어났다. 1980년대 초에 레이저 냉각 기술을 개발한 세 명의 물리학자는 1997년에 노벨 물리학상을 수상했다.[07]

아인슈타인은 자발적 방출, 유도 방출, 흡수의 비율이 맺는 단순하고 직접적인 관계도 통계 모형을 통해 규명했다. 빛과 원자의 조합이 평형에 도달하려면, 유도 방출과 흡수는 비율이 서로 같아야 하고 이러한 비율은

---

06 이후 이루어진 연구에서 컴프턴 효과는 빛이 파동이라는 준고전 모형에서도 가능하다는 사실이 밝혀졌지만, 광자 모형에서 훨씬 단순하다. 광자가 실재하는 입자라는 사실을 고전적인 관점으로 유추하지 않고 궁극적으로 밝힌 것은 1977년에 이르러서였다.

07 1997년 노벨 물리학상 수상자는 스탠퍼드 대학교의 스티브 추(Steve Chu) 교수(이후 오바마 행정부에서 에너지 장관을 역임했다), 파리의 고등 사범학교인 에콜 노르말 쉬페리외르(École Normale Supérieure)의 클로드 코앙타누지(Claude Cohen-Tannoudji)와 메릴랜드에 있는 국립 표준 기술 연구소 소속 빌 필립스(Bill Phillips)였다. 필립스는 내가 박사 과정을 밟았을 때 논문 지도 교수였다.

자발적 방출 비율에는 비례해야 한다. 자발적 방출 비율이 높은 원자는 빛도 쉽게 흡수하고, 빛을 쉽게 흡수하는 원자 역시 빛의 방출이 쉽게 유도된다.

1917년에는 하나의 원자에서 일어나는 자발적 방출의 비율을 정확히 계산하는 것이 불가능했고, 양자 역학이 완전한 이론으로 확립된 10년 뒤에야 가능했다. 하지만 아인슈타인이 밝힌 원자의 빛 흡수와 자발적 방출 비율(일반적으로 특정 상태로 들뜬 원자의 수명 관점에서 측정한다)이 지닌 상관관계는 실험으로 입증 가능하고 결과는 그의 예측과 일치한다. 또한 아인슈타인의 모형에서 자발적 방출 비율은 방출된 빛의 진동수가 클수록 빠르게 증가한다고 예측했고, 이 예측 역시 실험으로 입증되었다.[08]

빛을 통계적으로 다룬 1917년 논문은 아인슈타인의 가장 유명한 업적은 아니지만, 양자 광학 분야의 중요한 토대가 되었다. 흡수, 유도 방출, 자발적 방출에 대한 단순한 확률 모형은 기체를 이루는 원자와 빛 사이에 일어나는 상호작용을 예측하는 데 여전히 사용하며, 세 가지 작용의 확률은 아인슈타인의 업적을 기려 '아인슈타인 계수Einstein coefficients'로 불린다. 아인슈타인의 1917년 논문이 물리학계에 기여한 가장 중요한 성과는 물리학자들이 광자를 진지하게 받아들이게 되었다는 것이다. 당시 닐스 보어조차도 광자의 존재를 인정하는 데 주저했고, 자신이 제시한 불연속적인 원자 상태가 파동성만을 지닌 빛과 상호작용하는 좀 더 고전적인 모형을 선호했다.

---

08 사실 이러한 상관관계는 완벽하지 않다. 심지어 가시광선이 방출되는 상태도 여러 다른 요인으로 인해 수명이 매우 길어질 수 있기 때문이다. 어떠한 상태의 수명을 정확하게 파악하는 것 역시 양자 역학이 완성된 후에 가능했다.

이 책에서 아인슈타인의 1917년 광자 논문 중 가장 중요하게 다룰 부분은 유도 방출이다. 1개의 광자가 동일한 성질의 또 다른 광자의 방출을 유도하는 현상을 응용한 레이저 기술은 우리의 일상을 크게 변화시켰다.

레이저의 역사

2차 세계 대전 동안 찰스 타운스Charles Townes를 포함한 여러 물리학자가 레이더radar라는 새로운 기술의 연구에 매진하면서 스펙트럼의 마이크로파 영역에 해당하는 진동수의 빛을 생성, 통제, 감지하기가 훨씬 수월해졌다. 전쟁이 끝나고 연구실에 다시 평화가 찾아온 뒤에도 물리학자들은 이러한 새로운 마이크로파 광원을 이용해 상태 전이를 파악하여 원자와 분자의 속성을 연구했다. 그 결과 여러 혁신적인 발견이 이루어졌다. 예를 들어 윌리스 램Willis Lamb과 로버트 레더퍼드Robert Retherford는 수소 안에서 동일한 상태여야 하는 2개의 상태에서 에너지가 미세하게 다른 현상을 관찰했다. '램 이동Lamb shift'이라고 불리는 이 현상을 설명하기 위해 램과 레더퍼드는 매우 기이하지만 역사상 가장 정확하게 입증된 과학 이론 중 하나인 양자 전기 역학(QED)quantum electrodynamics 의 발전을 이끌었다.[09]

마이크로파 분광학 실험은 레이저 개발의 첫 발판이기도 했다. 타운스를 비롯한 여러 물리학자는 전쟁 동안 레이더 개발에 사용했던 진동수보

---

09 매우 기이한 개념인 양자 전기 역학은 일상에서 흔히 마주치는 현상이 아니기 때문에 이 책에서는 자세하게 다루지 않는다. 양자 전기 역학에 대해 더 알고 싶다면 필자의 저서 《강아지도 배우는 물리학의 즐거움(How to Teach Quantum Physics to Your Dog)》이나 리처드 파인만(Richard Feynman)의 《일반인을 위한 파인만의 QED 강의(QED: The Strange Theory of Light and Matter)》를 참고하기 바란다.

다 낮은 진동수(긴 파장)까지 빛의 파장 범위를 넓혀 연구할 방법을 고민했다. 낮은 진동수가 흥미로운 이유는 진동수가 낮은 스펙트럼 영역에서 많은 분자가 빛을 흡수하고 방출하기 때문이다. 타운스는 이러한 분자들을 활용해 마이크로파를 생성하는 아이디어를 떠올렸다.

타운스는 들뜬 에너지 상태의 암모니아 분자 빔을 만든 다음 마이크로파 공동microwave cavity이라고 불리는 금속 상자에 통과시켰다. 마이크로파 공동은 두 번째 일상에서 플랑크 흑체 모형을 설명할 때 다룬 가상의 상자처럼 작은 구멍이 뚫려 있다. 공동의 크기는 암모니아 분자가 내보내는 마이크로파 파장에 맞추었다. 암모니아 분자가 내보내는 모든 광자는 공동 안에서 앞뒤로 신나게 튕기며 한참 머물다가 구멍을 빠져나갈 것이다.

마이크로파 파장에서는 자발적으로 광자를 방출하는 분자의 비율이 그다지 높지 않은 점을 고려하면, 그리 흥미로워 보이지 않는다. 하지만 유도 방출이 일어나면 마이크로파 공동은 증폭기가 된다. 공동에 들어간 들뜬 암모니아 분자는 이미 공동 안에 있는 광자와 만날 수 있고 진동수가 적합하다면 (잠재적으로) 해당 광자와 동일한 또 다른 광자의 방출이 유도될 수 있다. 그다음에 들어가는 분자는 공동 안에서 2개의 광자를 발견할 것이고 그렇다면 유도 방출 가능성이 더 커진다. 같은 과정이 되풀이될수록 광자 수는 늘어난다. 타운스는 이러한 현상을 '복사의 유도 방출에 의한 마이크로파 증폭Microwave Amplification of Stimulated Emission of Radiation'의 약자인 '메이저MASER'로 불렀다.

타운스가 개발한 메이저가 극히 한정된 진동수 범위에서 상대적으로 강렬한 마이크로파 광원을 생성한 건 아인슈타인이 1917년에 개발한 광자 모형에 의한 확률 때문이었다. 비록 아인슈타인 자신은 마이크로파 광원 생성에 대해서는 생각하지 않았지만 말이다. 일반적인 기체에서 원자 대부분은 낮은 에너지 상태에 있으므로, 광자가 들뜬 원자를 만나 유도 방출을 일으킬 가능성은 그만큼 낮다. 하지만 타운스가 메이저에 사용한 분자 대부분은 전류로 인해 에너지가 이미 '높은' 상태로 들떠 있었다. 이처럼 비정상적인 배열을 '반전 분포population inversion'라고 부른다. 반전 분포에서는 공동 안에 있는 모든 광자가 들뜬 분자와 만나 또 다른 광자를 내보내게 할 가능성이 크다. 각각의 새로운 광자는 유도를 일으킨 광자와 진동수가 같다(운동 방향과 극성을 비롯한 다른 광학적 특성도 동일하다). 새로 생긴 광자도 또 다른 동일한 광자의 방출을 유도할 수 있으므로 매우 좁은 범위의 파장에서 광자의 수는 기하급수적으로 늘어난다(1개가 2개가 되고 2개가 4개가 되고 4개가 8개가 되고…).[10] 생성된 빛의 극히 일부가 공동에 난 작은 구멍으로 빠져나오면 그 진동수를 매우 정확하게 측정할 수 있다. 따라서 수소 원자를 이용한 메이저는 세슘 원자시계의 핵심 부품으로 사용된다.

타운스는 메이저를 개발한 후 자신의 동료이자 동서지간인 아서 쇼로Arthur Schawlow 등과 함께 메이저의 기본 개념을 스펙트럼의 가시광선 영역까지 확대하는 방법을 연구했다. 타운스와 쇼로가 '광학 메이저optical maser' 장치를 구상했지만, 대학원생이었던 고든 굴드Gordon Gould가 생각해 낸 장치의 이름이 현재까지 통용되고 있다. 굴드는 타운스와 대화를 나눈 후 공책에

---

10 주목할 점은 이러한 상황이 평형이 아니라는 것이다. 반전 분포를 유지하려면 다른 곳에서 에너지를 계속 투입해야 한다(타운스의 초기 암모니아 메이저에서는 분자 빔이 에너지원이었다). 반전 분포가 사라져 메이저가 작동을 멈추는 즉시, 원자 대부분은 에너지가 낮아지고 흑체 복사장은 적당한 온도에 도달해 계는 평형 분포를 이룰 것이다.

'레이저LASER: 복사의 유도 방출에 의한 빛 증폭Light Amplification by Stimulated Emission of Radiation'이라는 제목으로 몇 가지 아이디어를 적었는데,[11] 이후 레이저는 누구나 아는 단어가 되었지만(레이저가 약어라는 사실을 기억하는 사람은 이제 거의 없다) 메이저를 아는 사람은 드물다.

레이저의 핵심 구성 요소는 메이저와 같다. 우선 특정 진동수의 원자나 분자 안에서 수많은 전자가 높은 에너지 상태에 있는 '반전 분포'가 일어나야 하고, 방출된 광자들이 튕겨 다니면서 원자들과 상호작용할 '공동'이 있어야 한다. 이 두 가지 요소는 마이크로파와 달리 가시광선에서는 조금 복잡하지만, 메커니즘은 같다. 공동 안에 이미 들어 있는 광자들이 들뜬 원자에 유도 방출을 일으키면 광자 수가 기하급수적으로 증가한다.

메이저에서 레이저로 이동하는 첫 기술적 장벽은 반전 분포를 만드는 것이었다. 가시광선의 진동수 범위에 해당하는 에너지로 들뜬 상태는 대부분 자발적으로 광자를 방출해 낮은 에너지 상태가 될 때까지의 수명이 극히 짧다(아인슈타인 모형에서 예측했듯이). 따라서 유도 방출이 일어날 때까지 원자를 들뜬 상태로 유지하기 어렵다. 그러므로 원자를 직접 들뜨게 하면 들뜬 상태가 오래가지 않아 반전 분포가 금세 사라진다(역시 아인슈타인 모형에서 예측했듯이). 일반적으로 이 문제는 전자를 간접적인 방법으로 들뜨게 하는 다단계 구조로 해결할 수 있다. 예를 들어 헬륨-네온 레이저는 플라스마 안에서 헬륨과 네온을 충돌시켜 들뜬 헬륨 원자가 네온 원자로

---

11 굴드가 공증을 받은 이 메모는 나중에 그가 몇몇 레이저 핵심 기술에 대해 특허를 받기 위해 벌인 소송에서 결정적인 증거가 되었다. 사실 굴드는 현재 내가 근무하는 유니언 칼리지 출신이고 후에 같은 학교의 물리 천문학과 석좌 교수로 임명되었다.

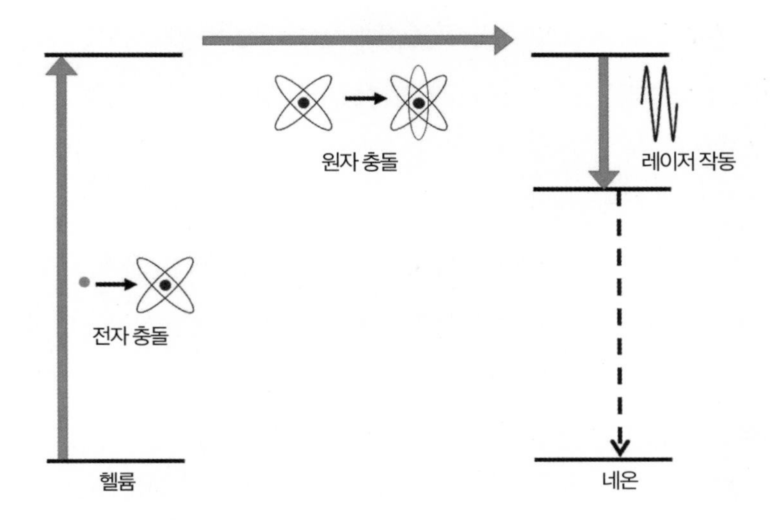

헬륨-네온 레이저의 작동 원리. 헬륨 원자가 플라스마에 있는 전자와 충돌하면서 높은 에너지 상태로 들뜬다. 헬륨과 네온 원자가 충돌하면 네온 원자는 들뜬 상태를 오래 유지하면서 적색 레이저를 만드는 데 필요한 반전 분포를 생성한다.

에너지를 전달하도록 한다. 네온으로만 이루어진 플라스마가 직접적으로 생성한 반전 분포보다 이처럼 간접적으로 생성한 반전 분포에서 훨씬 많은 네온 원자가 높은 에너지 상태를 길게 유지한다. 헬륨과 네온이 섞인 플라스마는 한때 슈퍼마켓 계산대 스캐너에 쓰였던 적색 파장 레이저의 이득 매질gain medium[12]이다.[13] 플라스마를 생성할 전류가 계속 공급되는 한 헬륨 원자는 계속 들뜨고 들뜬 헬륨 원자는 네온 원자를 들뜨게 해 레이저를 작동시킨다.

---

12 역주-레이저를 발진시키는 데 필요한 물질로, 레이저 발생 매질(lasing medium) 또는 활성 레이저 매질(active laser medium)로도 부른다.

13 현재는 헬륨-네온 레이저와 거의 같은 파장에서 작동하지만 크기가 훨씬 작은 반도체 다이오드 레이저를 사용한다.

메이저에서 레이저로 이동을 어렵게 한 또 다른 기술적 장벽은 광자를 가둘 공동을 만드는 것이었고, 타운스는 이 문제로 골머리를 앓았다. 타운스가 메이저를 연구하면서 사용한 마이크로파 공동의 크기는 센티미터 단위의 마이크로파 파장과 비슷했고, 들뜬 원자는 들어가고 빛은 새어 나오는 작은 구멍만 제외하고 사방이 금속 벽으로 막혀 있었다. 하지만 이러한 구조를 가시광선 파장에 적용하기는 매우 어렵다. 가시광선 파장에 맞게 사방이 거의 막힌 공동 크기를 수백 나노미터로 만드는 것은 지금도 몹시 까다로운 일이고 1957년에는 아예 불가능했다.

레이저가 현실화될 수 있었던 것은 공동이 완전히 막혀 있지 않아도 된다는 생각의 전환 덕분이었다(굴드와 쇼로뿐 아니라 소비에트 연방의 알렉산드르 프로호로프Aleksandr Prokhorov도 같은 생각을 해냈다). 두 장의 거울을 서로 마주 보게만 하면 이렇게 생긴 선을 따라 광자를 앞뒤로 튕기게 할 수 있다. 이러한 개방형 구조는 많은 수의 원자나 분자를 담을 수 있을 뿐 아니라(기체

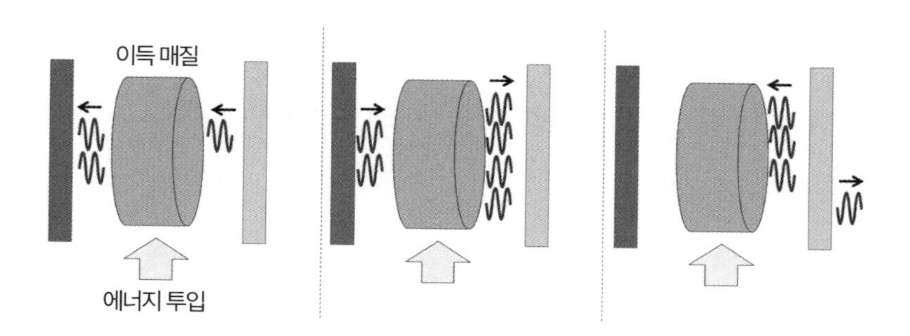

레이저의 공동과 이득 매질. 오른쪽에서 왼쪽으로 이동한 광자 1개가 이득 매질에서 또 다른 광자 방출을 유도해 광자는 2개가 된다. 2개의 광자는 반대 방향으로 반사되어 4개의 광자가 된다. 레이저의 출력 빔은 두 장의 거울 중 한 장에서 새어 나온 소량의 광자다.

레이저 시스템 중에는 공동 길이가 1~2m에 달하는 것도 있다), 레이저에 한 가지 독특한 특징을 부여한다. 공동은 하나의 선을 따라서만 광자를 가두므로 레이저로 생성된 빛은 하나의 얇은 빔으로 나타난다(방출된 빔은 공동 안에서 빠져나온 극히 일부의 빛이다. 두 장의 거울 중 하나는 반사율이 100%에 달하지만, 나머지 한 장은 그렇지 않기 때문에 거울에 닿은 광자 중 일부가 거울을 통과한다).

"풀 문제를 찾아야 하는 해법"

개방형 공동 개념이 발표된 후 레이저를 실용화하려는 노력이 이어졌고, 마침내 1960년에 벨 연구소Bell Labs에서 근무하던 시어도어 메이먼Theodore Maiman이 합성 루비로 된 막대 안에 크롬 원자로 이루어진 증폭 매질을 채워 최초의 레이저를 만들었다. 최초의 레이저는 제논 섬광등으로 반전 분포를 생성했다. 백색광의 밝은 펄스를 짧은 순간에 내보내면 크롬 원자가 높은 에너지 상태로 들뜨고 그중 일부는 수명이 약 5밀리초에 이르는(원자 물리학 기준에서 보았을 때는 긴 수명이다) 에너지 상태가 된다. 이렇게 생성된 반전 분포는 오래 유지되지 않기 때문에 레이저 빛의 펄스는 짧다.

앞에서 설명한 헬륨-네온 레이저처럼 이득 매질이 기체인 레이저부터 유기 염료 분자로 된 액체 매질 레이저(1966년에 발명), 반도체 물질을 사용한 고체 매질 레이저(최초의 비소화 갈륨 레이저는 1962년에 발명)에 이르기까지, 이후 몇 년 동안 다양한 종류의 레이저가 개발되었다. 그중에서 컴퓨터 칩만큼 크기가 작아 어떠한 가전제품에도 장착할 수 있는 반도체 레이저가 가장 많은 각광을 받았다. CD, DVD, 블루레이 플레이어뿐 아니라 고양이나 강아지를 약 올리는 데 유용한 작은 레이저 포인터에도 반도체 레이저가 내장되어 있다.

레이저 물리학이 첫 걸음을 막 디뎠을 때는 레이저 장치가 별 실용성이 없는 호기심의 대상으로만 간주되었다. 메이먼의 조교 중 한 명인 어니 데넌스Irnee D'Haenens가 레이저를 보고 "풀 문제를 찾아야 하는 해법a solution looking for a problem"이라고 불렀던 사실은 유명하다. 하지만 레이저를 활용할 곳을 찾는 데는 오래 걸리지 않았고, 지난 50여 년 동안 수많은 문제를 레이저로 해결해 오고 있다.

물리학 연구에서 레이저는 정밀 측정에 필요한 장치다. 레이저를 이루는 광자는 유도 방출로 생성되기 때문에 조명등에서 나오는 광자와 비교할 수 없을 정도로 매우 균일하다. 일부 레이저 광원은 특정 진동수 범위로 제어할 수 있어서 이러한 레이저로 분광학적 측정을 수행하면 원자가 흡수하고 방출한 빛의 진동수를 소수점 18자리까지 정확하게 구할 수 있다. 또한 레이저에서 방출되는 광자는 위상이 같기 때문에(파동의 마루와 골이 일치), 레이저 센서는 파장의 극히 일부에 지나지 않는 미세한 위치 변화까지 감지할 수 있다. 레이저를 이용한 정밀 위치 측정의 가장 극적인 예는 레이저 간섭계 중력파 관측소(LIGO)Laser Interferometer Gravitational-Wave Observatory다. 두 대의 거대한 탐지기를 사용하는 LIGO는 2015년에 2개의 블랙홀이 충돌하면서 생성된 중력파로 인해 시공간이 얼마나 늘어나고 압축되었는지 측정했다. 중력파로 인한 두 탐지기 거울 사이의 거리 변화는 광자 1개의 지름보다 짧았지만, LIGO는 이 작은 변화를 정확하게 감지해 전 세계 신문의 헤드라인을 장식했다.

물리학 실험에서 정밀 측정에 사용하는 레이저와 달리 밝은 빛을 내는 광원으로만 활용하는 상업적 용도의 레이저 대부분은 레이저의 진동수와 위상과 관련된 특성을 직접적으로 활용하지는 않는다. 하지만 상업용 레이저라도 빔을 가느다랗게 만들려면 유도 방출을 통해 위상과 진동수를 매우 좁은 범위로 한정시키는 기술이 중요하다. 사실 레이저 빔은 진행하면서 두께가 두꺼워지지만 두꺼워지는 속도가 아주 느리다. 아폴로 우주비행사는 달에서 떠날 때 여행 가방 크기의 역반사기retroreflector를 두고 왔다. 이후 과학자들이 40여 년 동안 레이저를 발사해 지구에서 출발한 레이저가 역반사기에 반사되어 다시 돌아오는 거리를 측정하고 있는데, 달과 지구는 매년 약 3.8센티미터씩 멀어지고 있다. 빔은 처음에 발사될 때 직경이 3.5미터였다가 돌아오면 15킬로미터 정도로 커지지만, 이는 무려 77만 킬로미터 거리를 이동했을 때의 일이므로, 고양이에게 장난칠 때 쓰는 레이저 포인터의 빔이 커지지 않는다고 해서 결코 놀랄 일은 아니다.

건설 현장에서 수직선과 수평선을 측정하는 데도 가느다란 레이저 빔을 사용하면서 바닥을 평평하게 만드는 작업이 예전보다 훨씬 수월해졌다. 펄스 레이저에서 나오는 펄스가 어떤 물체에 도달한 뒤 반사되어 돌아오는 시간을 측정한다면 거리도 잴 수 있다. 이처럼 간단한 기술은 움직이는 물체의 속도를 측정하는 데도 유용하지만, 과속을 즐기는 운전자에게는 눈엣가시일 것이다.

레이저 빛이 만드는 가느다란 빔은 나무와 금속을 정확하게 절단할 때도 사용한다. 레이저를 가동하는 데는 상대적으로 적은 양의 전류만 필요하지만, 레이저에서 나오는 작은 빛은 대부분의 물질을 태울 만큼 강력하다. 또한 레이저는 렌즈와 거울로 방향을 조정할 수 있기 때문에 원하는 위치를 정확하게 자를 수 있고, 절단되는 물체에 물리적으로 닿지 않기 때문에 마모가 일어나지 않아 절단면이 균일하다. 레이저는 의료 분야에서 조직 절개에도 이용한다. 이제까지는 주로 안과 수술에 사용했지만, 점차 다른 분야로 확대되고 있다. 레이저는 매우 국소적인 조직 부위만을 높은 온도로 태워서 절개하므로 메스보다 출혈이 훨씬 적다.

이제까지 소개한 용도만으로도 레이저가 중요한 기술로 자리 매김을 하는 데 충분했을 테지만, 이는 레이저가 해결한 수많은 문제 중 일부일 뿐이다. 오늘날 레이저는 인터넷을 비롯한 통신 시스템에서 가장 중요하게 쓰이고 있다.

빛의 망

다섯 번째 일상의 앞부분에서 우리는 광섬유 네트워크가 통신에 안겨 준 엄청난 혜택에 관해서 이야기했다. 유리 섬유를 통과하는 빛의 펄스는 구리선을 따라 이동하는 전기 펄스보다 신호 감쇄율이 훨씬 낮기 때문에 원거리에서도 안정적인 고대역폭 통신이 가능하다. 레이저가 없었다면 지금의 광섬유 기술은 존재하지 않았을 것이다. 일반적인 광섬유는 두께가 머리카락 정도이고 안에 들어 있는 코어는 전체 광섬유 두께의 10분의 1에 불과하므로, 가는 레이저 빔만이 통과할 수 있다. 이처럼 작은 코어에 레이저를 맞추기조차 쉽지 않은 일이므로,[14] 레이저에서 나온 광원이 아니라면 어떠한 빛도 코어에 들어갈 수 없다.

레이저 빛의 좁은 파장과 진동수 범위는 광섬유 통신의 대역폭을 늘리는 데도 도움이 된다. 앞에서 말했듯이, 광섬유는 여러 회선이 다발로 묶여도 구리선처럼 누화, 즉 신호 유출 문제가 일어나지 않는다. 그뿐만 아니라 파장이 아주 미세하게 다른 여러 레이저를 암호화할 수 있기 때문에 한 가닥에서 여러 다른 신호를 보낼 수 있다. 여러 개의 레이저 빔이 광섬유로 들어가기 전에 합쳐졌다가 수신측receiving end에서 다시 갈라지기 때문에, 섬유 한 가닥은 한 번에 약 스무 개의 신호를 전송할 수 있으므로 통신 네트워크 용량을 크게 늘릴 수 있다.

1980년대에 광섬유 통신 기술이 개발되지 않았다면 대역폭이 폭발적으로 증가할 수 없었을 것이고, 초기 컴퓨터 네트워크처럼 구리 회선으로만 정보를 전송해야 했을 것이다. 그렇다면 지금의 스트리밍 영상과 귀여운 고양이 사진이 끝없이 올라오는 소셜 미디어는 상상조차 불가능하다. 1987년에 가설된 최초의 대서양 횡단 광섬유 케이블은 한 번에 4만 통의 통화를 전달할 수 있었고 이는 바로 직전까지 사용되던 구리 케이블의 열 배에 달하는 성능이었다. 가장 최근에 준공된 대서양 횡단 광섬유 네트워크는 초당 160조 비트의 속도로 디지털 데이터를 전송한다. 이는 1987년의 케이블보다 500,000배 빠르고 1858년에 최초로 전송된 전보보다

14 내 실험실에서도 레이저를 한 곳에서 다른 곳으로 보내기 위해 광섬유에 통과시켜야 할 때가 종종 있는데, 몇 시간 동안 레이저를 광섬유와 정렬해도 빛을 반밖에 보내지 못할 때가 태반일 정도로 정말 어려운 작업이다. 물론 모듈 통신 시스템이 있다면 훨씬 수월하게 해낼 수 있다. 특수한 광섬유에 레이저가 직접 내장된 통신 시스템도 있다. 하지만 이러한 기술들이 나오기까지는 수십 년에 걸친 기술자의 노력이 있었다.

1,000조 배 빠르다.

이 책이 나오기 전인 2016년 기준으로 전 세계 인터넷 데이터의 월평균 전송량은 2000년의 전체 연간 전송량보다 약 1,000배 많았다. 네트워크에서 이루어지는 원거리 접속 중 거의 대부분은 광섬유를 따라 이동하는 레이저 펄스다. 다음번에 다른 대륙에 사는 친구가 아기 사진을 보낸다면, 아인슈타인, 통계학, 빛과 원자의 양자성 덕분임을 기억하길 바란다.

여섯 번째 일상

후각

배타 원리

The Sense of Smell:

Chemistry by Exclusion

차는 아직 너무 뜨거워 마실 수 없지만,
식으면서 올라오는 김의 향긋한 풍미를 음미한다.

대부분의 동물은 뇌 용량의 상당 부분을 냄새를 처리하는 데 사용하지만, 그에 비해 인간의 후각은 보잘것없다. 하지만 변변찮은 후각을 지녔더라도 우리는 냄새에 크게 영향을 받는데, 특히 음식에 관해서라면 더욱 그렇다. 조리된 음식의 향은 우리가 무언가를 먹는 경험에서 중요한 부분을 차지하고, 향을 맡지 못하면 맛은 달라진다. 과학전람회에서 자주 등장하는 실험 중 하나가 코를 막고 여러 채소를 맛보는 것이다. 냄새를 맡지 못하면 사과와 감자를 구분하기가 몹시 어렵다.

냄새를 맡는 일은 어떤 물체에서 퍼져 나온 작은 분자가 코에 있는 수용기를 자극하는 복잡한 화학 작용이다. 자세히 알아보기 시작하면 금세 무시무시하게 복잡한 원소 이름(가령 커피 향을 내는 분자 중 하나는 '2-에틸-3,5-다이메틸피라진'이다)과 후각 수용기가 후각을 생성하는 메커니즘에 관해 서로 경쟁하는 모델을 만나게 된다. 후각은 무척 어려운 주제일 뿐 아니라 후각에 관한 과학은 아직 완전히 확립되지 않았다.

그렇더라도 한 가지 확실하게 장담할 수 있는 사실은 냄새를 맡는 과정이 근본적으로 양자 현상이라는 점이다. 냄새에 관여하는 분자의 화학 작용을 포함하여 사실상 우리가 아는 모든 화학 작용은 양자 현상 중에서도 가장 기묘한 현상에 뿌리를 둔다. 그중 하나가 '스핀spin'이라는 매우 진기한 입자 속성이다.

후각의 작용 과정

인간을 포함한 동물 대부분의 후각은 세 번째 일상에서 살펴본 색 식별 과정과 비슷하다. 작은 분자가 콧속의 특수한 후각 수용기와 화학적으로 결합한 다음 이 수용기는 코안(비강)nasal cavity 위쪽에 있는 뉴런과 연결된다. 이처럼 후각 수용기가 공기 중에 있는 분자와 결합하면 뉴런을 자극해 뇌에 신호를 보내고, 뇌는 여러 뉴런에서 모은 신호를 처리해 우리가 코밑에 있는 물체가 무엇인지 냄새로 인지하도록 해준다.

하지만 냄새 인지는 색 인지보다 훨씬 복잡하다. 인간의 망막에서 색을 감지하는 세포는 세 가지뿐이고 각각의 세포가 넓은 범위의 파장에 반응하지만, 후각 수용기 뉴런은 수백 종류에 달한다.[01] 어떤 분자가 코로 들어가면 한 번에 여러 수용기를 자극할 수 있고, 수용기의 조합에 따라 냄

01 수백 개면 대단히 많은 것 같지만 다른 포유류에 비하면 적은 편이다. 어떤 동물은 후각 수용기가 천 개에 달한다.

새가 달라진다. 이를테면 내가 좋아하는 차에서 나온 분자는 3번, 17번, 122번 수용기를 자극하지만, 옆에 앉은 사람의 커피에서 나온 분자는 3번, 24번, 122번, 157번 수용기를 자극한다. 같은 뉴런이라도 다른 뉴런과 조합되면 전혀 다른 냄새가 난다.

후각 수용기가 색각 수용기보다 훨씬 많기 때문에 우리가 인지할 수 있는 냄새도 색보다 훨씬 많다. 색 인지에 관한 여러 연구에서 인간이 구분할 수 있는 색은 수백만 개로 밝혀졌지만, 후각에 대한 최근 조사에 따르면 냄새는 '1조' 개까지 구분할 수 있다.

후각과 색각의 또 다른 차이는 후각 수용기 자극 메커니즘에 대해서는 아직 합의가 이루어지지 않았다는 사실이다. 색각은 잘 알려졌다시피 빛의 입자가 분자 안에서 상태 전이를 일으키면 분자가 뉴런으로 하여금 뇌에 신호를 보내도록 하는 광자 흡수 과정이다. 감지된 모든 광자는 단일 진동수로 온전히 그 실체를 파악할 수 있기 때문에 눈 안에 있는 빛 감지 세포가 어떻게 반응할지 쉽게 예측할 수 있다.

한편 후각은 내부 구조가 각기 다른 분자를 감지하는 화학적 과정이기 때문에 때로는 아주 미세한 차이에 영향을 받는다. 2개의 분자가 비슷한 수의 원자로 구성되더라도 원자의 '배열'이 다르면 속성이 달라진다. 산소 원자 1개와 탄소 원자 2개, 수소 원자 6개를 배열할 때 2개의 탄소 원자를 산소 원자 한쪽에 몰아서 배치하면 주로 알코올 음료 성분으로 쓰이는 실온에서 액체인 에탄올이 만들어진다. 한편 스프레이 압축가스의 재료인 다이메틸에테르는 산소 원자 양쪽에 탄소 원자가 1개씩 놓인 것만 다를 뿐 에탄올과 구성 원자가 같지만, 실온에서 기체 상태다.

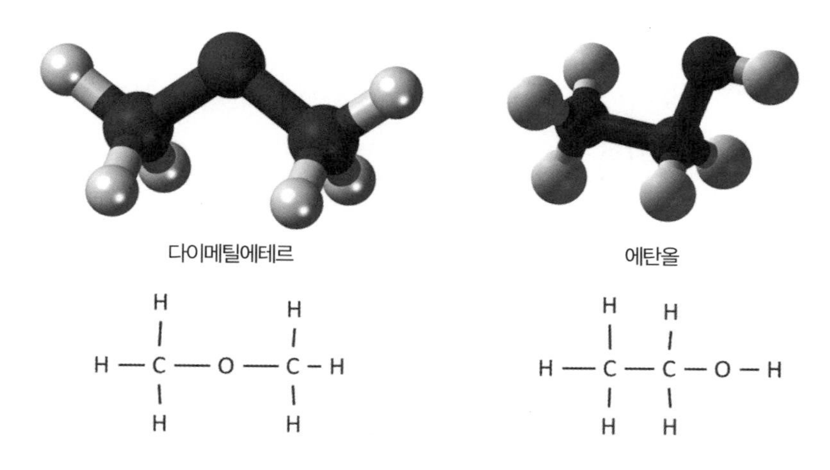

다이메틸에테르와 에탄올의 3차원 구조. 화학식은 같지만, 전혀 다른 분자다.

인간의 후각계는 원자 배열의 미묘한 차이까지도 감지할 수 있기 때문에 우리는 화학적으로 비슷한 원자도 완전히 다른 냄새로 인식한다. 코의 수용기 분자들이 공기 중에 있는 분자를 어떻게 구분하는지에 대해 두 가지 이론이 오랜 세월 동안 경쟁해왔다. 그중 더 일반적으로 받아들여지는 '형태론shape theory'은 여러 종류의 수용기 분자가 공기 중 분자의 3차원 원자 배열에 반응한다고 주장한다. 한편 '진동 모델vibration model'은 수용기 분자가 공기 중 분자의 움직임을 구분한다고 주장한다. 분자 안에 있는 원자는 그 분자의 특성과 원자 배열 구조에 따른 고유한 진동수에 맞추어 앞뒤로 흔들리기 때문이다. 진동 모델을 주장하는 쪽은 각각의 수용체가 특정 진동수 범위로 진동하는 원자로부터 자극을 받는다고 말한다.

두 이론 모두 여러 실험에서 예측된 결과가 나왔지만, 그렇지 않은 실험도 많기 때문에 완전하게 입증받지 못했다. 아마도 후각 작용은 두 이론을 모두 취합해야 온전히 설명할 수 있을 것이다. 다시 말해 후각 수용기 중 일부는 분자의 형태를 감지하고 일부는 진동을 감지할 것이다.

그렇더라도 두 모델은 모두 양자 현상이다. 분자의 진동수와 형태는 3차원 구조로 결정되고, 3차원 구조는 원자의 결합 방식을 결정하는 전자의 양자 행동에 따라 달라진다. 한 원자가 어떻게 많은 원자와 결합하는지, 결합이 얼마나 강한지, 결합의 각도는 어떻게 되는지가 전자의 양자 속성으로 정해지는 것이다.

원자 결합은 보어 모형에 따른 전자의 행동만으로는 설명하기 어렵다. 또한 원자 결합을 규명하려면 고전 물리학에서는 비교 대상을 찾을 수 없는 전혀 새로운 속성을 도입해야 하는데, 이것을 통해 일상의 다양한 현상을 설명할 수 있다. 이를 본격적으로 이야기하기 전에 우선 화학의 역사와 원자 분류법에 대해 간략하게 알아보자.

주기율표

우리에게 친숙한 원소 주기율표는 여러 상자가 직사각형으로 모여 있고 양 가장자리의 두 기둥은 다른 기둥보다 높다. 학교 과학실에는 으레 이러한 주기율표가 벽에 걸려 있다. 사실 종류를 나눌 수 있는 모든 것은 주기율표로 나타낼 수 있기 때문에, 인터넷을 검색하면 원소 주기율표 외에도 여러 재미있는 주기율표를 찾아볼 수 있다.[02]

02 육류나 수제 맥주의 주기율표와 달리 어떤 주기율표는 공감하기가 어렵다. 내가 2017년 여름에 구글에서 검색한 주기율표 중 가장 특이했던 것은 '스트레칭 주기율표'와 '은행 규정과 감사에 관한 주기율표'다.

우리에게 익숙한 원소 주기율표는 러시아의 화학자 드미트리 이바노비치 멘델레예프Dmitri Ivanovich Mendeleev가 1870년에 교과서를 집필하기 위해 만든 원소 목록에서 비롯되었다. 그는 당시 알려진 원소를 원자량 순서대로 배열했는데, 거기에서 일정한 패턴이 반복되었다. 예를 들어 반응성이 강한 알칼리 금속(리튬, 나트륨, 인)은 원자량 차이가 16~17개씩 일정했고, 알칼리 토금속(베릴륨, 마그네슘, 칼슘) 역시 16~17개씩의 원자량 차이를 보였으며, 짝을 이루는 알칼리 금속보다 원자량이 1~2개 더 많았다(가령 원자량이 9인 베릴륨과 짝을 이루는 리튬은 7이고, 24인 마그네슘과 짝을 이루는 나트륨은 23이다).[03] 원소를 질량에 따라 나열하면 가벼운 원자의 경우 8번째 원소마다 화학적으로 비슷한 성질의 원소가 나타나고 무거운 원자의 경우 18번째마다 나타나므로, 화학적 성질에 따라 원소를 행과 열로 배열할 수 있었다. 무엇보다도 멘델레예프는 당시 잘 알려지지 않은 원소들이 주기율표에서 어느 위치일지 파악하여 화학적 성질을 예측했다. 이후 스칸듐과 갈륨, 저마늄이 발견되었을 때 각 원소의 성질은 그가 예측한 대로였고, 그 결과 멘델레예프는 주기율표 창안자라는 명성을 얻었다.[04]

하지만 19세기 후반에 일어난 많은 과학적 발견과 마찬가지로, 멘델레예프의 주기율표는 경험적으로 엄청난 성과를 거두었지만 성가신 문제가 남아 있었다. 그가 찾아낸 패턴은 분명 실재했지만 '왜' 그러한 패턴이 나타나는지는 아무도 몰랐다. 그뿐만 아니라 주기율이 완전하지 않다는 증

03 역주-멘델레예프가 1869년에 발표한 논문에 실린 주기율표를 참조하기 바란다.

04 프랑스의 지질학자 알렉상드르 에밀 베귀예 드 샹쿠르투아(Alexandre-Emile Béguyer de Chancourtois)와 독일의 화학자 율리우스 로타르 마이어(Julius Lothar Meyer) 역시 당시 알려진 원소를 분류해 표로 만들었지만, 멘델레예프가 주기율표 창안자로 알려진 까닭은 표에 '빈칸'을 남겨두어 새로운 원소를 예측했기 때문이다.

거도 여럿 제기되었다. 대표적인 예가 텔루륨과 요오드다. 텔루륨은 황과 성질이 비슷하고 요오드는 브로민과 비슷하므로 화학적 성질에 따라 멘델레예프의 주기율표에 두 원소를 배열하면, 텔루륨은 요오드 앞에 있는 기둥에 위치한다. 하지만 텔루륨의 원자량은 요오드보다 크다. 멘델레예프는 텔루륨의 원자량이 베릴륨과 같은 다른 원소들이 그랬던 것처럼 잘못 측정되었다고 주장했지만, 이후 이루어진 여러 실험에서 텔루륨의 원자량은 요오드보다 분명 무거웠다. 텔루륨—요오드 문제는 원자 번호가 질량이 아닌 다른 기준에 따라 정해진다는 사실을 암시했지만, 이 문제는 40년 동안이나 풀리지 않았다.

멘델레예프 주기율표에서 알 수 있는 원소의 중요한 속성 중 하나는 어떤 원자가 다른 원자와 맺을 수 있는 화학 결합 수를 대략 나타내는 '원자가valence'다. 19세기 초에 영국의 화학자 존 돌턴John Dalton이 처음 제시하고 이탈리아의 물리학자 아메데오 아보가드로Amedeo Avogadro가 다듬은 이론을 바탕으로 화학자들은 한 종류의 분자에서는 원소의 결합 비율이 일정하다는 사실을 발견했다. 이를테면 물 분자에서는 수소와 산소가 2대1의 비율로 결합하고, 암모니아 분자에서는 수소와 질소가 3대1의 비율로 결합한다. 이러한 '배수 비례의 법칙law of proportions'은 현대의 원자론을 탄생시킨 가장 강력한 기반이었다. 이후 배수 비례의 법칙은 원소당 최대 결합 수도 규명했고, 멘델레예프 주기율표에서 같은 기둥에 있는 원소는 최대 결합 수가 같았다. 따라서 첫 번째 기둥에 있는 알칼리 금속은 모두 1개의 결합만을 이루지만, 14번째 기둥에 있는 탄소를 포함한 원소들(규소, 저마늄, 주석, 납)은 4개의 다른 원자와 결합할 수 있다. 다른 화학적 속성과 마찬가지로, 원자가는 가벼운 원소의 경우 8번째 원소마다, 무거운 원자의 경우 18번째마다 반복된다.

주기율표가 나온 이후 수십 년 동안 원소의 행동을 주기적인 패턴으로 나타나게 하는 원자의 구조적 특성을 증명하는 실마리가 연달아 발견되었다. 멘델레예프가 주기율표를 만들 당시에는 전자의 존재가 밝혀지지 않았었기 때문에, 물리학자와 화학자들이 전자가 원자 결합에 어떤 역할을 하는지 연구하기 시작한 건 1897년에 원자 안에 전자라는 입자가 존재한다는 사실이 알려지고 나서였다. 원자의 바깥 부분이 공전하는 전자로 구성되는 러더퍼드 원자 모형은 전자와 결합 수가 상관관계에 있음을 암시했다. 원자의 허용 궤도가 제한적인 닐스 보어의 모형은 각각의 껍질에 제한된 수의 전자만 가둘 수 있는 '전자껍질electron shell' 개념으로 발전했다. 미국의 화학자 길버트 루이스Gilbert Lewis가 1916년경에 개발한 전자껍질 모형에 따르면 원자는 가장 바깥쪽에 있는 껍질을 완전히 채우기 위해 다른 원자와 전자를 교환하거나 공유함으로써 결합한다.

원자 안의 전자 배열은 멘델레예프의 주기율표가 지닌 원자 순서 문제를 푸는 데도 중요한 열쇠가 되었다. 보어 모형에서 전자 궤도의 에너지를 결정하는 전자와 원자핵 사이의 전자기 상호작용은 핵의 전하가 클수록 강하다. 러더퍼드의 제자였던 헨리 모즐리Henry Moseley는 특정 원소들이 내보내는 X선을 연구하면서 이와 같은 전하와 전자 궤도 에너지의 관계를 입증했다. 어떠한 원소가 방출한 모든 X선은 상당히 복잡한 패턴을 이루지만, 모슬리는 각 원소가 내보내는 가장 긴 파장의 X선은 주기율표 번호가 커질수록 짧아지는(진동수가 증가하는) 단순한 패턴을 발견했다. 보어의 원자 모형에 따라 단순하게 해석하면, 이처럼 긴 파장의 X선이 그리는 패턴은 여러 개의 전자를 가진 원자에서 에너지가 가장 낮은 2개의 상태 사이에 전이가 일어나며 나타나는 것이다. 그리고 이러한 X선의 에너지는 핵이 지닌 전하량의 제곱값으로 예측할 수 있고, 모즐리의 데이터는 이 예측과 정확히 일치했다.

모즐리는 가능한 모든 물질을 체계적으로 연구했고, 주기율표의 위치가 밝혀진 모든 원소의 경우 측정된 에너지가 보어 모형에 훌륭하게 들어맞는다는 사실을 확인했다. 이를 계기로 X선 분광학은 원자핵의 전하량, 즉 양성자의 수를 직접적으로 측정하는 방식이 되었고, 주기율표의 원자 순서는 원자 질량이 아닌 핵의 전하량에 따른 것임이 밝혀졌다. 원자 번호는 원자량이 아닌 다른 속성으로 매겨짐을 암시한 요오드–텔루륨의 미스터리 역시 해결되었다. 양성자가 52개인 텔루륨이 53개인 요오드보다 앞에 있는 것은 당연하다. 양성자는 원자량 중 많은 부분을 차지하므로 핵전하는 원자 질량에 상응하는 경우가 많지만, 항상 그렇지는 않다. 텔루륨이 요오드보다 질량이 큰 이유는 러더퍼드의 또 다른 제자인 제임스 채드윅James Chadwick이 1932년에야 발견한 중성자 때문이다.

모즐리는 멘델레예프가 그랬던 것처럼 자신의 연구 결과를 바탕으로 주기율표에서 43번, 61번, 72번을 새로운 원소로 채워질 '빈칸'으로 남겨두었고 이후 다른 과학자들이 모든 칸을 채웠다(43번과 61번은 방사성 원소인 테크티늄과 프로탁티늄이고 72번은 하프튬이다). 하지만 안타깝게도 모즐리는 1915년 8월 갈리폴리 전투에서 전사해 자신의 연구가 입증되는 과정을

지켜보지 못했다.[05]

모즐리 덕분에 파악할 수 있게 된 핵의 양성자 수는 중성인 원자에서 전자의 수와 반드시 균형을 이루어야 한다. 원소의 화학적 성질은 서로 에너지가 같은 전자들이 담긴 전자 '껍질'로 결정되며 각 껍질이 수용할 수 있는 전자 수는 제한적이라는 이론은 1920년 초에 이르러 널리 받아들여졌다. 껍질 수는 주기율표의 줄에 따라 달라진다. 가장 안쪽에 있는 첫 번째 껍질은 전자를 최대 2개까지 수용할 수 있는데, 주기율표에서 첫 번째 줄에 있는 수소와 헬륨 모두 껍질이 하나뿐이고 수소 껍질에는 전자가 1개, 헬륨 껍질에는 2개가 들어 있다. 두 번째 껍질과 세 번째 껍질은 각각 8개의 전자를 수용할 수 있는데, 껍질이 2개인 원자는 주기율표에서 두 번째 줄이고(리튬, 베릴륨, 붕소, 탄소, 질소, 산소, 불소, 네온)이고 껍질이 3개인 원자는 주기율표에서 세 번째 줄이다(나트륨, 마그네슘, 알루미늄, 규소, 인, 황, 염소, 아르곤). 네 번째와 다섯 번째 껍질은 각각 18개의 전자를 수용하고, 여섯 번째와 일곱 번째는 각각 32개의 전자를 수용한다.

전자껍질 개념은 보어의 불연속적인 원자 상태와 자연스럽게 연결되지만, 보어 모형의 정상 상태에서 가질 수 있는 전자 수가 제한적인 이유와 수용 가능 전자 수가 2, 8, 8, 18, 18, 32, 32의 순서로 나타나는 이유는 여전히 미스터리였다. 일부 물리학자는 육면체의 꼭짓점 수가 8이라는 사실에 착안해 기하학적인 관점으로 접근해 보았지만 소용없었다. 보어 모

05 1914년에 1차 세계 대전이 발발하자 모즐리는 주위의 만류에도 불구하고 전쟁에 나가는 것이 자신의 의무라 여기고 참전했다. 그가 전사한 뒤 러더퍼드를 비롯한 학자들은 전도유망한 과학자가 전선에 나가기보다는 연구와 기술 개발에 더 힘써야 한다고 주장했다. 그 결과 2차 세계 대전 동안에는 그 어느 때보다 과학적 연구가 활발하게 이루어져 레이더와 핵무기가 개발되었다.

형만으로는 원자의 화학적 구조를 밝히기에 역부족이었다.

'고전 양자론'에서 현대 양자 역학으로

과학계에 떠도는 오래된 농담이 있다. 어느 목장 주인이 엉뚱하게도 이론 물리학자를 찾아가 어떻게 하면 소에서 더 많은 우유를 얻을 수 있는지 물었다. 이론 물리학자는 며칠을 고심한 끝에 방법을 찾았다며 연락했고 목장 주인은 흥분해서 얼른 알려달라고 했다. 그의 첫마디는 "우선 소가 구체라고 가정합니다…"였다.

사람들이 우스갯소리를 재밌어하는 가장 큰 이유 중 하나는 진실을 꿰뚫기 때문이고, 앞에서 말한 우화가 풍자한 진실은 물리학자의 사고방식이다. 어떤 문제에 접근하는 물리학의 첫 단계는 그 문제를 상상할 수 있는 가장 단순한 형태로 만드는 것이다. 소가 복잡한 존재에서 매끈한 구체로 변하더라도 말이다. 이 같은 접근법을 통해 물리학자는 자연의 심오한 작용에 보편적으로 적용되는 단순한 원리를 발견할 수 있다. 물론 지나치게 단순화한 모델은 소가 구체가 아니라는 명백한 사실을 비롯해 여러 세부 내용을 무시하므로, 실제 세계의 복잡성을 반영하려면 정교하게 다듬는 후속 작업이 필요하다. 우선 구체의 소를 가정한 다음 최소한의 요소만 추가하여 단순하지만 실제 우주를 훌륭히 설명하는 모델을 개발하는 것이 물리학자가 하는 일이다.

수소 원자에 관한 보어의 양자 모형은 '구체로 된 소'와 같다. 아주 단순한 기본 원칙을 제안함으로써 해묵은 문제를 해결했지만, 전자 궤도가 완전한 원형이라는 가장 단순한 가능성만을 가정했다. 보어의 원 궤도 모형에 따르면, 수소의 스펙트럼선 패턴은 양자수quantum number[06] '*n*'에 따라 에너지가 달라지는 상태 사이에서 전이가 일어난 결과다. 하지만 보어가 개발한 모형은 수소의 '미세 구조fine structure'(일부 스펙트럼선은 간격이 아주 좁은 쌍을 이룬다)나 원자를 자기장에 놓으면 하나의 스펙트럼선이 여러 선으로 나뉘는 현상을 비롯해 실제 원자가 지닌 복잡성을 설명하지 못한다.

보어의 모형은 전반적인 개념은 옳았지만, 실제 복잡성을 반영하도록 더 많은 상태를 추가하여 확장할 필요가 있었고, 궤도를 원으로 가정한 것은 가장 명백한 공격 대상이었다. 보어가 1913년에 처음 모형을 만든 후 몇 년 뒤에 아르놀트 조머펠트는 보어의 양자 조건을 타원 궤도로 설명하는 새로운 방법을 개발했다. 3개의 정수로 나타내는 타원 궤도에서는 허용 전자 상태가 더 많아진다. 보어 모형에서 궤도를 나타내는 정수의 양자수를 '*n*'으로 표시했으니 나머지 2개는 '*l*'과 '*m*'으로 표시한다.[07] 이 새로운 양자수는 취할 수 있는 값이 매우 제한적이다. l은 항상 n보다 작아야 하고, m은 최댓값인 $+l$과 최솟값인 $-l$ 사이어야 한다.

타원 궤도의 이심률eccentricity을 나타내는 l이 증가할수록 궤도는 원형에 가까워진다. 한편 m은 궤도가 기울어진 정도를 나타낸다. 어떠한 n 값과 l 값에서 m이 양수의 최댓값을 가지면 위에서 내려다볼 때 전자는 반시계방향으로 원 궤도를 돌고, m 값이 음수이면 전자가 시계방향으로 궤도를

---

06 양자 역학에서 물리량의 값을 구별하는 정수 또는 반정수(정수에 1/2을 더한 수)

07 실제 보어-조머펠트 이론에는 서로 밀접한 관련이 있는 다른 두 기호가 사용되었기 때문에, '*l*'과 '*m*'을 사용하는 것은 역사적 사실에 어긋난다. 하지만 현대 양자론에서는 해당 물리량을 '*l*'과 '*m*'으로 표시하므로, 편의상 현대의 기호를 우선 사용하고 정확한 해석은 뒤에서 설명하겠다.

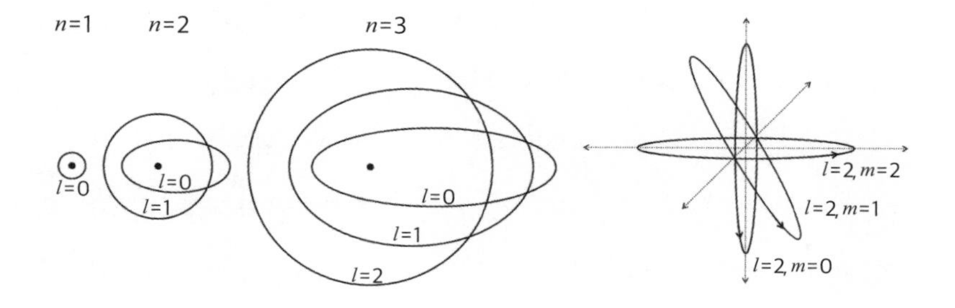

보어-조머펠트 모형의 전자 궤도. 왼쪽은 n과 l이 변할 때의 궤도 모습이다. 오른쪽 3개의 궤도는 n=3이고 l=2인 상태에서 m 값이 변하면서 궤도가 기우는 모습이다.

돈다. m=0인 궤도는 수직으로 서 있는 원형이고 궤도 진행 방향은 위아래다.

'고전 양자론'의 주류 모형이 된 보어-조머펠트 원자는 기존 보어 모형의 개별 허용 에너지 상태를 에너지가 매우 비슷한 준위로 이루어진 그룹으로 바꾸었다. 그러면 기존 보어 모형이 포착하지 못한 현상들을 설명할 수 있다. 보어-조머펠트 모형의 가장 큰 업적은 무엇보다도 수소의 미세 구조 규명일 것이다. 조머펠트가 처음 원자 모형을 만들 때는 보어가 제시한 양자수 n만이 에너지를 결정한다고 생각했지만, 아인슈타인의 상대성 이론을 접목하자 양자수 l에 따른 미세한 에너지 변화가 나타났다. 전자는 광속의 1퍼센트에 달하는 아주 빠른 속도로 움직이기 때문에 전자의 에너지는 상대론적 방식으로 계산할 수밖에 없다. 원 궤도에서 전자는 속력이 일정하지만, 타원 궤도에서는 빨라졌다가 느려지기 때문에 전자의 운동 에너지(상대론적인)가 변한다. n=2인 상태일 때 l 값이 2개가 되면서 그 차이에 따라 미세 구조 분할이 일어나는 것이다.

하지만 상대성 이론을 접목하더라도 양자수 m은 고립된 원자에 있는 전자들의 에너지에 어떠한 영향도 주지 않는다. m의 역할은 전자가 자기장에 놓였을 때의 에너지 '변화'를 나타내는 것이다. 궤도를 도는 전자를 전자석처럼 행동하는 작은 전류 고리라고 가정한다면, N극의 방향은 궤도의 방향으로 정해진다. 전자를 자기장에 놓았을 때, m 값이 최대인 상태에서 반시계방향으로 궤도를 돌 경우 에너지는 미세하게 증가하고, m 값이 최소인 상태에서 시계방향으로 돌면 에너지가 미세하게 감소하며, $m=0$이면 에너지가 변하지 않는다. 단일 스펙트럼선이 자기장과 만나면 간격이 좁은 3개의 선으로 분할되고 자기장이 강할수록 분할 정도가 커지는 '제이만 효과Zeeman effect'는 m 값에 의한 이 같은 에너지 변화로 설명할 수 있었다. 하지만 보어-조머펠트 모형은 일반적인 제이만 효과는 어느 정도 설명할 수 있지만, 선이 2개로 나뉘는 '이상 제이만 효과anomalous Zeeman effect'는 설명하지 못한다. 이상 제이만 효과는 한동안 풀리지 않은 골치 아픈 수수께끼였다. 볼프강 파울리가 길을 걷다가 우연히 만난 동료에게 안색이 안 좋아 보인다는 말을 듣자 "이상 제이만 효과에 대해 고민하는 사람이라면 안색이 좋을 수 있겠어?"라고 답했다는 유명한 일화가 있을 정도다.

l과 m이 추가된 보어-조머펠트 모형과 현대 양자 역학에서 원자들은 '축퇴縮退, degenerate' 전자 상태로 이루어진 그룹을 갖는다.[08] 축퇴 상태란 같은 n 값과 l 값을 지니면 정확히 같은 에너지를 가지고 있는 상태를 말한다.

---

08 축퇴를 뜻하는 'degenerate'는 '타락한'이라는 의미도 있지만 여기에서는 수학적 용어로 사용될 뿐 전자의 동기를 도덕적으로 비판할 의도는 전혀 없다.

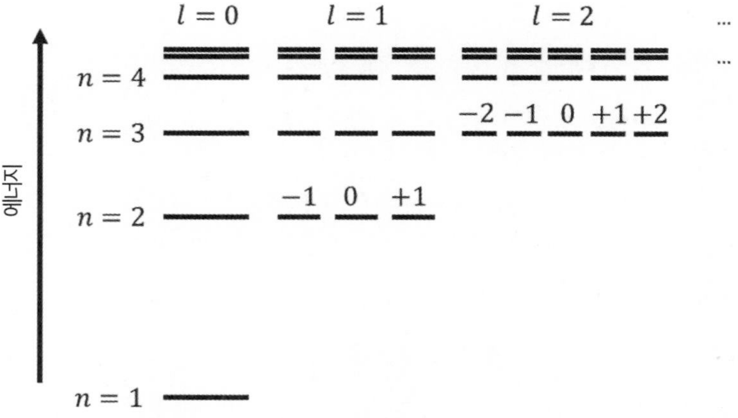

$l = 0$ $l = 1$ $l = 2$ …

에너지

$n = 4$

$n = 3$

$n = 2$

$n = 1$

-2 -1 0 $+1$ $+2$

-1 0 $+1$

보어-조머펠트 모형의 축퇴 에너지 준위. *n, l, m* 값에 따라 에너지가 거의 동일한 상태들이 그룹을 이룬다.

수소 원자의 바닥 상태는 n=1, l=0, m=0인 한 가지 준위[level]다. n=2가 되면 네 가지 상태가 되는데, 이 중 하나는 n=2, l=0, m=0이고 나머지 셋은 n=2, l=1로 동일하고 m은 각각 −1, 0, +1이어서 에너지가 같다. n=3이 되면 상태가 9개가 되고 1개, 3개, 5개씩 에너지가 같다.

축퇴 준위들이 그룹을 이루는 것은 원소의 원자가를 설명하는 전자껍질과 연관된 것처럼 보이지만, 축퇴 상태의 숫자(1, 1, 3, 1, 3, 5…)는 주기율표의 패턴(2, 8, 8, 18…)과 일치하지 않는다. 또한 전자들이 가장 낮은 에너지의 궤도로 몰리지 않고 여러 상태에 분포하는 이유와 과정도 불분명하다.

이 퍼즐을 조머펠트의 학생이었던 볼프강 파울리가 1924년에 단번에 풀었다. 파울리는 보어-조머펠트 원자의 상태를 연구하던 중 최대 수용 가능한 전자 개수인 2, 8, 8, 18…의 수열에 간단한 트릭을 적용하면 하나의 숫자 1로 귀결시킬 수 있다는 사실을 발견했다.

배타 원리에 의한 화학

파울리는 어릴 때부터 물리학 신동으로 불렸다. 고작 스물한 살에 뮌헨 루트비히-막시밀리안 대학교에서 박사 학위를 받았고, 얼마 지나지 않아 상대성 연구의 결정판으로 오랫동안 추앙받은 아인슈타인의 상대성 이론을 종합적으로 검토한 논문을 발표했다. 그는 여러 연구를 통해 놀라운 업적들을 남겼지만, 그가 다른 물리학자들과 주고받았던 편지들 역시 1920년대의 양자 역학 발전에 크게 기여했다. 편지는 양자 역학이 부상하기 시작할 무렵에 파울리, 보어, 베르너 하이젠베르크Werner Heisenberg, 막스 보른Max Born을 비롯한 여러 물리학자가 아이디어를 교환하고 다듬는 창구였다.

파울리는 박사 논문에서 2개의 수소 원자가 결합한 후 전자 1개를 잃은 수소 분자 이온을 보어-조머펠트 모형의 '고전 양자론' 맥락에서 설명하려고 했지만 성공하지 못했다. 이러한 실패는 전자 궤도에 관한 기존의 패러다임이 미흡하기 때문이라고 여기고, 많은 물리학자는 새로운 양자 역학에서 눈을 돌렸다. 하지만 파울리는 원자와 분자 구조 문제에서 자신의 가장 큰 업적으로 이어질 영감을 얻었다.

전자가 취할 수 있는 n, l, m 상태를 여러 방식으로 조합해 보던 파울리는 2개의 값만 갖는 '네 번째' 양자수를 추가하면, 전자껍질마다 전자 수용 능력이 다른 이유를 설명할 수 있다는 사실을 발견했다. 2개의 값을 지닌 이러한 양자수를 s라고 부른다면, s는 고유한 상태의 수를 두 배로 늘린다. 그렇다면 n, l, m 그리고 s의 조합으로 결정되는 각각의 양자 상태는 오직 하나의 전자만 갖는다는 새로운 원리(바로 '파울리의 배타 원리')에 따라, 전자껍질의 최대 전자 수용 능력을 설명할 수 있다.

에너지가 바닥 상태인 수소에서는 전자 1개가 보어-조머펠트 모형에서 가장 낮은 준위인 n=1, l=0, m=0에 위치한다. 헬륨에서는 두 번째 전자가 추가되는데 이 두 번째 전자는 n, l, m이 수소의 전자와 같아 에너지는 동일하지만, 네 번째 양자수 값은 수소의 전자와 다른 상태에 놓인다. 리튬은 2개의 전자를 이 두 가지의 상태에 채우고 나머지 세 번째 전자는 에너지가 높은 n=2, l=0, m=0인 상태에 놓아야 한다. 베릴륨의 마지막 전자는 n, l, m은 리튬과 같고 s 값만 다른 상태에 놓인다. 붕소의 마지막 전자는 n=2, l=1인 3가지 상태(에너지가 n=2, l=0, m=0인 상태보다 아주 조금 높은 상태) 중 하나에 놓여야 한다. 이러한 과정이 주기율표의 순서대로 진행된다.

보어-조머펠트 모형의 축퇴 상태와 파울리의 배타 원리는 화학 결합과 원자의 분자 형성 과정을 전자껍질의 맥락에서 설명한다. 주기율표에서 맨 왼쪽에 있는 알칼리 금속은 가장 바깥 껍질에 1개의 전자만 갖고 있고 이 전자를 다른 원자에 쉽게 내주기 때문에 반응도가 높다. 알칼리의 반응도는 주기율표 아래로 내려올수록 커진다. 물에 리튬 한 방울을 떨어트리면 작은 거품만 일지만 세슘을 떨어트리면 폭발적으로 끓어오른다. 무거운 원자일수록 바깥쪽에 있는 전자는 핵과 거리가 멀어 결합이 약하기 때문이다. 알칼리 금속과 반대편에 있는 할로겐 원소는 총 8개의 전자가 채워질 수 있는 가장 바깥 껍질에 7개의 전자가 들어 있기 때문에 다른 원자에서 전자 하나를 빼앗아 빈 곳을 메우려고 한다. 할로겐 원소는 가벼울수록 반응도가 높다. 따라서 불소는 화학자가 조심스럽게 다루어야 하는 위험 물질 중 하나이고 요오드는 소독제로 써도 될 만큼 순하다. 가벼운 원소일수록 전자를 채우려고 하는 바깥 껍질이 핵과 강하게 결합하고 있기 때문이다.

주기율표에서 거의 가운데에 있는 탄소는 n=2, l=0의 껍질이 채워져 있고 6개의 전자가 들어갈 수 있는 n=2, l=1 껍질에는 2개의 전자가 담겨 있다. 그렇기 때문에 최대 4개의 다른 원소와 결합할 수 있는 다재다능한 탄소는 수많은 유기 분자의 재료가 되어 우리가 먹는 음식에 풍미를 더해준다. 하지만 탄소로 형성된 결합은 그다지 강하지 않다. 가장 바깥 껍질이 다 채워지려면 4개의 전자를 얻거나 잃어야 하므로 1개의 결합은 큰 의미가 없기 때문이다. 따라서 유기 분자들은 분해해서 재배열하기가 쉽기 때문에 탄소의 화학 작용은 모든 생명체의 기본 바탕이 된다. 주기율표에서 탄소 바로 아래에 있는 규소 역시 원자 1개가 4개의 결합을 가질 수 있어 생명체 구성에서 탄소를 대신할 원소로 제안하는 사람이 많지만, 규소가 형성하는 결합은 탄소보다 강하므로 규소 유기체는 아직 공상 과학의 영역에 머물고 있다.

스핀

파울리는 플랑크, 아인슈타인, 보어가 그랬던 것처럼 미스터리한 현상을 설명하려고 임시방편에 기댔다.[09] 그들의 트릭이 그랬듯이 파울리의 배타 원리도 또한 개념적으로 매우 우아했다. 각 상태가 단 1개의 전자로만 채워진다는 규칙은 물리학의 수많은 현상을 군더더기 없이 깔끔하게 규명한다. 하지만 플랑크, 아인슈타인, 보어의 트릭처럼 물리학적으로 분명한 근거가 부족했다. 다시 말해 2개의 값을 취할 수 있는 양자수 s에 해당하는 속성이 전자에는 없었다. 하지만 이러한 속성은 2년 전인 1922년, 한 실험에서 이미 관찰되었다. 그러나 당시 실험자는 자신의 실험 결과가 무엇을 의미하는지 전혀 몰랐다.

젊은 조교였던 오토 슈테른Otto Stern과 발터 게를라흐Walther Gerlach는 프랑크푸르트에서 은 원자의 자성을 이용해 원자의 양자론을 실험하고 있었다. 보어-조머펠트 모형에서라면 에너지가 바닥 상태인 은 원자는 전자 1개가 단일한 각운동량으로 궤도를 돌아야 한다. 앞에서 말했듯이, 이러한 전자는 작은 전류 고리처럼 행동하므로 원자는 작은 전자석이 되고 이때 N극 방향은 m 값으로 정해진다.

보어 모형에 의구심을 품던 슈테른은 이러한 '공간 양자화space quantization'로 보어 모형을 시험해 볼 수 있을 거라고 믿었다. 궤도 운동에서 방향이 2개면 원자가 취할 수 있는 자화 상태magnetic state는 2개여야 하므로, 이 같은 원자로 이루어진 빔을 불균일한 자기장에 통과시키면, 2개의 방향은 분리되어야 한다. 자기장에 놓였을 때 에너지가 감소하는 방향을 지닌 원자는 자기장이 가장 강한 곳으로 끌려가고, 에너지가 증가하는 방향을 지닌 원

09 파울리가 이러한 트릭을 쓴 것은 한 번뿐이 아니었다. 첫 번째 일상에서 이미 이야기했지만, 1930년에 그는 원자핵의 베타 붕괴 문제를 해결하기 위해 중성미자라는 '감지할 수 없는' 입자의 존재를 제안하는 '끔찍한 짓'을 저질렀다.

자는 자기장과 멀어져야 한다. 슈테른은 진공 공간 안에 작은 구멍이 뚫린 뜨거운 오븐을 설치하고 은 원자 빔을 생성하는 실험을 설계했다. 그리고 게를라흐가 실험을 수행했다. 그들은 은 원자 빔을 자석의 두 극 사이를 통과시킨 다음 유리판에 도달하도록 했고 유리판에 흩어지는 원자의 흔적을 관찰했다. 1년여 동안 실패를 거듭한 끝에 두 사람은 드디어 원하던 결과를 얻었다. 자석을 통과한 은 원자 빔이 두 갈래로 갈라진 것이다. 슈테른에 따르면, 두 사람이 처음 유리판을 보았을 때는 아무것도 나타나지 않았으나 그가 입김을 불자 은 원자들이 어둡게 변하면서 모습을 드러냈다고 한다. 슈테른은 은이 까맣게 변한 이유가 자신이 피우던 싸구려 담배에 들어 있던 황이 은과 반응했기 때문이라고 추측했다. 젊은 교수의 월급으로는 고급 담배를 살 수 없었다. 게를라흐는 날아갈 듯이 기뻐하며 실험 데이터를 사진으로 찍어 보어에게 엽서를 보내 그의 이론이 입증되었음을 축하했다.

그러나 슈테른-게를라흐 실험에 대한 물리학계의 반응은 환영보다는 혼란에 가까웠다. 궤도의 방향이 여러 개라는 가정은 설득력이 있었지만, 원자가 여러 방향을 향해 무작위로 퍼지지 않고 '위'와 '아래'로 고르게 분포된 이유는 분명하지 않았다. 원자가 무작위로 퍼졌다면 원자 빔은 두 갈래로 갈라지지 않고 희미하고 넓게 보였을 것이다. 또한 보어-조머펠트 양자 모형을 따른다면 m의 세 가지 값에 따라 빔은 자석 안에서 세 갈래로 나뉘어야 했다. 슈테른과 게를라흐는 실험을 계획할 때 $m=0$인 상태를 미처 고려하지 못했다. 슈테른-게를라흐 실험에서 빔이 오직 2개로만 갈라진 현상이야말로 가장 큰 수수께끼였다.

하지만 가능한 값이 단 2개여야 하는 양자 속성은 파울리의 배타 원리에 필요한 것이었다. 1925년에 네덜란드의 물리학자 조지 울렌벡George Uhlenbeck과 새무얼 구드스미트Samuel Goudsmit는 전자는 회전하는 작은 구슬처럼 고유한 각운동량을 지니고, 이러한 회전, 즉 '스핀'이 갖는 값은 오직 2개뿐이며, 각각의 값을 '스핀-업'과 '스핀-다운'으로 부를 수 있다는 현대적 해석을 제시했다. 이러한 스핀 각운동량은 전자에 자성과 관련한 특성을 부여해(이에 대해서는 아홉 번째 일상에서 자세히 다룬다) 파울리를 괴롭혔던 '이상 제이만 효과'를 일으킨다. l=0, m=0인 상태에 있는 원자가 자기장에 놓이면 스핀 상태 중 하나는 에너지가 상승하고 다른 하나는 에너지가 감소해 스펙트럼선이 2개로 갈라지는 것이다. 슈테른과 게를라흐의 은 원자(가장 바깥에 있는 전자가 l=0, m=0인 상태이었기에)의 빔이 두 갈래로 갈라진 것도 바로 이러한 에너지 차이 때문이다.

스핀 각운동량에는 여러 특이한 성질이 있다. 우선 전자스핀의 크기는 보어 모형에 사용된 각운동량 기본 단위의 절반이다. 따라서 양자수 s는 정수로 된 다른 양자수와 달리 s=1/2이나 s=−1/2과 같은 반정수 값을 갖는다. s 값은 절대 0이 될 수 없으므로 전자가 회전하지 않는 경우나 측정축과 직각인 축으로 회전하는 경우는 불가능하다. 또한 스핀 각운동량의 물리적 성질은 고전적인 설명이 불가능하다. 사실 울렌벡과 구드스미트가 스핀 이론을 발표하기 몇 달 전에 파울리의 실험실에서 방문 박사 과정을 밟고 있던 랄프 크로니히Ralph Kronig가 비슷한 제안을 했지만, 파울리는 단박에 무시했다. 질량과 크기가 작은 전자가 말 그대로 전하를 지닌 채 회전하는 구슬이라고 가정한다면, 구슬 표면에 점 하나를 찍었을 경우 그 점은 필요한 각운동량을 생성하기 위해 광속보다 몇 배나 빠르게 움직여야 하기 때문이었다. 거침없는 언사로 악명 높았던 파울리는 자신이 보기에 틀린 이론은 가차 없이 깎아내렸다. 그는 스핀에 관한 크로니히의 제안이 "아주 기발하지만, 현실성은 전혀 없다."라고 단언했다. 이 정도의 비난은 약과였다. 그가 한 가장 신랄한 조롱은 "틀렸다는 말조차 아깝다."이다.

빛의 입자-파동 이중성처럼, 스핀의 기이한 특징이 결국 현대 양자 물리학의 기본 특성으로 인정받은 것은 그럴 수밖에 없었기 때문이었다. 전자는 **말 그대로** 전하를 지닌 채 회전하는 구슬은 아니지만, 회전하는 구슬처럼 고유한 각운동량을 지니는 것이 전자의 내재적 속성이다. 전자가 결코 회전을 멈추지 않는다는 것 역시 기이했지만, 슈테른-게를라흐 실험을 설명하는 데 필요한 속성이었다.

처음에 스핀에 대해 회의적이었던 파울리도 나중에는 스핀을 행렬로 설명하는 데에 중요한 기여를 했다. 1930년에 마침내 영국의 이론 물리학자 폴 디랙Paul Dirac이 전자스핀은 양자 역학과 아인슈타인의 상대성 이론을 조합하면 반드시 나타날 수밖에 없는 결과임을 입증했다. 하지만 너무나도 이상하고 불가능해 보이는 전자스핀과 파울리의 배타 원리는 디랙의 이론이 채 완성되기도 전에 이미 수많은 현상(이 중 일부는 뒤에서 다룰 것이다)을 설명했기 때문에 받아들여질 수밖에 없었다.

궤도에서 파일럿 파동 그리고 확률에 이르기까지

허용 궤도들을 구체로 된 소처럼 지나치게 단순화한 보어 모형에서 눈에 띄는 또 다른 문제는 양자 조건이 임의로 정해졌다는 것이다. 왜 각운동량은 애초에 정수배만 가능한가? 조머펠트는 보어의 이론을 확장해 더 다양한 궤도를 포함시켰지만, 원자 안에 존재하는 전자의 속성을 설명할 확실한 근거는 여전히 부족했다.

이 문제를 풀 첫 발판은 프랑스 귀족 가문 출신의 대학원생인 루이 빅토르 피에르 레몽 드 브로이Louis-Victor-Pierre-Raymond de Broglie(보통 루이 드 브로이로 줄여서 부른다)가 마련했다. 그는 현대 양자론의 '또 다른' 분야인 빛의 양자성에 주목했다. 드 브로이는 박사 학위 논문에서 빛과 물질의 유사성을 제안했다. 빛의 파동이 입자성을 띤다면, 전자 같은 입자도 파동성을 띠어야 한다는 것이다. 이때 파장과 운동량은 빛과 마찬가지로 반비례 관계여야 한다. 그렇다면 전자의 운동량을 두 배로 늘릴 경우 전자의 파장은 반으로 줄어야 한다. 이 같은 파동 그림에서 보어-조머펠트 양자 모형은 물리적으로 중요한 의미를 띤다. 주양자수principal quantum number 'n'을 갖는 '정상 상태'의 궤도 중 하나에서 전자가 한 바퀴를 돌아 시작점으로 돌아올 때까지의 파동은 n번으로 진동한다. 허용 궤도에서는 궤도 주위를 감싸는 전자 파동은 정상파의 패턴을 형성한다. 두 번째 일상에서 다룬 흑체 문제를 푸는 데 사용한 빛의 정상파 모드처럼 말이다.

전자를 파동으로 여기는 생각은 너무나도 파격적이었다. 드 브로이의 박사 논문을 심사하던 교수들이 결정을 내리지 못하고 아인슈타인에게 의견을 구하자 그는 "물리학의 가장 어려운 수수께끼에 처음으로 희미한 서광이 비쳤다."라며 감탄했다. 다행히 드 브로이의 주장은 실험으로 입증할 수 있었고 몇 년 지나지 않아 직접적인 증거가 연이어 나왔다. 미국에서 클린턴 데이비슨Clinton Davisson과 레스터 저머Lester Germer는 니켈 결정에서 튕겨 나온 전자빔에서 파동 회절을 아주 우연히 발견했다. 그들이 니켈을 실험하는 동안 진공 시스템에 균열이 일어나 산소가 유입되면서 표본이 산화된 것이다. 표면을 닦기 위해 높은 온도로 가열하자 일부분이 녹았고 녹은 부분이 식으면서 결정의 크기가 커졌다. 결정이 클수록 회절이 더 극적으로 일어나므로 결과를 관찰하기가 더 수월해진다. 몇 년 뒤 데이비슨이 영국을 방문했을 때 막스 보른이 자신의 기이한 실험을 전자의 파동성 증거로 삼고 있다는 사실을 알고 매우 놀랐다. 이후 이어진 여러 실험에서 보른의 설명이 입증되었고, 데이비슨은 전자의 파동성을 발견한 공로로 1937년에 조지 톰슨George Thomson과 함께 노벨상을 공동 수상했다. 애버딘 대학교 교수였던 톰슨은 윤활유 막에 통과시킨 전자에서 회절을 발견했다. 전자가 입자임을 밝혀 1906년에 노벨상을 받은 J. J. 톰슨이 바로 조지 톰슨의 아버지다(세 번째 일상 참조). 톰슨 가족이 저녁식사 동안 나눈 대화는 분명 흥미로웠을 것이다.

이 믿기 어려운 실험들은 전자가 '정말로' 파동처럼 행동한다는 사실을 보여 주었고, 이를 받아들이기 위해서는 고전 물리학과 과감하게 결별해야 했다.

처음에 드 브로이는 입자성을 지닌 전자가 '파일럿 파동pilot wave'의 안내를 받는 시나리오를 구상했다. 하지만 1920년대에는 이를 증명할 만큼 수학이 발전하지 않아 드 브로이는 결국 단념했다(1950년대에 미국의 물리학자 데이비드 봄David Bohm에 의해 부활한 파일럿 파동은 여전히 활발한 연구가 이루어지고

있다).[10]

드 브로이의 가설에 영감을 받은 오스트리아의 물리학자 에르빈 슈뢰딩거Erwin Schrödinger는 1926년에 전자의 행동을 정확하게 나타내는 파동 공식을 개발했다. 슈뢰딩거의 공식은 분명 훌륭했고 덕분에 그는 1933년에 노벨상을 수상했지만, 수학적으로 볼 때 몇 가지 특이한 부분이 있었다. 대표적인 예가 −1의 제곱근인 허수imaginary number 'i'다.

중학생 때 배운 제곱근을 떠올려보거나 계산기에 음수를 입력해 제곱근을 구하면 이러한 숫자가 불가능하다는 것을 알 수 있다. 그러나 실제로는 수학의 기본 개념을 확대하면 i를 숫자로 간주할 수 있고, 1, 2, π, $\sqrt{2}$와 같은 '실수real number'를 i의 배수와 조합하면 물리학의 많은 부분을 설명할 무척 유용한 분석법을 얻을 수 있다. 실수와 허수가 결합된 '복소수complex number'가 특히 파동과 광학 연구에 자주 쓰인다는 사실을 고려하면, 전자 파동을 규명하는 슈뢰딩거의 공식에 복소수가 등장한 것은 어찌 보면 당연하다.

빛이나 소리 같은 고전적인 파동을 연구할 때 허수는 주로 계산 과정에만 등장하고 실제로 측정 가능한 모든 파동은 실수로 나타낼 수 있다. 반면 슈뢰딩거 공식에서 파동은 허수를 포함하는 복소수로만 설명할 수 있다. 다시 말해 슈뢰딩거 공식의 파동 함수들은 수면의 물결처럼 어떠한 매질에서 실제로 일어나는 교란에는 맞지 않는다. 그렇다면 슈뢰딩거 파동 함수들은 '도대체' 무엇에 관한 것인가?

슈뢰딩거 파동 함수를 이해하는 현대적 접근법은 막스 보른의 1926년

10 그렇지만 드 브로이-봄 접근법은 여전히 생소한 분야다. 드 브로이가 처음 발표한 후 봄이 부활하기까지 수십 년의 공백 동안 분석 방식이 크게 발전했기 때문에 파일럿 파동 연구자가 새로 분석해야 할 내용이 무척이나 많아졌다.

도 논문 주석에 나와 있다. 보른은 파동 함수들이 어떠한 지점에서 전자가 발견될 확률과 연관된다고 해석했다. 파동 함수는 복소수이고 확률에는 허상imaginary의 확률이 없으므로, 파동 함수 그 자체는 확률이 아니다. 대신 확률은 파동 함수의 '절댓값의 제곱squared norm'으로 정해진다. 이는 파동 함수를 제곱하는 것과 비슷한 과정으로 허수로 인한 음수의 결과가 나올 가능성을 배제한다.

수소와 같은 원자의 전자에 대한 슈뢰딩거의 공식을 풀 때도 3개의 정수 n, l, m으로 정해지는 불연속적인 상태를 가정해야 하지만, 이러한 상태를 확률로 해석한다면 전자가 고전적인 궤도를 따라 도는 보어-조머펠트 원자의 그림은 성립하지 않는다. 대신 파동 함수는 원자 주변을 희미하게 공처럼 둘러싼 확률 분포인 '오비탈orbital'로 설명할 수 있다. 특정 n, l, m 값을 지닌 전자 1개의 위치를 측정하면 핵 주변 어딘가에서 발견될 것이고, 똑같은 형태의 원자들로 측정을 수없이 반복하면 측정된 위치들은 슈뢰딩거 공식을 만족하는 파동 함수에 의한 확률 분포를 나타낼 것이다. 오비탈에 있는 전자는 분명하게 정해진 위치나 운동량을 갖지 않는다. 알 수 있는 것은 특정 위치에서 전자가 발견되거나 특정 속도로 전자가 움직일 확률뿐이다(이러한 사실은 물리학에 대한 우리의 사고방식에 대전환을 일으켰다. 이에 대해서는 다음 장에서 살펴보도록 하자).

하지만 전자의 특성 중에서 분명하게 알 수 있는 것들도 존재하는데 그중 가장 중요한 것은 전자의 총 에너지다. 슈뢰딩거 방정식에서도 전자의 총 에너지는 '주양자수'인 n으로 주로 결정되고, 이는 오비탈의 전체 에너지가 되며 보어-조머펠트 원자에서 예측된 에너지에 상당히 근접하다.

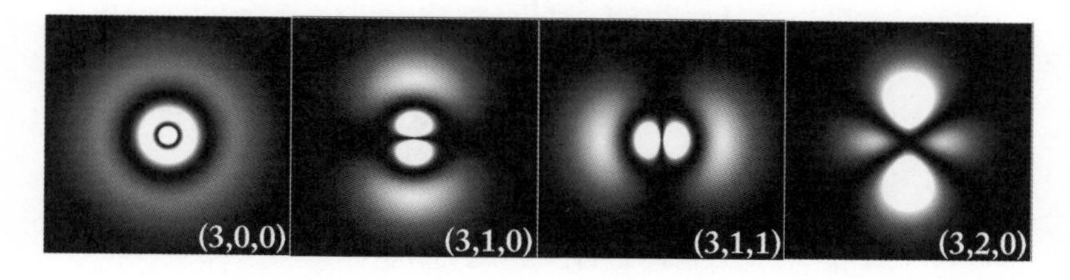

수소 전자 상태(n, l, m)의 확률 분포 각운동량 양자수가 달라지면서 나타나는 변화를 보여준다. l 값이 클수록 패턴에 노드가 많고 m이 증가하면 패턴이 회전한다. 위 사진은 확률 분포의 2차원 단면이고 밝을수록 확률이 높다.

그러나 정수인 n은 궤도 안에 있는 전자의 각운동량을 더 나타내지 않는다. 그 역할은 오비탈의 총 각운동량을 결정하는 양자수 l이 대신 맡는다(이는 그림에서처럼 노드node 수와 관련된다). 양자수 l은 여러 값이 될 수 있지만, n보다는 항상 작아야 한다. 마지막으로 양자수 m은 특정한 축에 따른 각운동량의 값이 된다. 보어-조머펠트 원자 모형에서처럼 l에 의해서는 에너지가 미세하게만 달라지고, 전기장이나 자기장이 존재하지 않는 한 m에는 전혀 영향받지 않는다. 결과적으로 슈뢰딩거 공식에서도 보어-조머펠트 모델의 축퇴 에너지 준위와 동일한 그룹이 생성된다.

하지만 전자가 평면을 공전하는 보어 모형이나 m 값에 따라 기울어진 궤도들을 공전하는 보어-조머펠트 모형과 달리, 슈뢰딩거 공식으로 산출한 오비탈은 근본적으로 3차원이다. l과 m 값이 다르다고 해서 에너지가 크게 달라지진 않지만, 그림에서 보듯이 전자의 공간 분포는 확연하게 변한다. 이는 분자 구조를 이해하는 데 필요한 마지막 퍼즐 조각이다. 전자 분포는 분자의 거의 모든 특성을 결정하는 형태와 진동에 영향을 미친다. 예를 들어 탄소가 형성하는 4개의 결합은 자연스럽게 4면체의 꼭짓점이 될 수 있으므로 많은 유기 분자가 3차원 구조를 이룬다. 물 분자가 독특한 V 형태를 띠는 까닭은 산소가 갖는 2개의 결합이 평면에서 약 104도의 각도로 벌어져 있기 때문이다. 물은 이 같은 V 형태 때문에 얼음으로 변하면서 부피가 늘어나는 등 여러 특이한 속성을 갖는다.

현대 화학

1917년에 활동하던 어느 물리학자가 1920년대 말에 일어난 양자론 혁명을 목격하지 못한 채 100년 뒤로 시간 여행을 했다면 현대 물리학의 많은 부분이 낯설 것이다. 하지만 같은 시대의 화학자라면 현대 화학을 뒷받침하는 대부분의 개념을 잘 이해해 21세기에 훨씬 잘 적응할 것이다. 화학적 결합과 구조는 원자가의 개념과 원자들이 전자껍질을 채우기 위해 전자를 공유하는 과정만 알면 어렵지 않게 이해할 수 있고, 전자껍질이 어떻게 유래했는지는 자세히 몰라도 된다.

그러나 조금만 깊이 살펴보면 모든 과정이 양자 현상이다. 20세기 초에 나온 모호한 '껍질' 개념은 슈뢰딩거 공식과 디랙 방정식(전자들이 너무 빠르게 움직여 상대성 효과가 유의한 수준으로 나타나는 무거운 원자에서는 디랙 방정식이 가장 중요하다)으로 크기와 형태를 정확하게 계산할 수 있는 양자 역학적 오비탈로 대체되었다.

원자끼리 거리가 가까워져 오비탈이 서로 겹치면 분자 결합이 일어나고, 전자 파동 함수는 두 원자를 포함하는 더 넓은 공간으로 퍼진다. 결합에 관여하는 각각의 전자는 말 그대로 두 원자 사이에 공유된다(이에 대해서는 다음 장에서 자세히 알아보자).

전자의 파동 함수는 전자 오비탈의 구체적인 3차원 배열을 결정할 뿐 아니라 원자 집합에 존재할 수 있는 상태의 수도 결정한다. 파울리의 배타 원리는 원자의 총 에너지가 최소한이 되는 방식으로 전자를 각 상태에 배치하여 전자마다 고유한 양자수를 갖도록 한다. 이는 원자 사이에서 결합이 일어나는 속도와 결합의 세기에 영향을 주어 결과적으로는 결합으로 형성된 분자의 형태를 결정한다. 이러한 구조와 결합의 세기에 따라 다른 분자와 얼마나 쉽게 반응하는지가 달라진다. 공기 중에 있는 유기 분자가 후각을 담당하는 콧속 화학 수용기와 반응할 때도 마찬가지다.

화학에도 여러 가지 어려운 문제가 남아 있다. 단순한 분자라도 구조를 계산하기가 쉽지 않을 때가 종종 있고, 수백 개의 원자가 이어진 긴 사슬이 꼬여 있는 복잡한 3차원 구조의 단백질 고분자는 최고 성능의 슈퍼컴퓨터로도 구조를 파악하기가 어렵다. 여섯 번째 일상 처음에서 말했듯이, 냄새 분자가 인지되고 처리되는 과정은 아직도 완전히 규명되지 않았다. 하지만 한 가지 확실한 사실은 우리가 따뜻한 차의 향긋한 향으로 기분 좋게 아침을 맞이할 수 있는 건 파울리의 배타 원리와 전자의 파동성 덕분이라는 것이다.

일곱 번째 일상

고체 물질

불확정성 에너지

Solid Objects:

The Energy of Uncertainty

빵 두 조각을 토스터에 밀어 넣자 빵틀이 약하게 흔들리고,
난 싱크대에 기대어 빵이 다 구워지길 기다린다.

2,500년 전 철학자 엘레아의 제논Zeno of Elea은 현실에 대한 '상식'들이 얼마나 불합리한지 알리기 위해 수많은 역설paradox을 내놓았다. 그중 가장 유명한 역설 중 하나는 모든 운동에는 무한한 시간이 필요하므로 결국 허상이라는 것이다. 가령 방을 가로지르려면 우선 방의 가운데까지 가야 하는데 이때 어느 정도의 시간이 걸린다. 남은 거리의 반을 갈 때도(총 거리의 4분의 3지점) 어느 정도의 시간이 걸린다. 그다음 남은 거리의 또 반까지 갈 때도(4분의 3지점부터 8분의 7지점까지) 어느 정도의 시간이 걸린다. 이러한 과정이 끝없이 반복되므로 어떠한 거리를 이동하는 데에는 무한한 수의 걸음을 걸어야 하고, 바꿔 말하면 무한한 시간이 걸린다는 결론에 이르게 된다. 어딘가로 이동하려면 무한한 시간이 소요되므로 운동이란 불가능하다는 것이 제논의 역설이다.

제논의 역설에 대해 사람들은 일반적으로 시노페의 디오게네스Diogenes the Cynic와 비슷한 반응을 보일 것이다. 디오게네스는 제논의 역설에 반박하기 위해 그의 앞에 서 있다가 한 걸음 옮겨 갔다. 우리가 일상적으로 경험하는 운동을 누군가가 불가능하다고 말한다면 터무니없이 들린다. 수학적으로 사고하는 사상가는 거리가 반으로 좁혀지면 이동하는 데에 걸리는 시간 또한 반이 된다는 사실을 지적함으로써 제논의 역설을 푼다. 미적분학을 통해 우리는 연속적으로 작아지는 수의 합은 유한한 수라는 사실을 안다(제논의 역설의 경우 1/2+1/4+1/8+...=1이 된다). 하지만 철학자들은 여전히 제논의 주장이 지닌 미묘한 부분에 대해 논쟁을 벌인다.

어떠한 물체를 다른 물체에 올려놓을 때 경험할 수 있는 물체의 고체성solidity 역시 우리가 살아가면서 항상 마주치는 현상이다. 고체 물질의 안정성을 의심하는 사람은 철학자나 약물 중독자일 공산이 크다. 하지만 수많은 입자가 상호작용하는 고체 물체가 실제로 안정적이라는 사실을 물리학적으로 '증명'하기란 무척 어렵다.

에너지의 관점에서 생각하면 쉽게 알 수 있다. 일반적인 물질을 이루는 모든 물리적 계는 항상 에너지를 낮추려고 하므로 고체 물질을 이루는 수많은 입자가 안정적인 상태가 되려면 에너지가 더 방출되지 않는 일종의 최소 에너지 배열이 이루어져야 한다. 하지만 보어 모형에서 살펴보았듯이, 양전하와 음전하 사이에는 인력이 작용하므로 두 전하가 가까울수록 위치 에너지는 음의 무한대를 향한다. 이러한 무한한 값 때문에 어떠한 입자 집단이라도 모든 구성 입자가 결집하면 에너지는 계속해서 낮아져야 한다. 그렇다면 입자를 결집시켜 원자, 분자, 고체 물질을 만드는 인력 상호작용은 모든 입자를 무한하게 작은 공간으로 밀어 넣음으로써 내부 붕괴를 일으켜 엄청난 에너지를 분출시킬 것이다. 이런 식이라면 토스터에 들어갈 빵 조각도 원자 폭탄이 될 수 있다.

이러한 내부 붕괴를 막아 고체 물체가 존재하도록 하려면 입자끼리 단단하게 결집하더라도 에너지를 증가시킬 수 있는 또 다른 요소가 필요하다. 보어가 작은 궤도에 전자를 가두는 데에 필요한 힘을 전자기력과 균형을 이루도록 함으로써 자신의 원자 모형에서 바닥 에너지 궤도의 최적 반경을 예측한 것처럼, 물체의 크기마다 최소의 에너지가 있어야 한다. 이 에너지는 우리가 이미 다룬 중요한 양자 개념 두 가지인 물질의 파동성과 파울리의 배타 원리에서 비롯된다. 이를 설명하려면 가장 유명한 양자 물리학 개념이자 양자 물리학을 다룬 책이라면 항상 등장하는 주제를 소개해야 한다. 바로 하이젠베르크의 불확정성 원리uncertainty principle다.

불확정성의 확정성

보어-조머펠트 모형이 볼프강 파울리가 박사 과정 동안 고민한 수소 이온처럼 단순해 보이는 계조차 설명하지 못하자, 1920년대 중반부터 많은 물리학자(대부분 젊은 물리학자)들이 '고전 양자론'의 준고전적 내용을 포기하기 시작했다. 이러한 움직임에 가장 앞장선 베르너 하이젠베르크는 문제를 푸는 열쇠는 전자 궤도 개념을 완전히 버려야 얻을 수 있다고 판단했다.

하이젠베르크는 동년배인 파울리와 마찬가지로(파울리가 한 살 많다) 뛰어

헨에서 아르놀트 조머펠트의 지도 학생이었다. 그의 논문 주제는 난류에 관한 고전 물리학적 관점이었지만, 당대의 많은 물리학자와 마찬가지로 그 역시 새롭게 등장한 양자론에 흥미를 느꼈다. 박사 과정 후에는 괴팅겐에서 막스 보른과 함께 연구했고 1924년에서 1925년으로 넘어가는 겨울 동안에는 닐스 보어가 있던 코펜하겐의 연구소에서 지냈다. 덴마크에서 보어와 함께하는 동안 그는 '고전 양자론'으로 스펙트럼선의 강도를 규명하려고 했다. 다시 말해 원자가 고유의 진동수에서 더 쉽게 빛을 내보내거나 흡수하는 원인을 알아내고자 했다. 세 번째 일상에서 다룬 빛에 관한 아인슈타인의 통계 모델은 아주 일반적인 규칙만 제시할 뿐 자세한 과정을 밝히기는 매우 어려웠다.

하이젠베르크는 1925년 여름에 괴팅겐으로 돌아간 후에도 스펙트럼선 문제와 씨름했다. 하지만 꽃가루 알레르기로 자주 고열에 시달리는 바람에 연구에 집중할 수 없어 꽃가루가 날리지 않는 외딴 섬인 헬골란트 Heligoland 로 피신했다. 그곳에 있으면서 고전적인 전자 궤도 개념을 파고드는 것은 시간 낭비라는 생각이 불현듯 들었다. 상상할 수 있는 어떠한 실험으로도 궤도 안에 있는 전자의 운동을 측정할 수 없으므로 전자 운동의 미세한 궤적에 대해서 고민해 봤자 소용없는 일이었다. 대신 실험으로 관측할 수 있는 물리량으로만 설명할 양자론을 구상하기 시작했다.

하이젠베르크는 오랜 시간 동안 공식을 찾아 헤맨 끝에 마침내 원하던 답을 찾았다. 그는 측정 가능한 속성인 양자 도약 quantum jump 마다 일일이 번호를 매겨 첫 번째 전자 상태와 마지막 전자 상태의 쌍에 따라 행렬로 된 표를 만들었다. 앞에서 다룬 슈뢰딩거의 파동 공식처럼 하이젠베르크의 이론도 확률을 다루지만, 전자의 위치가 아닌 허용 상태에 관한 확률이라는 점에서 다르다. 하이젠베르크가 고민했던 스펙트럼선 강도 문제는 전자가 원래 있던 허용 상태에서 다른 상태로 도약할 확률에 관한 것으로, 확률이 높을수록 선이 밝게 나타난다. 그는 자신이 오랜 시간 동안 연구한 규칙에 따라 표에 있는 숫자들을 조합해 확률을 계산했다.

괴팅겐으로 돌아온 하이젠베르크는 자신의 연구 결과를 보른에게 보여 주었다. 보른이 하이젠베르크의 계산 결과를 수학 전공자였던 자신의 동료들이 연구한 행렬(계산 방법에 관한 특정 규칙에 따라 일련의 수를 표로 나열한 것)과 비교해 보니 비슷했다. 보른과 하이젠베르크 그리고 보른의 또 다른 조교인 파스쿠알 요르단Pascual Jordan은 하이젠베르크가 행렬의 언어로 표현한 연구 결과를 다듬어 양자 물리학의 첫 이론이라고 할 수 있는 '행렬 역학matrix mechanics'을 완성했다.[01]

행렬 역학이 처음 발표되었을 때 물리학계의 반응은 뜨뜻미지근했다. 당시에는 행렬 수학을 배운 물리학자가 거의 없었기 때문이다. 그러므로 에르빈 슈뢰딩거가 겨울에 파동 방정식을 만들었을 때,[02] 많은 물리학자들이 안도했다. 하지만 두 사람의 접근법을 수학적으로 해석하면 동일하고, 오늘날의 물리학자들이 배운 내용은 두 가지를 접목한 것이다. 슈뢰딩거 방정식으로 계산한 파동 함수는 행렬 역학에 의한 수학적 언어로 설명할

01 하이젠베르크는 행렬 역학으로 1932년에 노벨상을 받은 후 보른에게 편지를 보내 행렬 역학은 셋의 공동 작품인데 자신만 상을 받아서 마음이 불편하다고 토로했다. 하지만 보른도 1954년에 결국 노벨상을 받았다. 그의 수상이 뒤늦었던 것은 정치적인 이유에서였다. 노벨 위원회가 나치의 열성적인 지지자였던 요르단을 수상 명단에서 제외하고 보른에게만 상을 줄 방법을 오랫동안 고심했기 때문이다.

02 하이젠베르크가 집을 떠났을 때 고민을 해결했듯이, 슈뢰딩거도 수많은 애인 중 한 명과 떠난 스키 여행에서 문제의 돌파구를 찾았다. 이후 물리학자들은 더 많은 휴가를 얻기 위해 하이젠베르크와 슈뢰딩거의 사례를 인용하곤 한다.

수 있고, 하이젠베르크가 지녔던 통찰을 파동으로 설명한다면 직관적인 이해에 도움이 된다. 어떠한 문제가 주어지느냐에 따라 더 쉬운 방법을 써서 계산하면 된다.

물리학을 전공하지 않은 사람이 하이젠베르크의 이름을 들었을 때 일반적으로 가장 먼저 떠올리는 불확정성 원리는 일반 대중에게 잘 알려진 양자 물리학 개념 중 하나다. 불확정성 원리에서 가장 유명한 내용은 어떤 입자의 위치와 운동량을 동시에 정확히 알 수 없다는 것이다. 위치와 운동량이라는 두 물리량은 불확정적이고 두 불확정성을 곱한 결과는 고유의 최솟값보다 반드시 커야 한다. 다시 말해, 한 가지 물리량의 불확정성이 감소하면 다른 물리량의 불확정은 그만큼 증가해야 한다. 어떠한 입자가 얼마나 빨리 움직이는지 정확히 안다면 그 물체가 어디에 있는지는 전혀 알 수 없고, 반대로 어디에 있는지 정확히 안다면 속도는 전혀 알 수 없다.

많은 사람이 불확정성 원리를 측정에 의한 현상으로 여긴다. 위치를 측정하려는 행위가 입자의 운동량을 알 수 없게 하고 마찬가지로 운동량을 측정하는 행위가 위치를 알 수 없게 한다는 것이다. 이러한 생각은 두 물리량의 기본적인 관계에 대해서는 맞지만, 양자 입자에 '실재하는' 위치와 운동량을 우리가 단지 모를 뿐이라는 오해를 불러일으킨다. 하지만 양자 불확정성은 입자 본질에 관한 문제이다. 하이젠베르크가 자신의 이론을 만들면서 사용한 용어가 '불확정성'이 아닌 '비결정성indeterminacy'으로 번역되었다면 이해가 더 쉬웠을 것이다. 양자 비결정성이라는 표현은 그가 헬골란트 섬에서 처음 떠올린 영감을 있는 그대로 보여준다. 어떠한 이론을 만들 때 측정 가능한 물리량만을 고려하는 이유는 측정 불가능한 다른 물리량이 존재하기 때문이다. 불확정성 원리는 측정에 한계가 있다는 것이 아니라, 양자 입자의 정확한 위치나 운동량을 논하는 것 자체가 무의미하다는 것이다.

하지만 비결정성이 무엇이고 어떻게 비결정성이 우리의 아침거리가 내부 폭발하지 않도록 에너지를 제공하는지 알기 위해서는, 슈뢰딩거의 파동 그림으로 다시 돌아가야 한다. 파동이 입자처럼 행동하고 반대로 입자가 파동처럼 행동하는 것이 무슨 의미인지 더 자세히 알아보자.

영점 에너지

하이젠베르크의 불확정성 원리는 가장 널리 알려진 기묘한 양자 물리학 현상 중 하나이지만, 이를 설명하기 위해서는 우리의 직관과 상반되는 또 다른 현상인 '영점 에너지zero-point energy'를 살펴봐야 한다. 영점 에너지 개념에 따르면 속박된 양자 입자는 '결코' 운동을 멈추지 않고, 이러한 사실은 양자 입자의 파동성에 직접적으로 기인한다. 이는 궁극적으로 물질의 안정성에 중대한 영향을 미친다.

하나의 입자가 상자에 속박된 가장 단순한 양자 물리계를 가정하면 파동성과 영점 에너지를 어느 정도 이해할 수 있다.[03] 기본적인 개념은 흑체 복사 문제에서 다루었던 '무언가가 들어 있는 상자' 모형과 같지만, 흑체

03 자유로운 공간에 놓인 하나의 입자로 이루어진 계가 가장 단순할 것 같지만, 실제로는 훨씬 복잡하다. 이에 대해서는 조금 뒤에 자세히 다루도록 하자.

복사에서 그 무언가는 빛의 파동이었다. 이제 우리는 드 브로이의 물질 파동 이론에 대해 알고 있으니 전자와 같은 물질 입자가 상자에 속박되었다고 생각해 보자. 우리가 상상하는 가상의 '상자'는 침투가 불가능해서 안에서는 전자가 자유롭게 움직일 수 있지만, 밖으로는 절대 빠져나올 수 없다.

빛을 반사하는 상자에 속박된 빛의 파동과 침투 불가능한 상자에 갇힌 파동성을 지닌 전자는 우리의 일상적인 직관으로 생각한다면 매우 다른 시나리오 같지만, 수학적으로는 큰 차이가 없다. 두 경우 모두 최종적으로는 한정된 수의 정상파 모드만 남는다. 상자 양끝에서 0이고 상자 길이만큼의 반파장 개수가 정수인 파동들만 유지된다. 빛의 파동과 마찬가지로, 상자 안 전자의 최대 가능한 파장 길이는 상자 길이의 두 배다.

빛의 파동의 경우 이러한 제약은 별문제가 없어 보였지만, 전자는 상자 안에서 운동을 절대 멈추지 않는 상당히 특이한 결과를 낳는다. 드 브로이가 보여 주었듯이 전자의 파장은 운동량과 연관되므로 운동량이 많을수록 파장은 짧아진다. 운동량은 질량과 속도의 곱이고,[04] 전자의 질량은 고정되어 있으므로 전자의 운동량은 전자의 속도를 반영한다. 전자가 움직이지 않아 운동량이 0이 되면 파장은 무한대로 길어져야 한다. 하지만 속박된 전자는 최대 파장이 상자 길이의 두 배로 정해져 있기 때문에 최소 운동량은 0이 될 수 없다. 그러므로 어떠한 공간에 속박된 전자는 항상 움직여야만 한다.

04 이는 속도가 느린 입자만 해당한다. 속도가 광속에 가까워지면 상대성 이론 때문에 '질량과 속도의 곱' 공식이 들어맞지 않지만, 지금 나온 내용에서는 별문제 없다.

물리학에서 속도는 크기(속력)와 방향을 모두 포함하는 물리량이고, 결과적으로 운동량 역시 방향에 따라 달라진다. 하지만 상자 안에서 전자는 어떠한 방향으로도 움직일 수 있으므로, 속박된 입자들을 운동량으로 설명하기란 쉽지 않다. 하지만 입자가 어디로 향하는지와 상관없이 얼마나 빨리 움직이는지만 알면 되는 운동 에너지라면 방향 문제를 고려하지 않아도 된다. 상자에 갇힌 전자의 정상파 모드는 운동 에너지가 상자 안 반파장 개수의 제곱에 비례하여 증가한다. 따라서 두 번째 에너지는 첫 번째보다 네 배 크고 세 번째 에너지는 첫 번째보다 아홉 배 크다.

주목할 점은 가장 낮은 에너지가 '0이 아니라는' 것이다. 이는 고전 물리학 관점에서 보면 전혀 터무니없다. 이를테면 구슬처럼 아주 작은 물체를 신발 상자에 넣었다고 가정해 보자. 구슬이 상자 안에서 움직이지 않도록 운동 에너지를 0으로 만드는 일은 결코 어렵지 않다. 하지만 양자 입자는 파동성 때문에 움직임을 절대 멈출 수 없다. 입자가 지니는 최소한의 에너지를 뜻하는 영점 에너지는 안타깝게도 여러 사기 행각에 동원된다. 양자 역학을 어설프게 공부한 사기꾼들은 텅 빈 공간에서 영점 에너지를 추출해 '프리 에너지free energy'를 얻을 수 있다고 주장한다.[05] 믿기지 않을 만큼 달콤한 약속이 늘상 그렇듯이 프리 에너지를 추출한다는 주장 역시 불가능하다. 영점 에너지는 물질의 파동성으로 인한 불가피한 결과일 뿐 결코 추출할 수 없다.

05 역주-헤르만 폰 헬름홀츠(Hermann von Helmonholtz)와 조사이어 윌러드 기브스(Josiah Willard Gibbs)가 정의한 자유 에너지(free energy)는 일에 이용할 수 있는 에너지를 뜻하며 여기에서 이야기하는 프리 에너지와는 전혀 다른 개념이다.

상자 크기에 따라 정해지는 전자의 최소 에너지는 상자 길이 제곱과 반비례한다. 따라서 상자 길이를 두 배로 늘리면 최소 에너지는 4분의 1로 줄어든다. 입자를 작은 공간으로 속박할수록 최대 파장은 짧아지고 에너지는 증가한다. 이러한 에너지 증가는 물질의 안정성을 이해하는 데 매우 중요한 요소다.

불확정성 원리

물질의 파동성이 속박된 입자로 하여금 최소 에너지를 갖게 한다는 사실을 알았으니, 이러한 사실이 불확정성 원리와 무슨 관련이 있는지 알아보자. 왜 물질의 파동성 때문에 입자의 위치와 운동량을 동시에 알 수 없는 것일까?

몇 단락 앞에서 에너지 상태로 화제를 돌린 부분에 중요한 실마리가 숨어 있다. 앞에서 설명했듯이 운동량은 입자의 속력뿐 아니라 방향을 포함하므로, 속박된 전자가 정상파 상태이면 에너지는 확정적이지만, 운동량은 불확정적이다. 우리가 가정한 '상자 안 입자'를 가장 단순화하여 1차원 '상자'라고 가정하면 전자는 두 방향으로만 움직일 수 있다. 1차원 상자에 갇힌 전자는 왼쪽과 오른쪽으로 움직일 가능성이 같아 운동량에 불확정성을 부여한다. 1차원 계의 운동 방향을 입자에 플러스(+) 부호와 마이너스(−) 부호를 붙여 나타낸다면, 왼쪽으로 움직이는 입자의 운동량은 마이너스가 되고 오른쪽으로 움직이는 입자의 운동량은 플러스가 된다. 그렇다면 운동량의 범위는 전자의 기본 파장 운동량의 두 배로 퍼진다. 이 같은 상황을 평균 운동량과 불확정성 범위로 표현할 수 있다. 예를 들어 운동량이 5나 −5가 될 수 있으면, 운동량의 범위는 10이 되고 평균 운동량은 5를 더하거나 뺀 0이 된다.

입자를 좁은 공간에 속박할수록 파장은 짧아져 운동량과 에너지가 증가한다. 그러므로 상자 크기를 늘린다면 운동량을 줄여 운동량 불확정성을 낮출 수 있다. 하지만 그렇게 되면 상자 크기의 절반 정도인 입자 위치의 불확정성이 늘어날 수밖에 없다. 입자는 평균적으로 가운데에 있고 상자 길이의 절반만큼 양쪽 방향 어딘가에 있을 수 있다.[06] 하지만 두 불확정성의 '결과'는 일정하다. 상자 길이를 두 배로 늘리면 위치 불확정성은 두 배로 증가하지만, 운동량 불확정성이 반으로 줄기 때문에, 위치 불확정성을 운동성 불확정으로 곱한 값은 변하지 않는다.

그러므로 상자 속 입자의 위치와 운동량 모두 하이젠베르크의 불확정성 원리에 따라 불확정적일 수밖에 없다. 그렇다면 입자가 상자 밖에서 자유롭게 움직여도 불확정성 원리가 적용되는지는 살펴보자. 그러려면 양자 물체가 입자성과 파동성을 모두 지니는 것이 어떠한 의미이고 우리가 양자 물체의 위치와 운동량을 동시에 측정함으로써 무엇을 알고 싶어하는 것인지 생각해 봐야 한다.

운동량이 확정적인 양자 입자, 즉 파동성을 지닌 입자를 논하려면 입자의 파장을 알아야 하고, 그러려면 우리가 진동을 관찰할 수 있을 만큼 넓은 공간에서 진행해야 한다. 하지만 공간이 넓어지면 위치를 정확히 아

06 여기에서 예시로 든 1차원 상자는 기본적인 개념을 이해하는 데에 도움이 되지만, 확률 분포는 가운데가 최고점인 형태이기 때문에 실제 위치의 불확정성 값은 이보다 약간 작다.

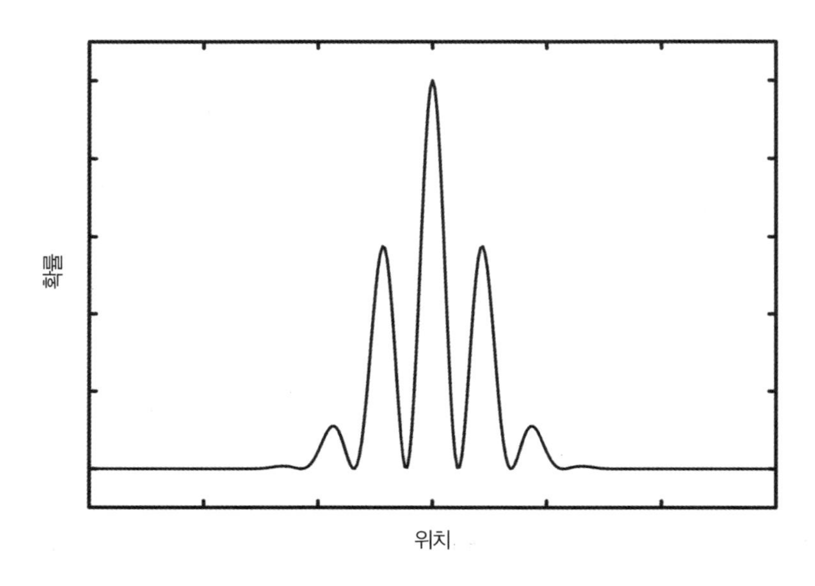

파속은 일부 좁은 영역의 공간에서만 뚜렷하게 진동한다.

는 것이 불가능해진다. 그렇다면 최선의 절충안은 공간 중 일부 좁은 영역에서만 파동처럼 행동하는 함수인 그림에서 보이는 '파속wave packet'이다.

앞의 함수는 분명 입자 속성과 파동 속성을 모두 지니지만, 일반적인 파동이 어떻게 이 같은 함수로 나타날까? 상자 속 입자에서 힌트를 얻을 수 있다. 상자 속 입자의 바닥 에너지 상태는 입자가 왼쪽으로 움직일 때의 파동과 오른쪽으로 움직일 때의 파동을 합한 것이다. 하지만 입자의 속도가 같고 방향이 다를 때가 아닌 속도가 다른 파동을 합쳤을 때 어떤 일이 일어날지 생각해 보자. 속도가 다른 두 파동을 합치면 다음 그림과 같은 파동 함수가 나타난다.

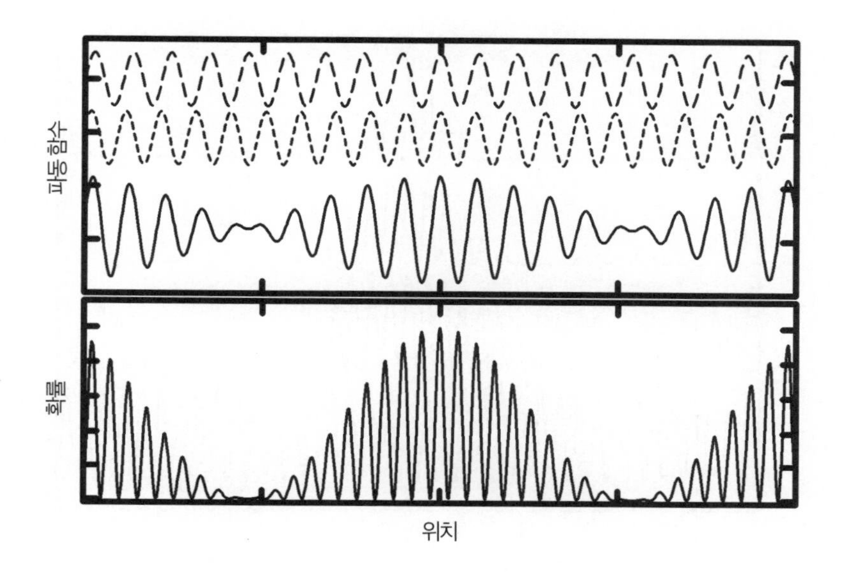

진동수가 미세하게 다른 두 파동이 합쳐진 파동 함수에서는 파동끼리 상쇄되어 맥놀이가 나타난다. 이를 제곱한 확률 분포는 그림과 같다.

파장이 다른 두 파동을 합치면 위상이 같아져 더 큰 파동을 형상하는 구간도 있지만, 위상이 달라지는 구간도 있다. 파동이 계속되면 거의 완전하게 상쇄되어 파동이 전혀 일어나지 않는 지점도 생긴다. 이 현상을 일컫는 '맥놀이[beat]'는 음악에서 자주 쓰이는 용어다. 두 악기가 같은 음을 내려고 하지만 튜닝 상태가 달라 불협화음이 나면 맥놀이 때문에 울리는 소리가 난다.

2개의 파동만 합쳐진다면 파동이 일어나지 않는 구간들이 좁지만, 파동 수를 늘리면 파동들이 상쇄하는 구간이 넓어지기 때문에 파동이 있는 구간들이 좁아져 그 위치를 더 확정적으로 알 수 있다. 파장이 많을수록 파동 함수는 입자의 파속과 비슷해진다. 하지만 파장이 1개씩 늘어날 때

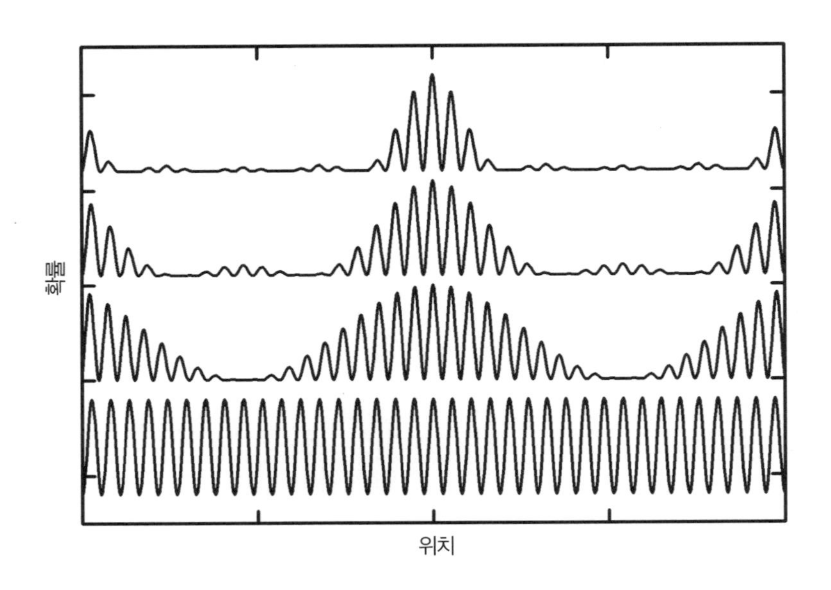

파장을 1개에서 2개, 3개, 5개로 늘리면(아래에서 위로) 파속이 좁아진다.

마다 가능한 운동량도 1개씩 늘어난다. 파장 개수를 늘릴 때마다 입자가 특정 운동량으로 발견될 확률이 늘어난다. 파속의 크기를 줄여 위치의 정확성을 높이면 입자 운동량의 불확정성은 증가할 수밖에 없다.

이러한 이유에서 양자 불확정성은 '비결정성'이라는 용어가 더 적합하다. 입자성과 파동성은 긴장 관계에 있기 때문에 입자의 위치와 운동량을 동시에 알기란 불가능한 일이다. 입자의 위치를 더 정확히 알기 위해 파속을 좁게 만들면 파장의 수가 늘어나 운동량의 불확정성이 커진다. 반면 운동량을 더 정확히 알기 위해 가능한 파장 수를 줄이면 파속이 넓어져 위치의 불확정성이 커진다. 양자 불확정성은 사물을 측정하는 우리의 능력이 실질적으로 한계를 지닌다는 의미가 아니라 양자 입자가 지닐 수 있는 속성 종류가 근본적으로 제한적이라는 의미다.

원자의 안정성

그렇다면 영점 에너지와 불확정성 원리가 어떻게 물질을 안정적으로 만들까? 이제 단순하지만 부자연스러웠던 상자 안 입자 모형 말고 전자가 원자핵에 결합된 좀 더 실질적인 모형을 살펴보자.

원자에 결합한 전자는 상자에 갇힌 전자보다 상황이 복잡하지만, 고려할 조건은 비슷하다. 핵과 결합한 전자는 사실 핵 주위의 작은 공간에 갇혀 있다고 볼 수 있고, 전자가 지녀야 하는 최소 운동 에너지도 상자 속 전자처럼 핵 주위 공간의 크기로 결정된다.

하지만 원자에서는 음전하인 전자와 양전하인 핵 사이에 인력 상호작용이 일어난다. 핵과 결합한 전자가 지닌 음수의 위치 에너지가 바로 핵과 전자 사이의 인력이고, 전자의 위치 에너지를 양수의 운동 에너지와 합하면 입자가 지닌 총 에너지가 된다. 앞에서 언급했듯이 총 에너지를 통해 전자와 핵의 결합 여부를 간단하게 알 수 있다. 핵과 결합한 전자는 총 에너지가 0보다 작다(그렇기 때문에 네 번째 일상에 나온 보어 궤도에서 전자의 에너지는 0보다 작다). 에너지 보존 법칙에 따르면 총 에너지는 일정해야 하므로, 운동 에너지가 증가하면 위치 에너지가 감소해야 하고 위치 에너지가 감소하면 운동 에너지가 증가해 총량에 변화가 없어야 한다.

원자핵에 결합한 전자의 위치 에너지는 항상 음수이지만, 위치에 따라 크기가 달라진다. 전자와 핵의 거리가 멀면 에너지가 0에 가까워지고, 좁으면 더 작은 음수가 된다. 수학적으로는 위치 에너지 크기가 음의 무한대로 향할 수 있다. 그러므로 핵 바로 위에 전자를 놓으면 위치 에너지가 음의 무한대가 되어야 한다. 그렇다면 불안정한 원자가 내부적으로 폭발할 수 있는 불안한 상황이 가능해진다. 전자는 핵과 거리를 좁혀 총 에너지를 원하는 대로 낮출 수 있기 때문이다.

다행히도 전자를 더 작은 공간으로 속박할수록 운동 에너지가 증가해 음의 위치 에너지를 상쇄할 수 있음을 그리 어렵지 않게 수학적으로 증명할 수 있다. 사실 핵물리학의 역사에서 운동 에너지는 중대한 문제였다. 원자 질량은 원자핵의 전하량으로 추론한 양성자 수의 질량보다 항상 크기 때문에, 중성자가 발견되기 전에 물리학자들은 원자핵 안에는 실제로 더 많은 양성자가 있지만 그중 일부가 핵 안에 있는 '핵 전자nuclear electron'와 강하게 결합하고 있어 양전하를 부분적으로 상쇄한다고 추측했다. 하지만 전자가 핵 안에 속박된다면 운동 에너지가 너무 커지기 때문에, 당시까지 알려진 어떠한 물리학적 상호작용으로도 전자를 원자핵 안에 가두는 것은 불가능했다. '핵 전자' 모델은 이처럼 미흡했기 때문에 어니스트 러더퍼드를 비롯한 많은 과학자는 원자핵에 무거운 중성 입자도 존재할 거라고 믿었다. 러더퍼드의 제자인 제임스 채드윅이 프레데리크 졸리오-퀴리Frédéric Joliot-Curie와 이렌 졸리오-퀴리Irène Joliot-Curie의 논문에서 힌트를 얻어 1932년에 중성자의 존재를 입증했을 때 많은 물리학자가 핵 전자 모형을 폐기할 수 있게 되어 무척 기뻐했다.

속박된 공간이 작을수록 운동 에너지가 증가하므로 핵 주위를 도는 전자의 총 에너지는 하한선을 갖는다. 전자의 에너지가 음수이면 전자가 핵과 결합해 있음을 의미하지만, '무한대의' 음수가 될 수는 없으므로 전자의 파동 함수는 언제나 핵보다 어느 정도 넓은 영역에 걸쳐 있어야 한다. 덕분에 전자와 양전하의 핵이 결합한 원자는 내부적으로 붕괴되지 않고 안정적인 상태를 유지할 수 있다.

파울리의 배타 원리와 고체 물질

물질의 파동성으로 원자의 안정성을 입증할 수 있으므로 거시적 물체의 존재에 관한 철학적 문제는 풀린 듯 보인다. 하지만 하나의 전자가 궤도를 도는 하나의 핵이 안정적이라고 해서 여러 핵과 전자로 이루어진 집합 역시 안정적이라는 보장은 없다. 단일 원자를 계산하는 것은 물리학과 학부생의 과제 주제일 만큼 단순하지만, 전하를 지닌 세 번째 입자가 하나만 추가되더라도 연필과 종이로는 에너지를 정확하게 계산할 수 없고, 근사계산approximate calculation과 수치 시뮬레이션numerical simulation만 가능할 뿐이다.

이는 양자 물리학만의 문제가 아니다. 플랑크가 에너지 양자 개념을 도입하기 오래전에 이미 고전적인 '삼체문제three-body problem'가 과학자들을 괴롭혔다. 아이작 뉴턴은 17세기 말에 자신이 발견한 만유인력의 법칙으로 태양계 행성의 궤도를 설명하려고 했지만, 상호작용하는 물체가 여러 개라는 점이 큰 골칫거리였다. 행성 궤도의 기본적인 속성은 행성과 태양 사이의 상호작용으로 알 수 있지만, 행성 사이에도 당연히 중력이 작용한다. 행성 사이에 작용하는 중력은 태양과 행성 사이에 작용하는 중력보다 훨씬 작지만, 결코 무시할 수 없다. 1846년에 프랑스의 천문학자 위르뱅 르

베리에Urbain Le Verrier는 천왕성의 예상 궤도가 관측 궤도와 미세하게 다른 까닭은 태양으로부터 더 먼 곳에서 또 다른 행성이 공전하기 때문이라고 생각했다. 그는 뉴턴의 중력 이론을 토대로 근사계산하여 이 새로운 행성의 위치를 예측했고, 독일의 천문학자 요한 갈레Johann Galle는 르 베리에의 예측치를 전달받은 후 하룻밤 만에 예측 지점과 매우 가까운 곳에서 해왕성을 관측했다.

르 베리에의 근사계산처럼 과학자들은 행성 궤도를 대략 계산하는 데에는 성공했지만, 삼체문제(또는 더 많은 다체문제)의 확실한 답은 여전히 밝혀지지 않아 인간이 어떻게 존재할 수 있는지에 대한 의문은 계속 풀리지 않았다. 행성 간의 힘은 태양이 끌어당기는 중력보다 작지만, 행성들이 자칫 잘못 배치되어 궤도들이 불안정해지면 지구는 태양과 충돌하거나 성간 공간 저편으로 날아가 버릴 수 있다. 관여하는 물체가 많을 경우에 대한 명확한 답을 구하지 못하면, 태양계가 현재의 모습으로 계속 존재할 수 있을 것인지는 아무도 장담할 수 없다.

1887년에 스웨덴 국왕은 다체문제의 답을 찾은 수학자에게 상을 주는 현상 공모를 주최했고 수상의 영예는 앙리 푸앵카레Henri Poincaré에게 돌아갔다. 그는 중력을 통해 상호작용하는 3개 이상의 물체 궤도를 분류하는 새로운 분석법을 개발했지만, 안타깝게도 그가 제시한 답은 암울했다. 그의 분석에 따르면 여러 물체가 상호작용하는 계가 일정한 궤도 운동을 영원히 지속할 거라는 보장은 '없다.'[07] 푸앵카레의 연구는 카오스 이론에 대한

07 흥미롭게도 푸앵카레가 처음 내린 결론은 그 반대였다. 그는 자신이 다체로 이루어진 계의 궁극적인 안정성을 입증했다고 생각했다. 하지만 그가 쓴 논문 초안을 다듬던 학술지 편집자 중 한 사람이었던 스웨덴의 수학자 야쉬 에드바르 프라그멘(Lars Edvard Phragmén)이 사소해 보이는 실수를 지적해 다시 검토하자 정반대의 결론이 나왔다. 푸앵카레는 원고를 급하게 수정했는데도 우승자가 되었다.

수학 연구의 초기 이정표가 되었고, 물리학적 원리가 상대적으로 단순하지만 근본적으로 예측 불가능한 계를 연구할 때 그가 개발한 분석법은 지금까지도 통용되고 있다. 우리는 여전히 태양계의 장기적인 안정성을 장담할 수 없지만, 푸앵카레 덕분에 이러한 의구심은 결코 떨쳐 버릴 수 없다는 사실은 알게 되었다.

여러 '양자' 입자가 상호작용하는 상황은 푸앵카레가 해결한 다체 중력 문제보다 훨씬 복잡하다. 전하 사이에 작용하는 전자기력의 방정식은 궤도 안정성이 불가능하다는 사실이 이미 밝혀진 중력의 방정식과 같을 뿐 아니라, 바로 앞에서 살펴봤듯이 전자기력을 결정하는 상호작용 입자의 위치는 정확히 알 수 없다. 핵 1개와 전자 2개가 상호작용하는 단순한 헬륨 원자의 허용 상태조차도 연필과 종이로는 계산할 수 없다. 수많은 핵과 전자로 이루어진 계에서 입자가 자칫 잘못 배열되면 불안정해질 것이다. 이러한 계에서 일어나는 복잡한 상호작용으로 인해 입자는 아주 먼 거리로 날아가 버리거나 무한하게 작은 점으로 모이면서 내부 분열할 수 있다. 그렇다면 빵 조각이 원자 폭탄처럼 엄청난 에너지로 터져 버릴 불편한 가능성이 다시 제기된다.

물론 궁극적인 답은 제논의 운동 역설처럼 자명하다. 우리는 수많은 형태의 다양한 물질로 둘러싸여 있고 이 모든 물질은 분명 안정적인 상태이다. 하지만 이를 수학적으로 증명하기란 대단히 어렵다. 1967년에 프리먼 다이슨Freeman Dyson이 전자와 핵의 집합은 총 에너지에 하한치가 있으므로 내부 분열 가능성이 없다는 것을 증명하여 마침내 문제를 해결했다. 단, 입자는 파울리의 배타 원리를 따라야 한다.

파울리의 배타 원리가 속박된 전자의 에너지와 어떠한 관련이 있는지는 수학적으로 더 자세히 살펴보면 알 수 있다. 배타 원리를 한층 심오하게 들여다보면 전자들이 서로 완전히 동일하여 구분이 불가능하다는 사실이 드러난다. 다시 말해 전자들을 A나 B로 부르거나 플러스 방향과 마이너스 방향으로 구분하는 것은 수학 계산의 편의를 위한 임의적인 방편일 뿐이다. 전자의 라벨을 바꾸더라도 총 에너지를 포함한 측정 가능한 속성은 그대로다. 하지만 한 가지 측정 '불가능한' 속성인 파동 함수는 변할 수 있고 반드시 변해야 한다. 파동 함수는 '반대칭antisymmetric'이어서 전자의 라벨을 바꾸면 부호가 플러스에서 마이너스로 변해야 한다. 이는 파울리의 배타 원리 방정식이 성립하기 위한 수학적 조건이다. 2개의 전자가 완전히 동일한 상태에 있는 파동 함수는 라벨이 바뀌더라도 부호가 바뀌지 않으므로 그러한 상태는 불가능하다.

파동 함수의 부호는 에너지에 직접적인 영향은 미치지 않는다. 앞에서 설명했듯이 파동 함수는 허수인 i로 결정되므로 측정 가능한 속성들은 파동 함수의 '제곱'에만 영향을 받기 때문이다. 하지만 반대칭 조건은 일반적으로 전자들이 더 높은 에너지의 상태들에 있도록 구속한다. 반대칭 조건이 어떻게 전자 에너지를 높이는지는 원자 2개가 전자 1개를 공유해 분자를 이루는 단순한 계를 떠올리면 이해할 수 있다. 이러한 계에서는 대칭이 서로 다른 2개의 파동 함수가 나타난다. 이러한 계는 엄밀히 말해서 전자가 여럿인 시나리오는 아니지만, 반대칭 상태들의 에너지가 더 높은 경향을 띠는 이유를 시각화하기가 훨씬 쉽다.

두 원자가 공유하는 전자는 두 핵에 모두 끌리므로 원자 사이의 축을 따라 확률 분포를 단면으로 나타내면, 각각의 핵 근처에서 전자가 발견될 가능성이 2개의 봉우리로 나타날 것이다. 하지만 이 같은 종류의 확률 분포를 갖는 파동 함수는 두 가지 방식으로 나타낼 수 있다. 한 가지는 두 봉우리 꼭대기 모두 플러스인 파동 함수고 다른 한 가지는 한 원자에서 다른 원자로 이동하면서 파동 함수가 플러스에서 마이너스로 변하는 파동 함수다.[08]

'왼쪽'과 '오른쪽'이라는 임의적인 라벨을 바꾸었을 때 이러한 파동 함수들의 대칭성에 어떤 일이 일어나는지 생각해 보아야 한다. 파동 함수를 거울에 비춘다고 가정하면, 같은 부호의 상태는 대칭을 띠는 것을 바로 알

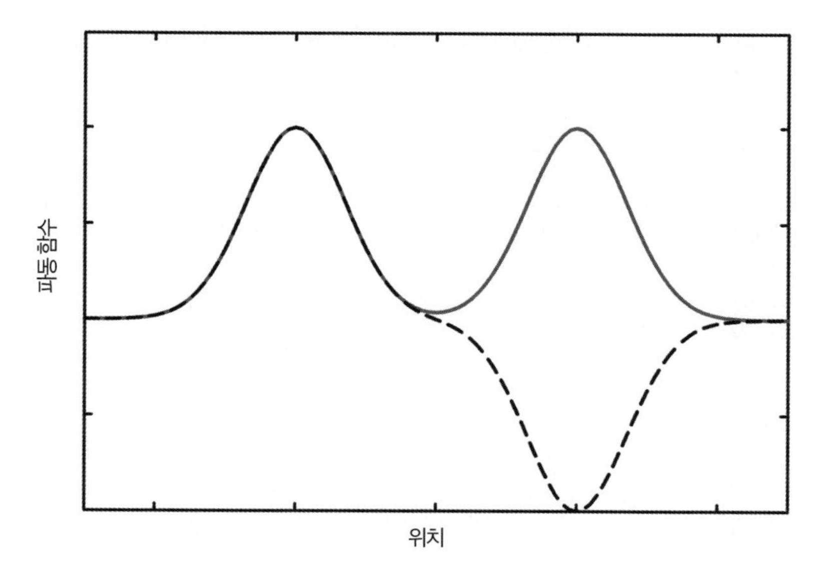

두 원자가 공유하는 전자의 두 가지 상태에 대한 파동 함수

08 두 번째 일상에서 살펴본 현악기 줄의 정상파처럼, 봉우리 중 1개의 파동 함수가 갖는 실제 값은 시간의 흐름에 따라 플러스 값과 마이너스 값 모두를 오가며 진동한다. 중요한 것은 두 봉우리의 상대적인 부호다. 대칭인 경우 부호가 같고 반대칭일 경우 반대다.

수 있다. 파동 함수에서 2개의 봉우리의 부호가 같으므로 왼쪽과 오른쪽을 바꾸더라도 어떠한 변화도 일어나지 않는다. 반면 부호가 다른 상태는 반대칭이다. 왼쪽과 오른쪽을 바꾸면 봉우리의 플러스와 마이너스가 바뀌고, 이는 파동 함수의 부호를 뒤바꾼 것과 같다.

큰 차이는 아니지만 반대칭 상태의 에너지는 약간 더 크다. 그 이유를 알려면 분자 공간 안의 특정 지점에서 전자가 발견될 확률(다음 그림)을 자세히 관찰해야 한다. 마이너스 확률은 존재할 수 없으므로 파동 함수를 제곱해야 한다는 점을 기억하길 바란다.

두 확률 분포는 거의 같지만 두 원자 가운데에 아주 좁은 영역만 다르다. 부호가 같은(대칭) 상태에서는 전자가 정확히 가운데에서 발견될 확률

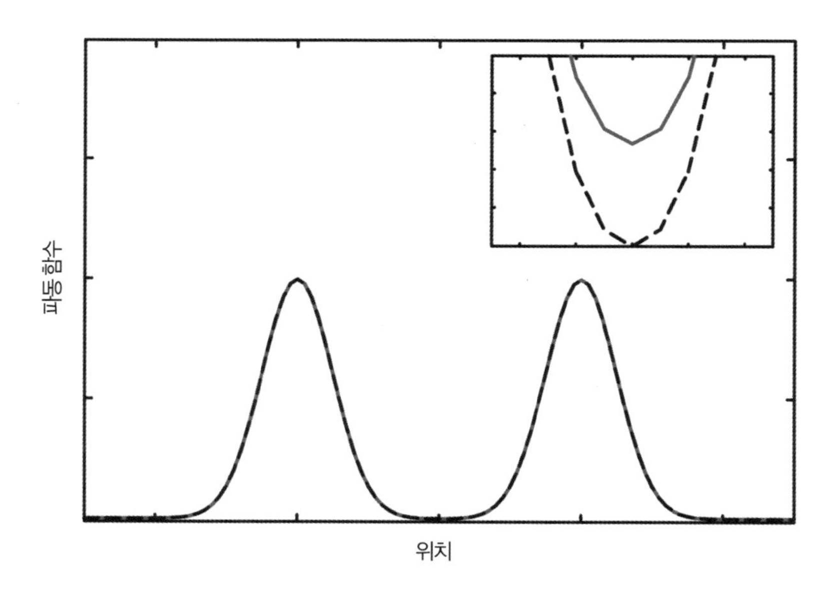

앞선 그림에 나온 두 파동 함수의 확률 분포. 위에 삽입된 작은 그림은 두 원자의 중간 지점을 확대한 것이다.

이 존재하지만, 부호가 다른(반대칭) 상태는 중간 지점에서 발견될 확률이 완전하게 0이다(플러스에서 마이너스가 되려면 0을 통과해야 하기 때문이다). 반대칭 상태의 전자는 대칭 상태의 전자라면 자유롭게 차지할 좁은 영역에서 배제된다. 이러한 배제는 전자가 발견될 위치의 범위를 좁히고, 범위가 좁아지면 앞에 나온 불확정성 원리에서 살펴봤듯이 운동 에너지가 증가할 수밖에 없다.

앞의 그림은 전자가 1개인 파동 함수지만, 파울리의 배타 원리는 여러 상태에서 여러 전자가 공전하는 계에 적용되고 전자의 스핀뿐 아니라 공간 분포(아홉 번째 일상에서 자세히 살펴볼 것이다)도 반영한다. 전자가 여러 개인 상황은 1개인 상황보다 훨씬 복잡하지만 결론은 마찬가지다. 반대칭 파동 함수는 일반적으로 대칭 파동 함수보다 에너지가 약간 높고, 전자가 모인 집합의 파동 함수는 배타 원리에 따라 반대칭이어야 한다. 다시 말해 두 원자가 공유하는 전자의 속박 공간이 좁을수록 총 운동 에너지는 증가하지만, 전자는 배타 원리에 의해 에너지가 더 높은 파동 함수에서 발견될 터이므로, 배타 원리가 적용된다면 총 운동 에너지가 더 빠르게 증가한다.

동일한 원리를 더 많은 핵과 전자가 작용하는 상황까지 확대하더라도 결과는 같다. 배타 원리를 따르는 입자 집단은 대칭 파동 함수를 차지하는 같은 수의 입자 집단보다 총 에너지가 항상 높을 것이다.[09] 그리고 이러한 에너지 증가는 내부 분열을 막는 데에 꼭 필요하다. 행성이 1개 더 생기면 태양계의 안정성이 깨질 수 있는 것처럼, 원자에서 입자가 많아지면 안정

09 이러한 입자 행동에 관한 연구는 현재 빠르게 성장하는 물리학 분야로 초전도 기술에 매우 중요하다. 하지만 흥미로운 초전도 현상 중 대부분은 절대 영도에 근접한 온도에서 일어나므로 평범한 아침 식사에는 별 영향을 주지 않는다.

성이 깨질 수 있다. 반대칭 상태가 되기 위해 운동 에너지가 추가로 생기지 않는다면, 많은 핵과 전자로 이루어진 집합은 더욱 단단하게 결집해 에너지를 언제든지 마이너스 값으로 낮출 수 있기 때문에 고체 물질은 불안정해진다.

이를 입증하는 수학식은 대단히 복잡해서 물질이 최소 에너지를 갖는다는 사실은 파울리의 배타 원리가 발표된 후 약 40년 동안이나 증명되지 않다가 1967년에 이르러서야 프리먼 다이슨과 앤드류 레너드Andrew Lenard에 의해 입증되었다. 사실 다이슨과 레너드의 이론에서도 내부 분열의 불안한 가능성이 여전히 존재했다. 그들이 제시한 에너지 최솟값은 낮긴 했지만, 어떠한 물질도 원자 폭탄처럼 엄청난 에너지를 분출할 만큼 응축할 잠재력을 지녔다. 몇 년 뒤 엘리엇 리브Elliot Lieb와 발터 티링Walter Thirring이 다이슨의 계산을 대대적으로 수정했고, 드디어 우리는 고체 물질이 우리가 경험하는 것처럼 안정적이라는 탄탄한 증거를 갖게 되었다. 일상 세계에 익숙한 모든 사람에게는 당연한 결과였지만, 수리 물리학자들은 마침내 안도할 수 있었다.

천체 물리학과 물질 안정성

물질 안정성에 대한 한 가지 흥미로운 여담을 소개하자면, 항성이 소멸하면서 남기는 잔여물 역시 파울리의 배타 원리로 설명할 수 있다.

항성은 삶을 시작할 때 말 그대로 어마어마한 양의 수소를 갖고 있지만, 연료는 어쨌든 유한하고 언젠가는 고갈되고 만다. 연료가 다 떨어지고 나면(연료는 다양한 방식으로 고갈될 수 있고 상황에 따라 고갈 속도가 훨씬 빠를 수 있다), 항성의 핵은 융합을 통해 에너지를 더 생성하지 못한다. 항성이 활동 중일 때는 융합으로 방출된 열로 중력의 끌어당기는 힘에 대항해 붕괴하지 않으므로, 융합을 멈추면 핵은 안으로 수축한다. 처음 붕괴가 시작되면 내부 붕괴로 발생한 에너지와 입자 사이에 작용하는 전자기 척력으로 인해 온도가 올라가야 한다. 하지만 1930년대에 물리학자들은 융합을 멈춘 항성에서 이 같은 온도 상승은 중력 붕괴를 막을 만큼 속도가 빠르지 않다는 사실을 발견했다. 항성 핵에 무슨 일이 벌어지는 것일까?

태양보다 질량이 작거나 약간 큰 항성 핵이 붕괴하면 파울리의 배타 원리가 구조의 손길을 내민다. 항성 핵 안에 있는 전자와 원자핵 들이 중력에 이끌려 점차 강하게 결합하면 파동 함수의 너비와 비슷한 간격이 되어 양자적 속성이 나타나기 시작한다. 그러면 고체 물질에서처럼, 배타 원리에 따라 운동 에너지가 더 빠르게 상승한다. 그 결과 발생하는 '전자 축퇴 압력electron degeneracy pressure'은 중력의 인력에 저항하는 데에 충분하다. 항성 핵이 지구만 한 백색 왜성white dwarf이 되면 양자 역학으로 결집된 물질들의 밀도가 극도로 높아진다. 예컨대 일반적인 돌은 1세제곱센티미터의 무게가 몇 그램에 불과하지만, 백색 왜성 물질은 수백 톤에 이른다.

하지만 더 무거운 항성에서는 워낙 중력의 작용이 막강하므로 배타 원리만으로는 부족하다. 태양 질량의 약 1.4배이면[10] 중력은 항성 핵을 계속

10 이 수치는 인도 출신의 미국인 물리학자 수브라마니안 찬드라세카르(Subrahmanyan Chandrasekhar)가 1930년에 잉글랜드로 향하던 증기선에서 계산했고 이후 그의 이름을 따 '찬드라세카르 한계(Chandrasekhar limit)'로 불린다. 찬드라세카르가 처음 발표했을 때는 반발이 많았지만, 이후 동료들과 수정한 후 학계의 인정을 받았다.

붕괴시킨다. 항성이 붕괴하면 전자와 핵은 약한 상호작용이 일어날 만큼 거리가 가까워진다. 약한 상호작용은 아주 짧은 거리에서만 작용하지만, 물질의 밀도가 극도로 높아져 결국 약력이 발생하면 전자가 업 쿼크와 결합해 양성자가 중성자로 바뀐다. 백색 왜성의 항성 핵보다 조금 큰 핵이 붕괴하면 전자와 양성자가 결합하여 질량 중 거의 대부분은 중성자가 된다.

중성자는 양성자와 전자처럼 배타 원리를 따르는 입자다. 중성자는 전기적으로 중성이기 때문에 서로 밀어내지는 않지만, 반대칭 파동이어야 하므로 밀도가 충분하면 에너지가 빠르게 상승한다. 이러한 '중성자 축퇴압'은 백색 왜성이 되기에는 너무 큰 항성 핵의 붕괴를 막는다. 중성자 축퇴압이 계속 작용하면 지름은 10킬로미터가량이지만, 밀도는 백색 왜성의 약 100만 배에 이르는 중성자별neutron star이 된다.

양자 축퇴는 놀라울 정도로 강한 힘이지만, 최후의 승자는 결국 중력이다. 태양보다 질량이 두 배 이상 큰 항성의 핵은 배타 원리로도 붕괴를 막을 수 없다. 중성자들이 점차 밀착하다가 밀도가 매우 높아지면 빛조차 표면을 빠져나가지 못한다. 이렇게 블랙홀이 된 항성 핵은 이후 어떤 운명을 맞는지 우주의 그 누구도 모른다.

우주에서 가장 신비한 존재인 중성자별과 백색 왜성은 우리의 평범한 아침과 전혀 무관해 보인다. 하지만 이처럼 진기한 천체 물리학적 존재들이 붕괴하지 않도록 막아주는 양자 속성들은 우리와 우리의 아침 식사가 존재하게 해 준다.

여덟 번째 일상

컴퓨터 칩

인터넷과 슈뢰딩거의 고양이

Computer Chips:

The Internet Is for Schrödinger's Cats

컴퓨터 전원을 눌러
바깥세상에서 어떤 일이 벌어지는지 살펴본다.

1969년에 닐 암스트롱Neil Armstrong과 버즈 올드린Buzz Aldrin을 달 표면에 안착시킨 아폴로 11호에는 당시 성능이 가장 뛰어난 컴퓨터가 가동되고 있었다. 마이클 콜린스Michael Collins가 조종한 사령선command module과 암스트롱과 올드린이 탄 착륙선lander에 장착된 우주선 운항 컴퓨터의 작업 메모리 용량은 약 64킬로바이트로 초당 약 43,000개의 연산을 처리할 수 있었다. 지구에 있는 관제 센터에는 다섯 대의 최신 IBM 시스템/360 모델 75 메인 프레임 컴퓨터가 설치되어 있었고, 각각의 메모리 용량은 1메가바이트로 초당 750,000개의 연산을 처리할 수 있었다.

달 착륙 이후 거의 50년 동안 컴퓨터는 엄청나게 발전했다. 내가 이 책을 쓰면서 주로 사용하는 삼성 크롬북Chromebook 컴퓨터의 메모리 용량은 4기가바이트로 초당 약 20억 개의 연산이 가능하고, 내가 2년째 사용하는 스마트폰은 메모리 용량이 조금 작긴 하지만, 속도는 비슷하다. 내 컴퓨터와 스마트폰은 평범한 모델인데도, 쉽게 휴대할 수 있을 뿐 아니라 아폴로 탐사 프로그램에 사용된 컴퓨터보다 처리 용량이 수천 배 크다. 요즘에는 아이들이 갖고 노는 장난감도 달 착륙선에 설치되었던 컴퓨터보다 훨씬 뛰어난 프로세서가 장착되어 있다. 아폴로 착륙선의 프로세서와 성능이 비슷한 장치는 주방에 있는 토스터 오븐 정도일 것이다.

지난 반세기 동안 컴퓨터 성능이 기하급수적으로 발전할 수 있었던 것은 규소를 재료로 한 컴퓨터 칩 생산 기술이 꾸준히 향상되었기 때문이다. 컴퓨터 칩을 개발하려면 반드시 이해해야 하는 반도체의 물리학적 작용은 전자의 파동성을 토대로 한다. 결국 양자 물리학 덕분에 지금 우리가 당연하게 여기는 고성능 컴퓨터가 탄생할 수 있었다. 과학에서 가장 악명 높은 상상 속 고양이인 슈뢰딩거의 고양이는 인터넷으로 고양이 사진을 주고받게 해 주는 컴퓨터와 실제로 매우 밀접한 관계를 갖는다.

고양이 역설

과거에 사고 실험이나 실제 실험을 통해 유명한 물리학 개념들이 소개된 목적은 크게 두 가지로 나눌 수 있다. 대부분은 새로운 이론이 얼마나 성공적인지 시각적으로 생생하게 나타내려는 목적이었다. 갈릴레오 갈릴레이는 알려진 것과 달리 실제로 기울어진 피사의 탑에서 가벼운 물체와 무거운 물체를 떨어트리지 않았을 가능성이 크지만, 네덜란드의 물리학자 시몬 스테빈은 네덜란드 중서부에 위치한 델프트의 한 교회에서 실제로 질량이 다른 물체들을 떨어트림으로써 모든 물체는 무게와 상관없이 등속도로 떨어진다는 사실을 증명했다. 이후 기초 물리학 교육의 주재료가 된 스테빈의 실험을 가장 극적으로 변형한 예는 아폴로 15호의 우주 비행사 데이브 스콧Dave Scott이 1971년에 달 표면에서 선보인 낙하 실험이다.

새로운 이론들은 사고 실험을 통해 알려지기도 한다. 이를테면 1909년에 길버트 루이스와 리처드 톨먼Richard Tolman은 '빛 시계light clock' 사고 실험을 통해 아인슈타인이 세운 특수 상대성 이론의 핵심 개념들을 설명했다. 루이스와 톨먼은 두 장의 거울 사이를 오가는 빛이 한 번 반사될 때마다 '째깍'하며 시간을 기록하는 특수한 시계를 상상했다.[01] 이러한 시계를 가진 어떤 사람이 똑같은 다른 시계가 옆으로 지나가는 것을 보게 되면, 지나가는 시계의 빛은 자신의 시계의 빛보다 더 긴 경로를 움직이기 때문에 '째깍'이는 간격이 길어진다. 이 사고 실험은 광속의 불변성을 통해 움직이는 시계가 한 곳에 머물러 있는 시계보다 느리게 가는 특수 상대성의 가장 중요한 내용을 명쾌하게 보여줄 뿐 아니라 효과가 어떻게 상대적으로 나타나는지도 멋지게 설명한다. 시계를 갖고 이동하는 사람은 '자신의 시계'를 보면 정상 속도로 째깍거리지만, 이동하는 사람이 이동하지 않는 사람의 시계를 보면 느리게 가는 것처럼 보일 것이다.[02]

새로운 물리학 개념을 소개하는 또 다른 목적은 기존의 어떠한 이론을 적용했을 때 발생하는 미묘한 논리적 문제를 수수께끼 형식으로 지적하는

---

01 보통 크기의 빛 시계는 째깍거리는 속도가 상상할 수 없을 정도로 빠르겠지만, 시계가 굉장히 크다면 빛의 일정한 속도 덕분에 매우 규칙적으로 진동해 훌륭한 시계가 될 것이다.

02 빛 시계와 아인슈타인의 가장 유명한 이론에 대해 더 자세히 알고 싶다면 《강아지도 배우는 물리학의 즐거움》을 참고하기 바란다.

것이다. 상대성 이론과 관련해 잘 알려진 '쌍둥이 역설twin paradox'이 그러한 사고 실험 중 하나다. 쌍둥이 중 한 명은 머나먼 우주여행을 떠나고 나머지 한 명은 지구에 남는다. 이동하는 시계는 느리게 가기 때문에 우주선에 탄 쌍둥이는 지구에 남은 쌍둥이보다 짧은 시간을 보내게 되어 지구로 돌아오면 남아 있던 쌍둥이는 자신보다 훨씬 늙어 있다. 하지만 우주선에 올랐던 쌍둥이는 운동의 상대성 때문에 다른 쌍둥이가 '움직이고' 있는 것처럼 보였을 테고, 그렇다면 지구에 있는 쌍둥이가 더 젊어야 한다. 얼핏 논리적으로 보이는 이러한 추론을 따른다면 두 쌍둥이가 모두 더 어려야 하는 모순이 발생한다.

물론 실제 현실에서는 이 같은 모순이 불가능하므로 두 쌍둥이 중 한 명만 다른 쌍둥이보다 '어릴 수' 있다. 우주선에 탄 쌍둥이는 지구에 있는 쌍둥이와 달리 가속으로 움직이기 때문에 운동의 속력과 방향이 바뀌므로 시간이 경과하는 속도가 지구에 있는 쌍둥이와 다르다는 사실을 고려하면 역설은 해결된다. 과학자들은 쌍둥이 사고 실험보다 스케일은 작지만, 제트기에 원자시계를 실어 상대성 이론을 실제로 실험했고, 결과는 예측과 들어맞았다. 제트기에 있던 시계는 상대성 이론이 추정한 만큼 지상에 있던 시계보다 느렸다.

역설을 통해 기존 이론의 논리적 문제를 밝히는 두 번째 부류에는 '슈뢰딩거의 고양이' 수수께끼도 포함된다. 양자론 탄생의 주역이었는데도 양자론을 탐탁지 않게 여기던 에르빈 슈뢰딩거와 아인슈타인은 양자론이 근본적으로 불완전하므로 더 심오하고 체계적인 접근법으로 대체되어야 하는 이유를 설명하기 위해 1935년에 각자 사고 실험을 제시했다(아인슈타인은 젊은 과학자인 보리스 포돌스키Boris Podolsky와 네이선 로젠Nathan Rosen과 공동 집필한 논문에서 후에 '양자 얽힘'이라고 불리는 문제를 다루었다. 양자 얽힘은 열한 번째 일상의 주제다).

아인슈타인은 물체의 상태가 근접한 주변에만 영향을 받는 '국소성locality' 원리를 내세우며 양자 상태의 비결정성은 국소성 원리와 양립할 수 없다고 주장했다. 양자 세계의 수수께끼에 대해 슈뢰딩거가 기고한 논문 역시 비슷한 맥락이었다. 그도 아인슈타인처럼 양자 역학의 확률성을 미심쩍게 생각했고 우리가 관찰하는 하나의 실재가 수많은 가능성의 바다에서 나왔을 리 없다고 생각했다. 보어와 여러 과학자들은 아인슈타인과 슈뢰딩거에 반박하기 위해 양자 역학의 확률 규칙이 미시 세계에만 적용되고 거시 세계에는 영향을 주지 않는다는 '코펜하겐 해석Copenhagen interpretation'을 내놓았지만, 손바닥으로 하늘 가리기처럼 보였다. 슈뢰딩거는 코펜하겐 해석의 문제점을 드러내기 위해 무시무시한 사고 실험을 생각해 냈다.

슈뢰딩거는 〈양자 역학의 현재 상황The Present Situation in Quantum Mechanics〉이라는 논문에서 미시적인 양자 물리학은 매우 극단적인 방식으로 거시적인 효과로 이어질 수 있다고 지적했다. 그는 불안정한 원자 1개와 연결된 특수한 장치와 고양이 한 마리가 상자 안에 들어 있다고 가정했다. 원자가 어떠한 허용 상태에서 한 시간 안에 다른 상태로 붕괴할 가능성은 50퍼센트다(아인슈타인의 통계적 광자 모형과 하이젠베르크의 행렬 역학에 따라). 이 장치에서 원자가 붕괴하면 고양이는 죽게 된다. 상자는 완전히 밀봉되어 있어 상자 밖에 있는 실험자는 한 시간 후에 열어보기 전까지 무슨 일이 일어나는지 전혀 알 수 없다. 상자를 열기 직전에 고양이는 어떤 상태일까?

상식적으로 생각한다면 고양이는 죽었거나 살아 있겠지만, 코펜하겐 해석에 따르면 '원자'의 상태는 결정적이지 않다. 그러므로 원자가 붕괴하거나 붕괴하지 않을 확률은 상자가 열려 마지막 상태가 결정될 때까지 동일하다. 앞 장에서 다룬 파속이 가능한 운동량을 여럿 갖는 것처럼, 수학적으로 원자의 파동 함수는 각각의 가능한 상태들에 대응하는 두 부분으로 이루어진다. 원자는 두 가지 상태 중 뚜렷하게 한 가지를 갖지 않고 두 가지를 한꺼번에 갖는 비결정적인 상황인 양자 중첩 상태다.

그러한 원자가 고양이를 죽이는 장치와 연결되어 있으면 '고양이'의 상태는 오로지 원자 상태에 달렸으므로 고양이 역시 양자 중첩 상태에 놓여 살아 있는 '동시에' 죽어 있게 된다. 슈뢰딩거의 사고 실험은 원자로 이루어진 미시 세계(양자 규칙을 따르는)와 거시 세계(고전 물리학을 따르는)가 완전히 분리된다는 코펜하겐의 해석이 얼마나 불합리한지 폭로한다. 미시 세계와 거시 세계는 연결될 수 있다는 고양이 수수께끼는 물리학자들에게 다음 문제를 안겼다. 우리가 관찰하는 하나의 실재가 어떠한 과정으로 여러 양자 확률에서 선택받게 된 것일까? 양자 물체 상태를 측정한다는 것은 어떤 의미일까? 양자 물체가 한꺼번에 여러 상태로 존재한다는 것은 어떤 의미일까?

상자 속 고양이 역설은 양자 역학이 지닌 근본적인 문제에 대한 논란을 촉발했고 과학자들은 여전히 활발하게 논의 중이다. 또한 많은 실험 물리학자가 슈뢰딩거의 역설에 영감을 받아 양자 물체를 두 가지 별개의 상태가 중첩된 상태에 놓이게 하는 다양한 '슈뢰딩거 고양이 상태' 실험을 고안했다.[03] 진짜 고양이로 실험한(혹은 실험하고 싶어 하는) 사람은 없지만, 초전도체의 단일 원자, 이온, 많은 수의 전자처럼 다양한 계에서 '고양이 상태'가 재현되었다. 거시적 물체에서 고양이 상태를 재현하는 실험은 빠르게 발전하고 있는 실험 물리학 분야다.

고양이 상태를 재현하는 실험은 무척 까다롭고 첨단 장비를 이용해 실험실 환경을 철저하게 통제해야 한다. 하지만 양자 물체의 상태가 여럿으로 중첩될 수 있는 물리학 법칙은 명확하게 입증되었다. 사실 양자 중첩을 이해해야 분자부터 컴퓨터 칩에 이르기까지 일상의 수많은 사물의 행동을 이해할 수 있다.

고양이 상태의 화학 결합

전자 공유 결합은 양자 역학이 탄생하기 전부터 화학을 이해하기 위한 기본 틀이었다. 원자가 껍질을 채우기 위해 전자를 공유하여 결합하는 과정은 여전히 화학에서 중요한 개념이지만, 양자 역학 이론이 확립되면서 우리는 전자 공유 결합이 갖는 의미가 실제로 무엇인지에 대한 새로운 통찰을 얻게 되었다.

보어-조머펠트 모형의 시대에는 과학자들이 이원자 분자에서 2개의 핵 주위를 도는 전자의 궤도로 분자 결합을 설명하려고 했다. 예컨대 전자

03 물리학자들은 '고양이 상태'에 대해 완전한 합의를 이루지 못했다. '고양이 상태'라는 용어는 2개의 상태가 중첩된 양자 입자를 일컬을 때도 많지만, 거시적인 수의 입자로 이루어진 물체의 중첩만 고양이 상태에 해당한다고 주장하는 물리학자들도 있다. 후자의 주장이 고양이 유추를 이해하는 데에 더 도움이 될 것이다.

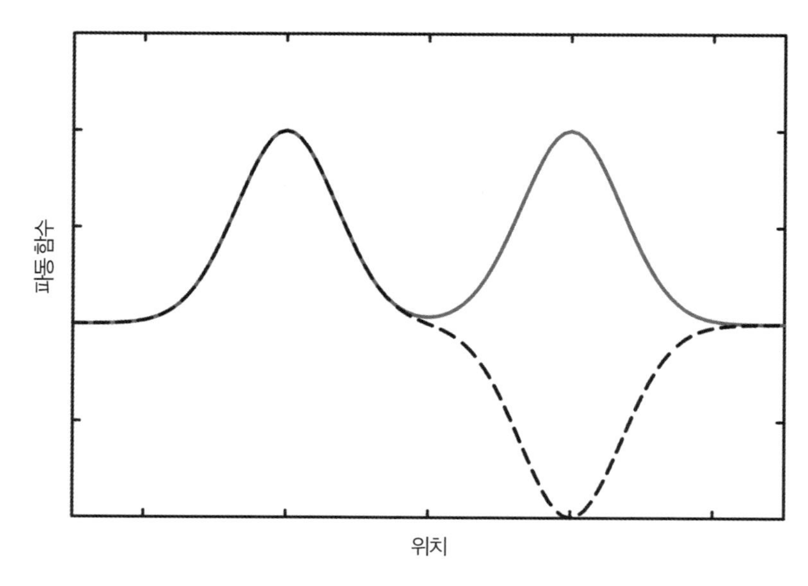

두 원자가 공유하는 전자의 두 가지 상태에 대한 파동 함수들

가 2개의 핵 주위를 커다란 타원을 그리며 돌거나 8자형으로 움직인다고 가정했다. 그들의 가정은 입증되지 못했고, 행렬 역학과 슈뢰딩거 공식으로 인해 전자 궤도가 확정적이라는 이론이 무너지면서 전자 궤도 그림이 완전히 잘못되었다는 사실이 분명해졌다. 현대 원자 물리학과 마찬가지로 현대 양자 화학은 넓게 퍼진 파동 함수로 전자를 설명한다.

물질의 안정성을 다룬 앞선 일상에서 우리는 파동 함수를 간략히 살펴보았다. 다시 한번 짚고 넘어가자면, 이원자 분자에 있는 전자의 파동 함수를 1차원 단면으로 자르면 그림에서 보는 바와 같이 된다.

각 핵의 부근에서 파동 함수(해당 위치에서 전자가 발견될 확률)가 최고점에 이르고, 전자는 두 원자를 포괄하는 공간보다 넓은 영역에 퍼져 있다.

이원자 분자에서 전자가 두 원자의 공간보다 더 넓게 퍼지는 현상은 애초에 분자가 형성되는 이유를 설명해준다. 일곱 번째 일상에서 언급했듯이, 넓은 공간에 있는 전자는 속박된 전자보다 에너지가 낮은 경향을 보인다. 원자의 세부 속성에 따라 정도의 차이는 있지만, 원자 쌍이 화학 결합을 이루는 일반적인 이유는 전자가 두 원자핵 모두에 퍼져 있으면 원자 쌍의 총 에너지를 줄일 수 있기 때문이다.

분자 내 전자의 파동 함수를 분자를 이루는 각 원자의 전자가 지닌 파동 함수와 비교하여 더 자세히 살펴보면, 흥미로운 사실이 발견된다. 분자 속 전자의 파동 함수는 각각의 원자에 결합한 전자의 파동 함수들을 합한 것과 비슷하다. 분자 안의 전자 상태를 계산하는 수많은 분석법의 첫 단계 역시 구성 원자의 파동 함수를 구한 다음 합하는 것이다.[04] 앞에 나온 불확정성 원리에서 파장들을 합쳐 파속을 알아낸 것처럼, 분자를 이루는 원자들의 상태들에서 전자의 파동 함수들을 구한 다음 모두 합치면 분자의 실제 전자 파동 함수를 그릴 수 있다.

이러한 관점에서 보면 분자 안에 있는 전자는 슈뢰딩거의 상상 속 고양이와 같은 중첩 상태다. 전자는 A 원자와 B 원자 중 하나와 결합한 게 아니라 동시에 A와 B '모두와' 결합한다. 이러한 사실은 전자껍질을 채우는 화학 모형에서 전자의 '공유'가 어떠한 의미인지에 대해 새로운 시각을 제공할 뿐 아니라, 헤아릴 수 없이 많은 원자로 이루어진 고체 물질의 양자 속성을 이해할 수 있는 방법을 알려준다.

---

04 파동 함수는 2개의 원자 상태의 합과 완전히 일치하지는 않지만 거의 비슷하다. 현재 통용되는 여러 수학적 분석법은 두 원자의 파동 함수를 결합시킨 다음 실제 분자 상태에 맞게 미세하게 조정하는 방식으로 이루어진다.

많으면 달라진다

단일 분자에서 눈에 보일 정도로 큰 물체로 화제를 돌리면 코펜하겐 해석이 감추기에 급급했던 문제에 직면하게 된다. 그 문제는 바로 거시적인 물체는 양자적 성질을 띠지 않는다는 것이다. 단일 원자는 불연속적인 가느다란 스펙트럼선으로 빛을 흡수하고 내보내지만, 거시적인 고체 물질은 일반적으로 넓은 범위의 파장으로 빛을 흡수하고 내보낸다. 예를 들어 레이저에서 이득 매질로 사용되는 결정은 스펙트럼에서 적외선에 가까운 적색 가시광선 영역에 해당하는 수백 나노미터의 파장으로 빛을 내보낸다. 이러한 결정으로 만든 레이저에 특정 파장을 증폭하는 필터를 장착하면 해당 범위에서 어떠한 파장으로도 조정할 수 있다.

원자가 내보내는 가느다란 스펙트럼선이 보어 원자 모형의 불연속적인 에너지 준위를 의미하는 것처럼, 고체 물질과 거시 분자가 넓은 범위로 빛을 방출하는 현상은 전자의 에너지 범위가 넓다는 사실을 암시한다. 이에 대한 또 다른 증거는 물질의 전기적 행동에서 찾을 수 있다. 작은 전도성 물체에 전압을 약하게 가하면 전자가 잘 흐른다. 전압을 점차 높이더라도 전류는 점진적으로 증가하므로, 양자 상태 사이에 갑작스러운 도약이 나타날 조짐을 보이지 않는다. 그렇다면 불연속적인 원자 상태와 달리, 거시적 물체에서는 전자가 어떠한 속도로도 이동할 수 있는 것처럼 보인다. 실제로도 금속의 전기적 속성은 전자들이 가끔 원자핵과 부딪히는 경우만 제외하고 물질을 자유롭게 통과하는 단순한 모형으로 명쾌하게 설명할 수 있다.

이는 노벨상 수상자 필립 앤더슨Philip Anderson이 1927년에 발표한 논문 '많으면 달라진다More is Different'에서 규명한 유명한 '창발성emergence' 현상의 한 예다. 앤더슨은 원자, 분자, 세포와 같은 단일 물체의 수가 충분히 많이 모여 있고 모두 일련의 규칙에 따라 서로 상호작용한다면, 집단 행동의 상위 단계 규칙은 전혀 다를 때가 많다는 사실을 밝혔다.

앤더슨은 이러한 사실 때문에 과학에서 일정한 위계 구조가 나타난다고 주장했다. 생물학은 충분히 많은 수의 분자에 적용된 화학일 뿐이고, 화학은 충분히 많은 수의 원자에 적용된 물리학일 뿐이라는 것이다. 실재 세계에서 엄청나게 다양한 현상이 나타나고 이러한 현상을 연구하는 방식이 다른 형태를 띠는 까닭은 상위 단계의 규칙이 근본적인 규칙과 뚜렷하게 관련되지 않기 때문이다.

하지만 근본적인 규칙으로부터 상위 단계 규칙을 명백하게 유추할 수 없다고 해서, 서로 단절되었다는 의미는 아니다. 상위 단계 규칙은 분명 근본적인 규칙에서 비롯된다. 단일 원자와 광자에 대해 이제까지 이루어진 수많은 실험은 미시적 차원의 물리학은 전적으로 양자 현상이라는 사실을 보여 주었으므로, 양자 역학을 많은 수의 원자로 이루어진 집단에 적용한다면 우리가 거시적 물체에서 관찰하는 행동을 설명할 수 있어야 한다. 어떤 의미에서 보면, 거시적 물질의 전자가 지닌 문제는 슈뢰딩거가 좀비 고양이로 지적하려고 했던 양자 물리학의 딜레마와 같은 맥락이다. 우리가 관찰하는 세상을 지배하는 고전적인 규칙을 어떻게 양자 물리학 원칙으로부터 이끌어낼 수 있을까?

거시 물체의 양자 행동을 암시하는 힌트는 분명 존재하고 특히 전기적 속성에서 쉽게 찾을 수 있다. 고체 물질은 넓은 범위의 진동수에서 빛을 흡수하고 내보내긴 하지만 스펙트럼 전체를 아우르지는 않는다. 어떠한 물질이 흡수하거나 내보내는 빛의 파장에는 최소한의 한계가 있다는 사실이 바로 실마리다. 또한 전류가 전도체를 흐를 때는 전자가 양자 도약 없이 자유롭게 움직이는 것처럼 보이지만, 다른 많은 부도체 물질에서는 상당한 에너지가 투입되지 않는 한 전자가 한 공간에 갇혀 있는 것처럼 보인다.

그렇다면 여기에서 우리가 할 일은 고전적인 것처럼 보이는 속성(넓은 영역의 빛 방출/흡수 스펙트럼, 전도체를 흐르는 전류에서 양자 도약이 나타나지 않는 현상)이 어떻게 전자와 원자를 지배하는 양자 규칙에서 비롯되는지 밝히는 것이다. 거시적 물질에서 발견되는 양자 행동에 관한 힌트(스펙트럼의 빈 간격과 부도체의 속성) 역시 설명해야 한다. 무엇보다도 전자의 양자적 속성을 이해해야 전자를 통제하고 조작하는 방법을 알 수 있다. 뒤에서 살펴보겠지만, 바로 이러한 지식을 바탕으로 컴퓨터 칩의 재료가 되는 소재를 만들 수 있다.

스펙트럼선에서 에너지띠로

불연속적인 허용 에너지 준위가 어떻게 넓은 에너지띠energy band가 되는지 이해하기 위해, 하나의 전자를 공유하는 원자가 많아질수록 어떤 일이 일어날지 생각해 보자. 앞에서 말했듯이, 분자에서 공유 전자의 파동 함수는 분자를 이루는 개별 원자들이 지닌 파동 함수들의 합에 해당한다. 한 쌍의 원자핵이 공유하는 전자부터 설명해 보면, 일곱 번째 일상에서 이야기한 것처럼 가능한 파동 함수는 2개이고 이 두 가지 파동 함수를 통해 대칭 상태와 반대칭 상태의 차이를 알 수 있다. '고양이 상태'로 설명하자면, '왼쪽을 기준으로 오른쪽이 플러스'(대칭)인 파동 함수와 '왼쪽을 기준으로 오른쪽이 마이너스'(반대칭)인 파동 함수로 생각할 수 있다. 두 가지의 확률 분포는 매우 비슷하지만, '왼쪽을 기준으로 오른쪽이 마이너스인' 상태에는 두 원자의 가운데에서 전자가 미세하게 배제되는 영역이 나타나 때문에 에너지가 약간 높다. 그렇다면 두 원자를 결합할 경우, 각각의 원자가 지닌 단일한 확정적인 에너지 상태는 분자 안에서 두 에너지 상태로 분할된다. 한 가지 상태는 위로 약간 이동하고 다른 하나는 비슷한 정도로 아

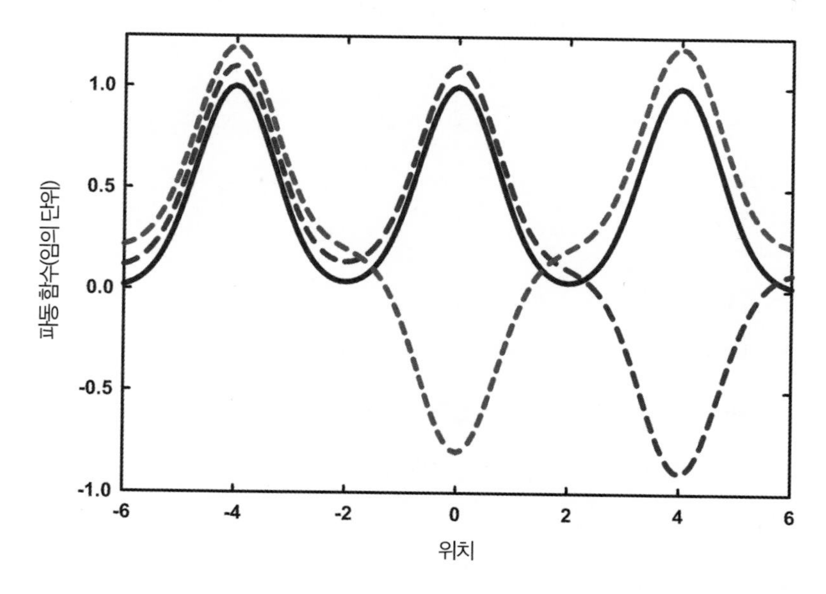

삼원자 분자의 전자 파동 함수. 실제와는 달리 여기서는 쉽게 구분할 수 있게 파동 함수를 수직으로 서로 떨어뜨려 놓았다.

래로 이동하므로(전자가 더 넓은 영역으로 퍼지기 때문에), 전자가 지닐 수 있는 에너지의 범위는 증가한다.

세 번째 원자를 추가하면 확률의 개수는 늘어난다. 이때의 상태를 파동 함수로 나타내면 그림에서 나온 것과 같다.

'고양이 상태'로 설명하자면, '왼쪽을 기준으로 가운데가 플러스이고 오른쪽도 플러스'인 파동 함수와 '왼쪽을 기준으로 가운데는 플러스이고 오른쪽은 마이너스'인 파동 함수 그리고 '왼쪽을 기준으로 가운데는 마이너스이고 오른쪽은 플러스'인 파동 함수로 나타낼 수 있다. 원자 쌍이 대칭 상태를 이룰 때처럼 전부 플러스인 상태는 파동 함수가 0이 되는 배제 영역이 존재하지 않으므로 셋 중에 에너지가 가장 낮다. '왼쪽 기준으로 가운데가 플러스이고 오른쪽은 마이너스'인 상태는 0인 지점이 한 군데여서 에너지가 미세하게 상승하는 반면, '왼쪽을 기준으로 가운데가 마이너스이고 오른쪽이 플러스'인 상태는 배제 영역이 '두 군데'이기 때문에(플러스에서 마이너스가 되었다가 다시 플러스로 되기 때문에) 에너지가 더 많이 상승한다.

그러므로 개별 원자에서는 전자가 하나의 에너지 상태를 갖지만 3개의 원자가 모인 분자에서는 에너지가 다른 세 가지 상태를 갖는다. 원자가 1개에서 2개, 3개로 증가하면 전자가 취할 수 있는 에너지의 범위도 증가하고, 이러한 과정은 원자 수가 늘어날수록 계속된다. 원자가 새로이 늘어날 때마다 0인 지점의 개수가 각기 다른 새로운 상태가 추가되므로 에너지도 다양해진다.

이러한 현상 때문에 원자 수가 비교적 적은 분자에서는 각 원자의 스펙트럼선이 매우 가까이 모여 있다. 전자는 확정적인 에너지 상태 사이를 도약하므로 빛은 여전히 불연속적인 파장에서 흡수되고 방출되지만, 이중 많은 수의 간격이 좁아지면서 비슷한 파장으로 전이할 가능성의 수가 많아진다. 한꺼번에 여러 원자와 결합한 전자는 이러한 각각의 상태가 슈뢰딩거의 고양이처럼 중첩된 것으로 볼 수 있다. 각각의 원자 파동 함수들은 일부 원자에 대해서는 플러스가 되지만, 다른 원자에 대해서는 마이너스가 된다.

원자 수가 증가하면 상태들의 스펙트럼선은 서로 뭉치면서 경계가 흐릿해진다. 눈에 보이는 고체 물질이 되기까지 필요한 원자 수인 10^{23}개는 말할 것도 없고, 수백만 개에만 이르러도 유한한 수의 불연속적인 에너지 상태를 거론하는 것은 이제 무의미해진다. 대신 고체 안에서는 전자가 연속적인 에너지띠를 점유하고, 에너지띠 사이에는 띠 틈band gap이 존재한다. 하나의 전자가 어떠한 띠에 해당하는 특정한 에너지를 갖고 있다가 다른 띠에 해당하는 다른 에너지를 갖게 되면 빛이 흡수되거나 방출된다.[05] 에너지의 변화와 에너지 변화에 따른 광자의 파장과 진동수가 취할 수 있는 값은 폭넓다. 밑부분에 있는 에너지띠의 바닥 근처에 해당하는 에너지를 지닌 전자가 아주 짧은 파장의 광자를 흡수하면 한 단계 높은 에너지띠의 꼭대기 상태로 이동할 수 있다. 한편 위쪽 띠에서 바닥 근처의 에너지를 지닌 전자가 바로 아래에 있는 띠 꼭대기 근처 에너지로 떨어지면 꽤 긴 파장의 광자를 내보낸다. 고체 물질과 빛의 상호작용은 흡수, 유도 방출,

05 전도체와 부도체를 다룰 때 이야기하겠지만 전자가 전자기장에 반응할 때는 하나의 띠 안에서 에너지가 변한다. 하지만 이 경우에는 가시광선이 흡수되거나 방출되지 않는다.

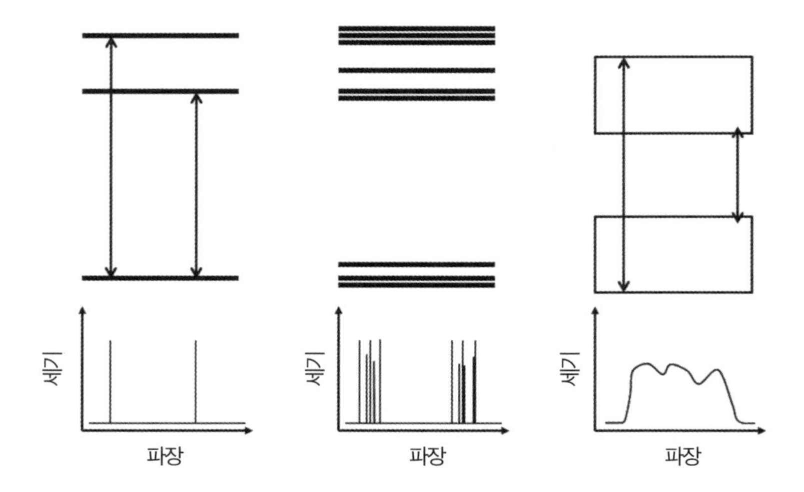

에너지띠 생성 과정. 왼쪽: 원자는 에너지 준위들이 불연속적이고, 스펙트럼선 간격이 넓다. 가운데: 분자는 에너지 준위들이 갈라지면서 좁은 간격의 스펙트럼선을 만든다. 오른쪽: 거시적인 고체 물질은 에너지띠가 거의 연속적이어서 흡수 및 방출 범위가 넓다.

자발적 방출과 같은 원자와 빛의 상호작용과 전반적으로 비슷하지만,[06] 빛의 파장 범위가 더 넓다.

고체 물질에서 어떠한 파장이 흡수되거나 방출될 수 있는지 정확히 계산하는 것은 상당히 어려울 뿐 아니라, 원자의 3차원 배열에 따라 결과가 달라진다. 실제로 고체 물질의 띠 구조를 밝히려면 어마어마하게 복잡한 계산 과정을 거쳐야 한다. 하지만 여러 다른 원자 사이에서 공유되는 전자를 슈뢰딩거의 고양이로 생각한다면 핵심적인 현상을 이해할 수 있다. 원자의 수가 늘어나면 에너지 상태가 증가하여 에너지띠를 이루고, 에너지

06 결정 격자(crystal lattice)와의 상호작용을 비롯해 물리학자들의 관심을 끄는 다른 더 많은 흥미로운 과정도 존재하지만 이 책에서 다루는 현상과는 무관하다.

띠 사이에는 빛이 흡수되거나 방출될 수 있는 파장 범위의 최댓값과 최솟값을 결정하는 띠 틈이 나타난다.

왜 띠 사이에는 틈이 있을까?

에너지띠 생성에 대한 앞의 설명은 에너지띠 사이에 왜 틈이 있어야 하는지에 관한 궁금증을 자아낸다. 고체 물질 구조에 새로운 원자가 추가될 때마다 전자가 취할 수 있는 에너지의 분포가 늘어난다면, 에너지띠는 점차 넓어지다가 서로 겹쳐질 것이고 그렇다면 전자는 자유롭게 원하는 에너지를 취할 수 있어야 한다. 하지만 실제로는 그렇지 않다. 아무리 큰 고체 물질이더라도 어떠한 에너지 범위는 철저하게 금지된다. 이 같은 '띠 틈'의 원인은 전자의 파동이고, 열대 지방에 서식하는 새가 화려한 색을 뽐낼 수 있는 것도 같은 원리다.

깃털에 파란색 염료가 없는데도 깃털 색이 새파란 일부 앵무새 종을 관찰하면 물리학과 생물학의 놀라운 관계를 발견할 수 있다. 앵무새의 파란 깃털이 갖는 화학적 조성 그대로 고체 물질을 만들면 파란색이 되지 않는다. 깃털은 인간의 손톱과 같이 반투명 회색인 단백질로 이루어져 있다. 깃털의 파란색은 조성 물질의 색이 아니라 깃털의 내부적 구조로 만들어진다.

열대 지역에 사는 새의 파란 깃털을 전자 현미경으로 관찰하면, 스펀지처럼 생긴 케라틴 성분의 실들이 수백 나노미터 간격으로 떨어져 있다. 이러한 구조와 빛의 파동성 때문에 파란 광선이 통과하지 못하여 우리 눈

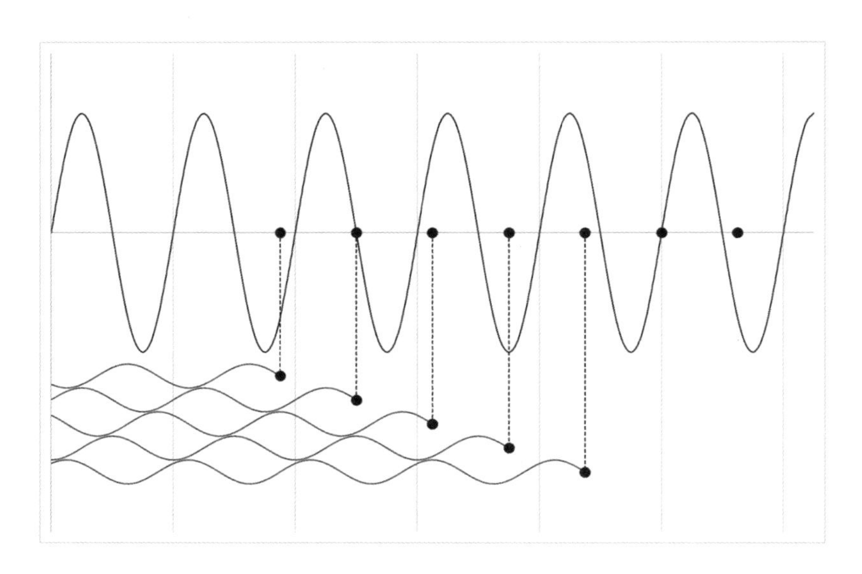

가는 실들의 간격이 파장보다 짧을 때 파동이 실과 만나는 모습. 반사된 파동들은 서로 위상이 달라져 상쇄 간섭을 일으키기 때문에 빛이 반사되지 않는다.

에 파란색이 보이는 것이다.

깃털을 이루는 물질의 1차원 단면을 상상하면 이해하기 쉽다. 수백 나노미터 간격으로 떨어져 있는 실의 규칙적인 배열에 빛이 들어가면 선택할 수 있는 경로는 앞으로 곧게 이동하는 것과 뒤로 곧게 이동하는 것뿐이다. 빛의 파동은 이동하면서 실과 만날 때마다 미세한 양의 빛을 곧바로 반사한다.

반사된 각각의 파동은 새로 들어온 파동과 다른 실에서 나온 반사 파동과 만나 합쳐진다. 그런데 실의 간격이 빛의 파장보다 작다면, 반사 파동들의 위상은 제각각이 되어 상쇄된다. 그러면 반사되는 빛이 거의 없기 때문에 파동은 거의 줄어들지 않고 물질을 통과한다.

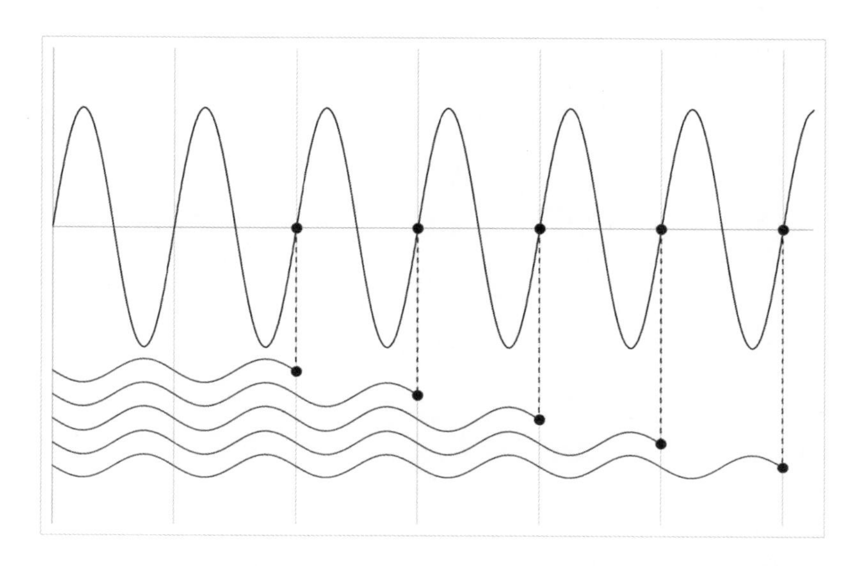

실의 간격이 파장과 일치할 때의 파동. 모두 같은 위상으로 출발한 반사 파동들은 서로 보강하고 새로 들어오는 파동과는 상쇄하므로, 빛이 물질 안에서 이동하지 못한다. 따라서 빛 중 대부분이 반사된다.

한편 실 사이의 간격이 들어오는 빛의 파장과 비슷하다면, 각 반사 파동은 다른 모든 반사 파동과 위상이 같아지고 들어오는 빛과는 달라진다. 따라서 반사 파동들이 보강되어 합쳐진 더 큰 반사 파동은 들어오는 파동을 상쇄한다. 그러므로 실 사이 간격과 비슷한 파장의 빛은 실로 된 망을 통과하지 못하고 반사된다.

열대 지역에 사는 새의 깃털을 이루는 실의 간격은 400~500나노미터로 가시 스펙트럼에서 파란색/보라색의 파장과 비슷하다. 스펙트럼에서 빨간색 부분에 해당하는 빛은 파장이 600~700나노미터이기 때문에 스펀지 망을 통과하지만, 파란색 빛은 강하게 반사되므로 파란 염료가 없이도

깃털은 새파랗게 보이는 것이다.[07]

실 사이의 간격보다 훨씬 짧은 파장의 빛 역시 스펀지 망을 통과할 수 있다. 단 실 사이의 간격이 파장의 정수배일 때는 예외다. 정수배가 되면 여러 반사 파동이 서로 위상이 같아져 반사된다. 하지만 이러한 파장은 인간의 눈이 인식할 수 없을 정도로 짧기 때문에 깃털의 색에는 영향을 주지 않는다.

고체 물질의 띠 틈도 비슷한 맥락으로 이해할 수 있다. 고체 물질의 원자는 규칙적인 결정 격자를 이루는데, 원자 사이의 간격은 원자 간 분자 결합만큼의 길이가 된다(일반적으로 약 0.2나노미터의 간격이지만, 원소의 종류와 결합 방식에 따라 약간의 차이는 있다). 전자 파동이 이러한 격자를 통과해 이동하다가 격자를 구성하는 원자와 만나면 파동이 되돌아 나온다. 전자의 파장이 격자 안 원자들의 간격과 같은 에너지에서는 이러한 반사 파동이 합쳐져 원래의 파동을 상쇄하므로, 그러한 에너지를 지닌 전자는 물질 안에서 전혀 존재할 수 없다. 그러므로 격자 안에 있는 원자의 수와 상관없이, 전자의 파장이 원자 사이의 간격과 거의 일치하는 에너지는 불가능하므로 에너지띠에 틈이 나타날 수밖에 없다.

고체 물질에서 전자를 여러 원자가 공유하여 슈뢰딩거의 고양이처럼 상태가 중첩되는 현상과 띠 틈을 생성하는 파동 간섭 현상을 토대로 현대의 과학자들은 물질 안 전자의 행동을 이해할 수 있었다. 원자 수가 충분

07 이른바 구조색(structural color) 현상은 여러 조류에서 발견되지만 일반적으로 파란색 음영으로만 나타난다. 열대 조류의 붉은 깃털에는 빨간색 염료 분자에서 나온 것으로, 깃털의 재료 자체가 붉은색을 지녔다. 새와 나비는 빛의 파동성을 이용해 각도에 따라 다르게 보이는 무지개색도 만든다. 하지만 이는 스펀지 망 구조가 아닌 얇은 비늘이 겹쳐 층을 이루는 구조에 의한 간섭 현상이다.

하면 두 가지 현상에 따라 넓은 허용 에너지띠가 나타나고 띠 틈의 에너지와 너비는 결정 안에 있는 원자의 배열에 따라 달라진다.[08] 파울리의 배타원리와 더불어 띠와 틈의 구조는 대부분의 일반적인 물질이 지닌 전기적 속성을 설명할 뿐 아니라 규소를 이용한 현대의 컴퓨터 기술을 가능하게 해 주었다.

부도체와 전도체

앞서 살펴본 것처럼, 원자가 갖는 좁은 허용 상태가 고체 물질을 이루는 분자에서는 어떻게 넓은 에너지띠가 되고 띠 사이에는 왜 틈이 있는지는 원자 간 전자 공유와 결정 격자 내 전자의 움직임을 통해 설명할 수 있다. 우리의 양자 그림에서 아직 풀지 못한 문제는 에너지띠가 물질의 전기적 속성에 어떠한 영향을 미치는지다. 이는 화학 원리와 비슷하다. 원소의 화학 반응도는 전자들이 원자의 허용 가능한 상태를 어떻게 채우는지에 따라 달라지듯이 ('껍질'이 부분적으로만 채워진 원자는 전자를 더 쉽게 내놓거나 받아들이기 때문에 반응도가 높다), 어떠한 고체 물질이 부도체인지 전도체인지는 에너지띠를 전자가 얼마만큼 채우는지로 정해진다. 결국 전기적 속성은 마지막으로 고체 물질에 들어간 전자의 에너지가 띠 구조에서 어느 부분에 해당하는지로 결정된다.

---

08 물론 여기서는 다루지 않은 세부 작용도 상당히 많다. 물리학자들이 3차원 결정의 정확한 띠 구조를 밝히려면 기나긴 시간을 할애해야 한다. 띠 구조를 실험적으로 측정해 계산의 정확성을 입증하는 것 역시 활발하게 발전하는 물리학 분야다. 하지만 여기에서는 주요 개념만 짚고 넘어가기로 하자. 모든 물질이 규칙적인 결정 구조를 이루지 않으므로 '구체로 된 소' 모형이 여기에서도 적용되었다. 불규칙한 결정 물질을 다루는 연구도 중요한 물리학 분야다.

에너지들이 연속된 띠에서는 아주 작은 범위라도 잠재적으로 무한한 상태가 존재하는 것처럼 보이기 때문에, '마지막 전자의 에너지'를 아는 것은 불가능해 보인다. 하지만 띠를 연속적으로 간주하는 것은 편의상의 이유일 뿐이고, 실제로 띠는 각각 확정적인 에너지를 갖는 불연속적인 상태로 구성된다. 단지 너무 많은 수의 상태가 모여 있어 연속체처럼 보일 뿐이다. 실제로는 상태의 수가 유한하므로, 띠에 전자를 추가한다고 가정하면, 파울리의 배타 원리에 따라 하나의 전자가 어떠한 상태를 채우면 그 다음 전자는 다른 상태를 채울 것이다.

주기율표에 의한 원소의 화학적 조성을 결정하는 원자 껍질을 전자가 채우듯이, 첫 번째 전자는 가능한 한 가장 낮은 에너지 상태를 채우고, 두 번째 전자는 두 번째로 낮은 에너지 상태로 가고 이후의 전자는 차례로 에너지 상태를 채운다. 관여하는 상태와 전자의 수가 거의 무한하므로 원자보다는 수학식이 복잡하지만, 에너지띠를 다루는 다양한 미적분 분석법이 존재한다. 상태의 수와 상태를 채울 수 있는 전자의 수 모두 원자가 추가될수록 증가하지만, 상태의 수가 증가하면서 일어나는 효과와 전자의 수가 증가하면서 일어나는 효과는 서로 상쇄한다. 따라서 전자는 결정 구조에 따라 특정한 에너지까지만 상태를 채운다.

물질에 마지막으로 투입된 전자의 에너지를 일컫는 '페르미 에너지Fermi energy'는 많은 수의 전자 상태를 통계적으로 분석하는 방법을 개발한 엔리코 페르미의 이름을 딴 것이다. 페르미 에너지는 크기가 꽤 크다. 움직이는 전자의 운동 에너지로 환산한다면 초당 100만 미터에 해당하고, 온도로 나타내면 수만 도에 달한다.

물질 전체에서 전자들을 공유하는 상태에서는 전자가 특정 장소에서 광속의 거의 1퍼센트에 달하는 속도로 물질을 가로지르는 것이 아니라, 여러 에너지 척도를 오간다. 다시 말해 고체 물질에 투입된 첫 전자와 마지막 전자의 에너지 차이는 매우 크다. 원자 안 전자가 운동 에너지를 지니듯이 고체 물질 안 전자의 에너지도 전자의 운동과 관련이 있지만, 보어가 처음의 모형에서 구상했던 방식으로 공전하지는 않는다.

이처럼 고체 안에서 전자는 에너지가 높기 때문에 전류의 흐름을 이해하기가 조금 복잡하지만, 차근차근 살펴보도록 하자. 페르미 에너지는 어떠한 방해도 받지 않는 물질의 기본 상태로, 전자는 각자 고유의 내부 에너지로 움직이지만 전체적으로 보았을 때는 운동이 일어나지 않는다. 간단하게 말하면, 왼쪽으로 가는 전자가 있으면 그만큼 오른쪽으로 가는 전자도 있기 때문에 전자의 순이동net movement은 없다. 양자 물질은 아주 분주하게 움직일 것 같지만, 페르미 에너지까지 전자 상태가 채워진 방해받지 않는 양자 고체 물질은 전자가 전혀 움직이지 않는 고전적 물질처럼 행동한다.

한편 전류가 흐르는 전도체에서는 전자가 특정한 방향으로 흐른다. 이를 에너지띠 그림으로 나타내면, 예컨대 처음에는 오른쪽으로 움직이던 전자 중 일부가 왼쪽으로 움직여야 전자의 순흐름net flow이 왼쪽이 된다.[09] 하지만 페르미 에너지 상태 아래에서 왼쪽으로 움직이는 모든 상태는 이

09 이처럼 왼쪽으로 순흐름을 갖는 전류는 오른쪽으로 흐르는 '관습 전류(conventional current)'가 된다. 관습 전류 개념은 전자 공학과 학생들을 오랫동안 혼란에 빠트리고 있다. 혼란을 일으킨 주범인 벤 프랭클린(Ben Franklin)은 한 종류의 전하는 이동하고 또 다른 전하는 정지해 있는 현대의 모형을 만들었는데, 안타깝게도 잘못된 가정 때문에 움직이는 전하에 양의 값을 매겼다.

미 채워져 있기 때문에, 페르미 에너지보다 낮은 에너지를 지닌 전자의 방향을 단순히 바꾼다고 해서 순흐름이 만들어지지는 않는다. 전자의 순흐름을 왼쪽으로 바꾸려면 일부 전자가 페르미 에너지보다 높은 에너지 상태로 이동해야 한다.

페르미 에너지가 허용 에너지로 이루어진 하나의 띠에서 중간쯤에 있다면, 페르미 에너지 바로 위에 공간이 생기기 때문에 비교적 쉽게 순흐름을 만들 수 있다. 전자 1개를 공간이 있는 왼쪽으로 돌게끔 활성화하는 데에는 최소한의 에너지만 필요하므로 약한 전압으로도 충분하다. 이 같은 전자의 이동은 에너지 간 차이가 아주 작기 때문에 양자 도약으로 보지 않는다. 아무것도 움직이지 않던 상태에서 얼마 안 되는 전자가 특정 방향으로 움직여 에너지가 바뀌면 에너지가 연속적으로 증가하는 것처럼 보이기 때문이다. 그러므로 부분적으로만 채워진 띠에서 페르미 에너지를 갖는 물질은 전도체가 된다.

한편 상태가 다 채워진 띠의 맨 위에 페르미 에너지가 놓여 있으면, 전자가 특정 방향으로 움직일 수 있는 다음 가능한 상태는 띠 틈의 건너편에 있다. 그렇다면 전류를 흐르게 하기 위해서는 훨씬 많은 에너지를 투입해야 하는데, 일반적으로 전자 1개를 들뜨게 하려면 파장이 짧은 광자 1개 정도의 에너지가 필요하다. 이 같은 물질은 빛이 들어와 전자 일부가 들뜰 때에만 전류가 흐르므로 빛 탐지기로 이용할 수 있다. 이 경우 전자는 전압만으로는 들뜨게 만들 수 없고, 들뜰 때는 양자 도약이 분명하게 나타난다. 따라서 띠 맨 위에 페르미 에너지가 있는 물질은 부도체가 되고 극단적인 환경이 아닌 한 전류를 전달하지 않는다.

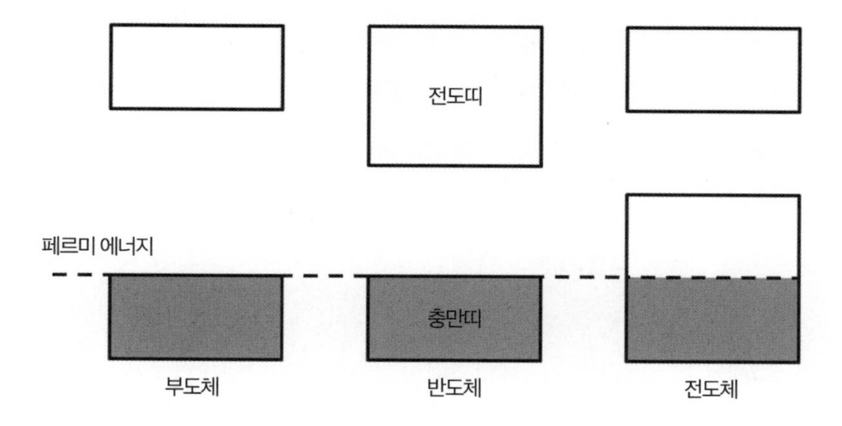

부도체, 전도체, 반도체의 에너지띠. 페르미 에너지 아래에 있는 상태들은 전자로 채워져 있다(어두운 부분).

반도체의 원리와 용도

'전도체'와 '부도체'는 전기를 활용하는 데에 가장 중요한 물질이다. 나무, 플라스틱, 고무와 같은 부도체는 우리를 전류로부터 보호해 주는 반면, 금속은 대부분 전도체이므로 콘센트에 금속을 넣는다면 끔찍한 일이 벌어질 것이다. 우리는 고체 물질에 있는 전자의 양자 모형을 통해 전도체와 부도체의 차이를 이해하고 다양한 물질을 어떻게 분류해야 하는지 알 수 있다.

하지만 과학 모형의 유효성은 단순하고 뻔한 현상을 설명하는 능력에서 나오는 것이 아니고 모형의 기본 원리가 제시하는 좀 더 미묘한 영향을 예측하는 능력에서 나온다. 모형이 훌륭하다면 과학자들은 모형이 설명하는 주요 현상들을 토대로 새롭고 유용한 것들을 개발할 수 있다. 바로 이러한 이유에서 양자 물리학을 고체 물질에 응용한 가장 대표적인 예가 반도체 물질이다.

반도체는 이름에서 알 수 있듯이 그 자체로 뛰어난 전도체는 아니다. 하지만 독특한 띠 구조 때문에 조성을 미세하게 변화시키면 전도성을 조정할 수 있다. 반도체의 띠 구조는 고양이 상태, 배타 원리, 이제 어디에나 존재하는 컴퓨터 칩을 잇는 궁극적인 연결 고리다.

띠 구조로 보면, 반도체는 띠 틈이 상대적으로 좁은 절연체에 불과하다. 상태가 다 채워져 있는 에너지띠의 맨 위에 페르미 에너지가 놓여 있지만, 다 채워진 '충만띠valence band'와 비어 있는 '전도띠conduction band' 사이의 에너지 틈이 좁기 때문에 물체가 지닌 열에너지만으로도 일부 전자가 저절로 들뜰 수 있다. 두 번째 일상에서 다룬 플랑크의 진동자처럼 각 전자는 물질 안에서 열에너지를 고루 갖는다. 전자 1개에 주어진 평균 에너지는 페르미 에너지와 띠 틈보다 낮지만, 몇몇 전자는 평균 에너지보다 훨씬 많은 에너지를 얻어 높은 띠로 이동할 수 있다. 위에 있는 띠에는 어떠한 방향으로든 움직일 수 있는 빈 상태가 많기 때문에 전자는 쉽게 전도가 가능한 상태로 이동하고, 그러면 물질은 약한 전류를 띠게 된다.

규소silicon와 저마늄germanium(게르마늄)과 같은 원소는 천연 반도체이지만 이러한 물질이 그 자체로 흥미로운 특성을 지니거나 유용한 것은 아니다. 하지만 천연 반도체 물질에 두 가지 방식으로 다른 성분을 소량으로 혼합하면 전도성이 눈에 띄게 증가한다.

순수한 규소의 전도성을 높이는 한 가지 방식은 주기율표에서 규소 바로 오른쪽 기둥에 있는 인이나 비소 같은 원소를 아주 조금 첨가하는 것이다. 이 원소들은 전자가 1개 많을 뿐 규소와 화학적으로 비슷하므로, 소량만 규소 격자에 주입하면 띠 구조가 크게 달라지지 않는다. 일반적으로 규소 원자 100만 개당 1개의 인을 주입한다. 그렇기 때문에 규소로 된 컴퓨터 칩은 클린 룸clean room에서 제조되고 작업자는 우주복처럼 온몸을 감싸는 작업복을 입는다. 반도체 제조 과정에서 다른 외부 입자가 아주 조금이라도 들어가면 전체 공정을 망칠 수 있다. 규소 외의 물질을 첨가하는 공정인 '도핑doping'이 일으키는 가장 큰 변화는 전도띠 바로 아래의 에너지에 해당하는 전자가 지닐 수 있는 불연속적인 상태가 추가된다는 것이다. 이러한 상태에서 출발하는 여분의 전자는 매우 쉽게 전도띠로 들뜨고, 전도띠로 옮겨 간 전자는 반도체의 전류 전달 능력을 향상시킨다.

전도띠에 전자를 추가하는 것이 반도체의 전도성을 높이는 유일한 방법일 듯하지만, 사실 반대의 과정도 가능하다. 주기율표에서 규소 '왼쪽' 기둥에 있는 원소로 순수한 규소를 도핑하면 충만띠에서 전자가 제거되어 전도성이 높아진다. 전자가 하나 적은 붕소 또한 규소와 화학적으로 흡사하다. 미량의 붕소를 규소와 섞으면 충만띠 바로 위에 빈 에너지 상태의 수가 조금 늘어나, 아래 띠에 있던 전자들이 쉽게 들떠 이동하고 이동한 전자들은 이제 움직이지 않는다.

충만띠에서 전자를 제거한다고 해서 전도성이 높아질 것 같지 않지만, 흥미로운 방식으로 높아진다. 규소의 전자를 도핑 재료인 붕소 원자에 가두면 물질을 이루는 전자의 바닥에 '정공holes'이 생긴다. 전압을 가하여 전류를 흐르게 하면 남아 있던 전자가 이동하면서 이러한 정공의 위치를 바꾸는데, 그러면 정공이 마치 전자들의 방향과 반대로 움직이는 것처럼 보인다.

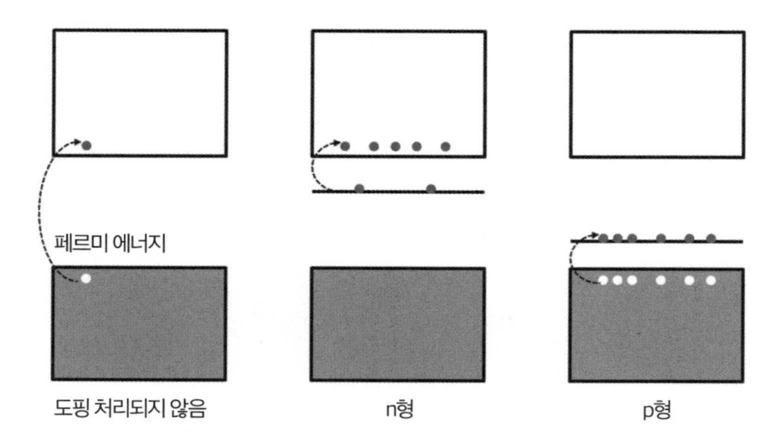

여러 유형의 반도체 띠 그림. 도핑 처리가 안 된 반도체에서는 소량의 전자가 열에너지로 인해 충만띠에서 전도띠로 들뜬다. n형 반도체에서는 전도띠 바로 아래에 있는 준위가 훨씬 많은 전자를 공급하여 전도성을 높인다. p형 반도체에서는 충만띠 바로 위에 있는 상태가 전자를 가두어 전류가 전달될 정공을 만든다.

전자로 가득 채워졌어야 할 띠에 생긴 이 같은 공백들은 마치 비어 있는 띠에서 움직이는 양전하처럼 행동한다. 이러한 정공의 운동은 금속이나 붕소로 도핑된 규소에서 전자가 움직이는 방식과 매우 비슷하게 전류를 나르면서 물질의 전도성을 높인다.[10]

그러므로 전자를 추가하거나 제거하는 것 모두 반도체의 전도성을 높인다. 하지만 'n형' 반도체(인으로 도핑한 규소처럼 전자를 추가한 것)와 'p형' 반도체(붕소로 도핑한 규소처럼 전자를 제거한 것)는 주로 자기장과 관련한 몇 가지 중요한 차이를 지닌다. 자기장은 양전하를 띤 정공을 음전하를 띤 전자들과 반대 방향으로 민다. 그러므로 자기장을 이용해 어떠한 물질이 어느

10 하지만 '정공'은 전자와 달리 물질 안에서 관습 전류와 같은 방향으로 움직인다.

유형에 속하는지 간단하게 판별할 수 있다. 이 같은 자기 반응은 스마트폰에 탑재된 자기장 센서의 기본 원리이기 때문에, 낯선 곳에서 스마트폰은 나침반처럼 행동한다. 하지만 그 외에는 도핑 처리된 반도체 소자가 p형인지 n형인지는 그리 중요하지 않다.

그러나 n형 반도체를 기본 재료가 같은 p형 반도체 위에 결합하면(가령 둘 다 규소) 놀라운 일이 일어난다. 두 물질에 전압을 걸면, 두 물질의 전하 운반체 종류가 다르기 때문에 양쪽에 어떠한 전압을 공급하느냐에 따라 매우 다른 행동이 나타난다. 예를 들어 p형에 양전압을 공급하고 n형에 음전압을 공급하면 전류가 흐른다. p형에 있는 정공은 양전압에서 멀어져 두 물질의 경계로 향하고, n형에 있는 전자도 음전압과 멀어져 역시 경계로 향한다. 정공과 전자가 만나면, n형에서 경계로 흘러온 전자가 p형에서 온 정공을 메운다. 한편 새로운 전자가 음전압을 통해 n형으로 들어오고, 기존의 전자는 양전압으로 끌려 나오면서 새로운 정공이 생긴다. 이러한 과정이 무한하게 반복되면서 두 물질 사이로 전류가 원활하게 흐른다.

하지만 전압이 바뀌면 상황은 완전히 달라진다. p형에 음전압을 걸면 양전하를 띤 정공이 경계에서 멀어져 이끌려 오고, n형에 양전압을 걸면 전자들이 경계에서 멀어지면서 이끌려 온다. 그러면 물질이 재정렬하면서 아주 잠깐 전류가 흐르지만, 새로운 전자가 공급되지 않으므로 전류가 유지되지 않는다.

그러므로 도핑 처리된 반도체는 그 자체로 특별할 게 없지만, p형과 n형이 결합된 반도체 소자가 일으키는 현상은 매우 흥미롭다. 두 유형을 조합하여 만든 장치가 전류를 한 방향으로만 흐르게 하는 다이오드[diode]다.

일상의 거의 모든 기술에 적용되는 다이오드는 한 가지 전류 방향만 허용되는 부품을 보호하는 데에 주로 쓰인다. 또한 어떠한 반도체 소자를 선택하느냐에 따라, 띠 틈이 다르므로 두 물질의 경계에서 정공과 결합하는 전자가 내보내는 광자의 진동수를 조정할 수 있다. 이처럼 빛을 내보내는 발광 다이오드light-emitting diode(LED)는 수십 년 동안 시계를 비롯한 여러 장치에서 낮은 에너지의 빛을 생성하는 데에 활용되었다. 최근에는 LED 기술이 더욱 발전하면서[11] 컴퓨터 디스플레이와 건물 조명에 중요한 부품으로 쓰이고 있다. LED는 레이저의 기초 부품이기도 하다. 반도체 칩의 앞면과 뒷면을 연마하면 레이저 공동의 '거울'이 된다(다섯 번째 일상 참조). 이렇게 만든 레이저는 전체 직경이 약 1센티미터에 불과한데도 매우 강력한 광원을 제공하여 광 기억 장치(CD, DVD, 블루레이 플레이어 등), 슈퍼마켓 계산대 스캐너, 레이저 포인터 등 다양한 용도로 사용된다.

2개의 n형 반도체 사이에 얇은 p형 반도체 막을 끼워 넣어 세 겹의 물질을 만들면 더 흥미로운 장치가 된다. 이러한 3중 구조는 2개의 다이오드가 연속된 것과 비슷해, 각각의 층을 적절하게 도핑 처리하면 한쪽 반도체와 가운데 반도체 사이에 상대적으로 전압을 약하게 걸더라도 반대쪽 반도체에서 훨씬 큰 전류를 유도할 수 있다. 전류량은 전압에 따라 달라지기 때문에 전압이 높을수록 더 많은 전류가 흐른다. 이 장치가 모든 종류의 전기 증폭 장치의 핵심 부품인 트랜지스터다. 1950년대에 최첨단 기술이었던 트랜지스터라디오는 부피가 크고 온도가 높은 진공관으로 이루어진

11 2014년에 아카사키 이사무(赤崎勇), 아마노 히로시(天野浩), 나카무라 슈지(中村修二)는 청색광을 발산하는 LED를 개발해 노벨 물리학상을 받았다.

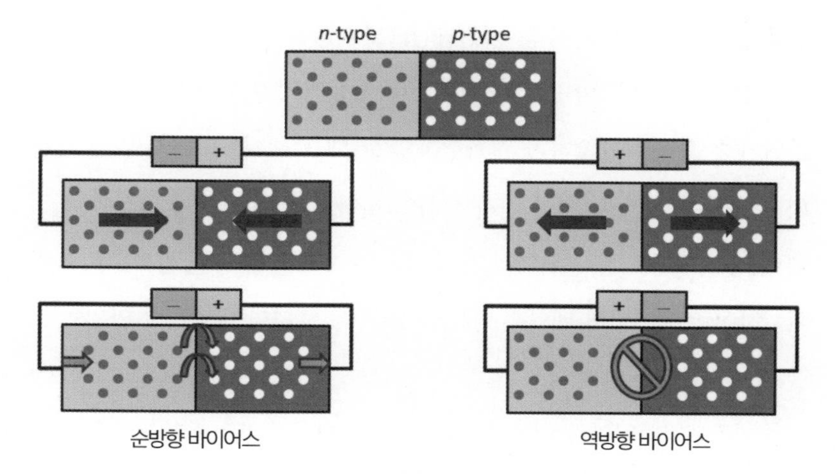

다이오드에서 각기 다른 전압을 걸었을 때 전자와 정공의 움직임. n형 반도체에 음전압을 걸면 전자를 경계로 민다. 경계에 도달한 전자는 p형에서 양전압으로 밀린 정공과 결합한다. 새로운 전자가 n형으로 유입되어 p형으로 나아가면서 전류가 계속 흐른다. 전압을 바꾸면 전자들은 양전압을, 정공들은 음전압을 향하므로 경계에 공백이 발생해 전류 흐름이 끊긴다.

기존의 라디오와 달리 소형 트랜지스터로 전류를 증폭해 스피커를 작동시켰다. 쉽게 휴대할 수 있고 배터리로 작동하는 최초의 오디오 플레이어를 가능하게 한 트랜지스터는 워크맨과 아이팟 그리고 현재 거의 모든 사람이 가진 스마트폰 탄생의 발판을 마련했다.

계속해서 변하는 오디오 신호 대신 두 가지의 전압 강도를 이용하는 전자 장치에서는 트랜지스터가 전류의 흐름을 허용하거나 차단하는 디지털 스위치가 된다. 이는 컴퓨터 처리 장치의 핵심 요소다. 일련의 트랜지스터가 2진법의 숫자를 생성하면 더 복잡한 트랜지스터 회로가 그 숫자에 대해 연산을 수행한다.

이는 현대 컴퓨터 기술의 기본 원리다. 1940년대에 만들어진 최초의 범용 전자식 컴퓨터는 수많은 진공관으로 이루어졌었다. 1947년에 처음으로 트랜지스터가 발명되고 얼마 지나지 않아,[12] 반도체 기반의 트랜지스터가 진공관을 대체하기 시작했다. 처음에 트랜지스터는 독립된 부품의 형태였지만, 이후 여러 전자 부품이 하나의 규소 조각에 밀집된 '집적회로integrated circuit'의 형태가 되었다. 소자의 여러 층을 다양한 방식으로 도핑 처리하여 트랜지스터 배열을 만든 후 식각etching[13]하면 나노미터 단위의 트랜지스터를 만들 수 있다.

1제곱센티미터가량 되는 칩에는 수십억 개의 트랜지스터가 회로를 따라 배열되어 있어 2진 데이터를 처리한다. 이러한 반도체 '칩'은 진공관보다 훨씬 작고 전력 소모가 적기 때문에 개발되자마자 전자 데이터 처리의 기준이 되었다.

이번 일상 처음에 등장했던 아폴로 운항 컴퓨터는 최초의 집적 회로 컴퓨터 중 하나였고,[14] 이후 칩 기반의 컴퓨터 성능은 기하급수적으로 향상되었다. 이제는 구형 스마트폰이라도 주머니에 쏙 들어갈 만큼 크기가 작지만 인간을 달에 안착시킨 컴퓨터보다 용량이 몇 배나 크다.

스크린 디스플레이에 사용되는 LED와 소리를 증폭하는 고성능 트랜지스터, 그리고 반도체 기반의 정보 처리 기술은 모두 양자 역학 덕분에 가능했다. 전자의 파동성이 어떻게 수많은 원자로 이루어진 물질에 띠와

12 트랜지스터를 발명한 물리학자 존 바딘(John Bardeen), 월터 브래튼(Walter Brattain), 윌리엄 쇼클리(William Shockley)는 1956년에 노벨상을 수상했다. 바딘은 1972년에도 초전도 이론을 완성하여 리언 쿠퍼(Leon Cooper), 로버트 슈리퍼(Robert Schrieffer)와 함께 노벨상을 공동 수상했다.

13 역주-약물을 써서 유리나 금속 따위에 조각하는 일

14 아폴로 운항 컴퓨터는 여러 명령어가 작은 전선 코일로 된 '코어 로프 메모리(core rope memory)'에 내장되었기 때문에 일종의 하이브리드 모델이었다.

띠 틈 구조를 만드는지, 그리고 이 같은 구조를 변형하여 물질의 전기적 성질을 어떻게 변화시킬 수 있는지를 이해해야만 노트북, 데스크톱과 같은 컴퓨터 그 자체뿐 아니라 냉장고, 자동차, 심지어 토스터에 이르기까지 현재 우리가 접하는 모든 물체에 장착된 컴퓨터 장치를 설계할 수 있다. 파동성을 지닌 전자가 슈뢰딩거의 유명한 공식에 따라서 행동하고 전자의 파동이 슈뢰딩거의 악명 높은 고양이처럼 동시에 여러 상태로 퍼지는 경향 덕분에 우리는 별 볼 일 없는 규소 덩어리를 혁명적인 기술로 탈바꿈시킬 수 있었다.

아홉 번째 일상

자석

빌어먹을 자석은 도대체 원리가 뭐야?

Magnets:

How the H*ck Do They Work?

냉장고에 자석으로 고정된 수많은 작품이
하나라도 떨어지지 않도록 조심스럽게 냉장고 문을 열고
아침거리를 찾는다.

2개의 자석 사이에 또는 1개의 자석과 1개의 금속 조각 사이에 작용하는 힘은 어른이나 아이 할 것 없이 모두를 매료시키는 기본적인 물리 현상이다. 모서리에 자석이 부착된 단순한 모양의 플라스틱 타일 장난감은 내 아이들이 다니는 어린이집에서 꾸준한 인기를 누리며 매일 새로운 구조물을 만드는 것에 사용된다. 우리 동네에 있는 박물관은 커다란 말굽 자석과 금속 고리 한 줌을 묶어 팔며 많은 수익을 남긴다. 아이뿐 아니라 어른들도 자석에 고리가 이어져 사슬이 길어질 때마다 희열을 느낀다.

실제로 많은 물리학자가 자석 때문에 물리학에 발을 들였다. 아인슈타인은 어렸을 때 나침반을 보고 눈에 보이지 않는 힘이 바늘을 언제나 북극을 향하게 한다는 사실에 감탄해 평생 동안 자연의 힘들을 연구하게 되었다. 내가 아는 물리학자 대부분은 어렸을 때 여러 개의 큰 자석을 모아놓고 그 위에 작은 자석을 올려 공중부양하게 하려고 한 기억이 있다.[01] 어른이 되어서도 자석의 매력에서 헤어나오지 못한 물리학과 교수들의 방에는 자석으로 된 장식품이 하나씩은 있다.

자석은 흔한 물건이지만 원리를 설명하기가 무척 어렵다. 저명한 물리학자 리처드 파인만은 인터넷에서 많은 사람이 공유한 1980년대의 어느 인터뷰 영상에서 다음과 같이 말했다. "나는 여러분에게 익숙한 다른 사물에 빗대어서는 자기력을 훌륭하게는커녕 전혀 설명할 수 없습니다. 여러분이 익숙하게 느끼는 사물을 기준으로는 스스로 자기력을 이해하지 못하기 때문입니다."[02] 물리학자가 아닌 사람 중에서는 힙합 그룹인 인세인 클라운 파시Insane Clown Posse가 2009년에 발표한 '미라클스Miracles'라는 노래에서 '빌어먹을 자석은 도대체 원리가 뭐야?'라고 계속 물으며 답을 찾으려고 하지만 번번이 실패한다.

아이들의 그림을 주방에 전시하는 데에 사용하는 자석만큼 너무나 일상적인 현상을 일상적인 언어로 설명하기 힘들다는 사실을 납득하기 어렵지만, 자석의 물리학적 성질은 엄청나게 복잡하고 구성 물질의 미시적 구조가 미세하게만 바뀌어도 달라진다. 모두 예상했겠지만, 자석 역시 양자 물리학의 원리를 따른다. 냉장고에 종이를 붙이는 데에 사용하는 영구 자석은 전자스핀과 파울리의 배타 원리가 없다면 불가능하다.

---

01 움직이지 않는 자석으로는 불가능하지만 빠른 속도로 회전하는 팽이에 자석을 장착하면 가능하다. 이러한 현상을 이용한 장난감인 '레비트론(Levitron)'은 자석의 물리학적 원리를 생생하게 보여준다.

02 사실 파인만은 '왜'라는 질문이 일반적으로 지니는 근본적인 문제를 지적한 것이다. 그렇더라도 그의 말은 자성의 물리학 원리를 설명하는 것이 얼마나 어려운지를 일깨우는 문구로 인용될 때가 많다.

자기 속 항해

'자석의 원리는 무엇인가?'라는 질문은 사실 서로 관련된 두 개의 질문을 동시에 하는 것과 같다. 영구 자석은 주변에 자기장을 생성하는 거시 세계의 물질이고, '자석의 원리'를 묻는 말은 이러한 자기장의 일반적인 행동에 관한 것으로 해석할 수 있다. 물리학적 관점에서 보면 두 번째 질문은 그나마 쉽게 대답할 수 있다. 자기장의 성질은 19세기 중반에 맥스웰이 전류와 전기장의 변화가 자기장을 생성하고 자기장의 변화가 전기장을 생성하는 공식을 정립하면서 규명되었다.

맥스웰 공식은 전하를 띠는 입자들을 움직이면 자기장을 만들 수 있음을 직접적으로 증명했지만, 불행하게도 영구 자석에 대한 또 다른 질문에는 답하지 못한다. 일부 움직이지 않는 물질 조각이 어떻게 스스로 자기장을 형성하는 걸까? 천연 자철석 덩어리는 전류가 전혀 흐르지 않는 것처럼 보이지만, 상당히 강한 자기장을 생성한다. 특정 광물들이 금속을 끌어당긴다는 사실은 기원전 6세기의 그리스와 인도, 중국의 문헌에 기록되어 있으며, 기원후 11세기 무렵부터 중국인은 자석 나침반을 항해에 사용한 것으로 추정된다. 자석은 이처럼 긴 역사를 자랑하지만, 자석으로 사용되는 광물이 어떻게 자기장을 생성하는지는 20세기가 되어서도 미스터리였다.

영구 자석의 존재를 쉽게 설명할 수 없는 까닭은 여러 차원의 물리학 원리가 관여하기 때문이다. 우선 천연의 자성 물질은 모두 철을 함유하고 그 외에 자성을 띠는 원소는 별로 없으므로, 분명 원자 수준의 물리학 원리가 작동한다. 그렇다고 해서 원자 척도의 물리학이 전체 이야기를 구성하지는 않는다. 여러 종류의 특수강처럼 철 함유량이 높더라도 자성을 띠지 않는 물질이 많다. 그러므로 틀림없이 물질의 결정 구조 역시 중요한 역할을 한다. 또한 모든 사물은 궁극적으로 기본 입자의 집합이므로 자성은 양성자와 전자의 행동에도 뿌리를 두고 있을 것이다.

나침반의 바늘처럼 항상 같은 방향을 가리키는 자석의 가장 중요한 특성은 자성 원리를 더욱 복잡하게 만드는 또 다른 문제를 제기한다. 자기 상호작용은 전하를 띠는 입자 사이에 작용하는 정전기 인력이나 척력보다 근본적으로 더 복잡할 수밖에 없다. 입자의 전기 전하는 1개의 값을 갖고, 그 전하의 값을 안다면 전기장으로 인해 입자에 가해지는 힘을 곧바로 알 수 있다. 상호작용하는 두 전하의 에너지는 각각의 전하가 지닌 부호와 크기, 전하 사이의 거리로만 결정될 뿐 다른 요소는 영향을 주지 않는다.

하지만 자성은 전기 전하처럼 하나의 값만 가질 수 없다. N극은 S극 없이 홀로 존재할 수 없으므로 자기력은 자기량뿐 아니라 방향에도 영향을 받는다. 막대자석을 갖고 놀아 본 사람이라면 2개의 자석 사이에 작용하는 힘은 두 자석의 N극이 향하는 방향에 따라 강도가 달라질 뿐 아니라 인력과 척력도 바뀐다는 사실을 잘 알 것이다. 자석 1쌍이 지닌 에너지를 알기 위해서는 자석의 세기와 거리뿐 아니라 두 자석의 N극이 이루는 각도도 알아야 한다.

자기의 방향성은 자성을 지닌 입자의 행동을 파악하는 일도 어렵게 만든다. 자기장은 전기장과 마찬가지로 방향성을 갖지만, 자기장에 놓인 자성 입자에 자기장이 어떤 영향을 미치는지 알려면 입자의 방향도 알아야 한다. 그렇기 때문에 여러 자성 입자로 이루어진 물질은 속성을 파악하는 데에 더 많은 정보가 필요하고, 자성 입자가 모이면 완전히 새로운 집단 현상이 일어날 수 있다. 여러 자석이 모두 같은 곳을 향하는 것과 각각의 N극이 옆에 있는 자석과 반대 방향인 것은 전혀 다른 현상이다.

이와 같이 다양한 척도로 이루어진 자기 현상이 복잡하긴 하지만, 대부분의 물리학 현상을 설명하는 한 가지 기본 원리로 단순화할 수 있다. 바로 어떠한 척도에서든 물리계는 항상 가장 낮은 에너지 상태를 향하는 원리다. 기본 입자이건, 원자이건, 광물 조각이건 어떠한 물체가 갖는 최소 에너지를 알기 위해서는 주변과의 모든 상호작용으로 인한 에너지의 균형을 따져봐야 한다. 이 같은 에너지 균형은 언제나 북쪽을 향하는 나침반 바늘처럼 단순하면서도 믿을 수 있는 지침이 되어 영구 자석의 복잡한 원리를 탐험하도록 도와줄 것이다.

어떠한 척도에서든 자성을 지닌 모든 물체는 일반적으로 N극이 자기장과 같은 방향을 향하면 에너지가 가장 낮고 자기장과 반대 방향이면 에너지가 가장 높다. 이 현상이 나침반의 작동 원리다. 지구의 핵에 흐르는 전류는 어마어마한 자기장을 생성하므로 지표면의 모든 지점은 특정 방향을 향하는 작은 자기장이라고 할 수 있다. 작고 가벼운 영구 자석인 나침반 바늘은 자유롭게 회전하므로 에너지를 최소화하기 위해 N극을 지구의 북극으로 향하도록 만든다. 자석을 자유롭게 회전하도록 놓아두면 양끝이 향하는 지리적 방향에 따라 N극과 S극을 알 수 있다. 한편 자성을 지닌 물체 주변을 감싸는 자기장은 자석의 N극에서는 바깥으로 향하고 S극에서는 안으로 말려 N극과 S극 사이의 자력선이 고리를 형성한다. 쇳가루 위에 놓인 막대자석의 사진을 떠올리면 쉽게 이해할 수 있다. N극에서 S극으로 흐르는 자기장의 방향으로 알 수 있는 사실은 우리가 지구에서 '북극'이라고 부르는 곳이 사실은 일반적인 자석으로 따지면 S극이라는 것이다.[03]

주변에 다른 물체들이 생성한 자기장에 자석들을 어떻게 배열하느냐에 따라 자석이 지닌 에너지가 변할 뿐 아니라 자석 각각의 장이 합쳐져 하나의 장이 형성되는 방식도 바뀐다. 자석을 끝과 끝이 맞닿도록 일렬로 놓으면 N극 모두가 같은 방향을 향해야 가장 낮은 에너지 구조가 된다. 그렇다면 각각의 자기장이 합쳐져 더 강력한 자석이 된다. 한편 자석을 옆으로 나란히 놓으면 N극이 서로 다른 방향이 가리키려고 하고, 그러면 각각의 자기장이 서로 상쇄되어 세기가 약한 자석이 된다.

3차원 물질이 자성을 띠는 작은 입자로 이루어졌더라도 필연적으로 그 입자가 옆으로 나란히 배열되어 있어야 하기 때문에, 대부분 물질은 자성을 지니지 않는다. 철이나 크롬과 같이 아무리 자성이 강한 원자라도 분자나 결정 안에서는 에너지를 최대한 낮추기 위해 이웃한 원자와 N극을 반대로 하려고 하므로, 광물이나 합금과 결합하면 비자성이 된다.

자성이 강한 영구 자석을 만들기 위해서는 기본 입자, 자성을 지닌 원자, 광물 덩어리를 비롯한 모든 척도에서 자성을 띠는 구성 요소의 모든 N극이 같은 방향을 향할 때 에너지가 최소가 되도록 해야 한다. 이는 자기 상호작용만으로는 불가능하고, 또 다른 상호작용을 통해 비자성 상태

03 이는 물리학 수업에 자주 등장하는 훌륭한 퀴즈다. 또한 지구 자기장의 북극인 자북극(north magnetic pole)은 지구 자전축의 북단과 미세하게 벌어져 있기 때문에, 지구에서 어느 위치에 있느냐에 따라 나침반 바늘이 가리키는 북쪽은 정북과 근소하게 다르다. 하지만 이 같은 차이는 충분히 밝혀졌기 때문에 정밀한 항해 지도에는 자세히 표기되어 있다.

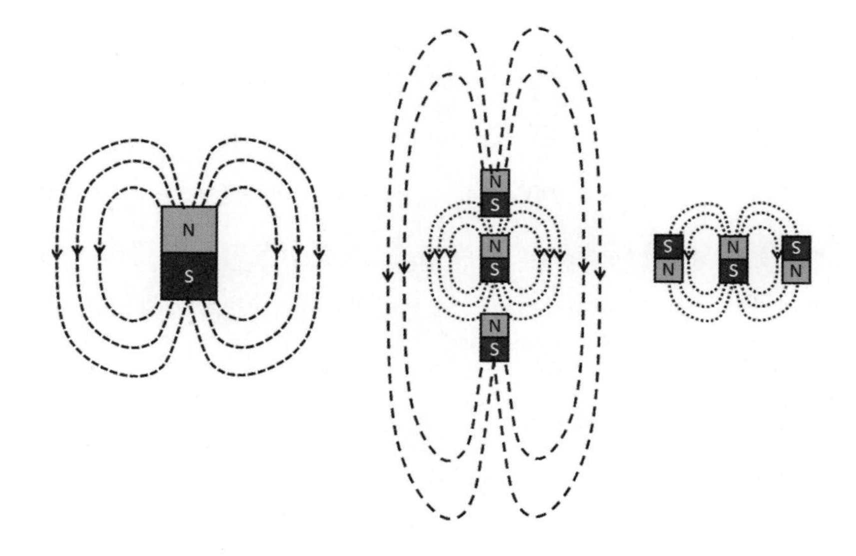

자석이 1개일 때의 자력선과 자석이 여러 개일 때 에너지가 가장 낮은 배열. 여러 자석을 N극을 같은 방향으로 하여 세로로 일렬로 놓으면, 바깥에 있는 커다란 고리들처럼 전체 자기장은 더 커진다. 반면 가로로 정렬하면 서로 자기장을 상쇄한다.

의 에너지를 증가시켜 자성 상태가 선호되도록 해야 한다. 이처럼 까다로운 배열을 만들려면 전자 사이에 발생하는 정전기 척력뿐 아니라 또다시 파울리의 배타 원리가 필요하다.

전자의 자성

자기 작용은 기본 입자 차원에서 시작되고, 전자가 지닌 고유한 자성은 영구 자석에서 발생하는 자기장의 궁극적인 원천이다. 또한 소립자 쌍 사이에 일어나는 상호작용은 전체적인 에너지 균형을 이해하는 데에도 도움이 된다.

여섯 번째 일상에서 파울리의 배타 원리 개념을 소개하면서 언급했듯이, 1개의 전자는 '스핀'이라는 순수한 양자 속성을 지니고 스핀 값은 2개뿐이다. 스핀은 전자에 약한 자성을 부여하고, 자기장에서 스핀의 두 가지 값은 에너지가 미세하게 다른 두 가지 상태를 만든다. 이 두 상태는 전자의 내부 자석이 주변 자기장과 같은 방향인지 반대 방향인지에 따라 '업' 상태와 '다운' 상태로 불린다.

물론 전자의 자성은 전자가 특정 방향을 선호하게 할 뿐 아니라 직접 자기장을 생성하여 주변에 있는 다른 입자에 영향을 준다. 첫 번째 전자 옆에 놓인 두 번째 전자는 자신의 스핀을 첫 번째 전자가 생성한 자기장에 맞추려 하므로, 두 번째 전자는 첫 번째 전자와 일렬로 놓여 있는지 나란히 놓여 있는지에 따라 선호 방향이 달라진다. 자기 상호작용만 고려한다면, 전자는 긴 사슬로 배열되고 옆 사슬과 스핀이 교차하는 구조가 되므로 전체적으로는 자기장이 생성되지 않아야 한다.

물론 두 전자가 가까이 있다면 자성으로만 상호작용하지 않는다. 거리가 가까울수록 정전기 상호작용이 일어나면서 음전하를 띠는 전자는 서로 강하게 밀어낼 것이다. 이러한 척력은 약한 자기 상호작용보다 훨씬 강하므로 두 전자는 스핀 사이에 자성이 작용할 만큼 오랫동안 같이 있을 수 없다. 전자쌍은 스핀 방향을 서로 반대로 하면 에너지를 낮출 수 있긴 하지만, 서로의 거리를 떨어트리면 에너지를 훨씬 많이 낮출 수 있다. 따라서 전자는 결국 서로 멀어져서 약한 자기 상호작용이 일으키는 변화는 무의미해진다.

하지만 스핀을 지닌 2개의 입자를 조금 오랜 시간 동안 가까이 있도록 유도하면 측정할 수 있을 정도로 자성을 띠게 된다. 전자를 양전자positron(양전하를 띠는 전자의 반입자)와 함께 가까이 가져올 수 있으면, 두 전하 사이에 작용하는 인력으로 인해 짧은 생명 주기를 가진 '원자'가 생성된다. 일반적인 원자에서처럼, 두 입자가 서로 가까이 있으면 에너지가 낮아지지만, 공간이 좁으면 운동 에너지가 상승하므로, 적절하게 균형을 이룬 거리가 원자의 최적 크기가 된다. 이처럼 전자와 양전자가 결합한 '포지트로늄positronium' 원자 안에서는 인력에 의해 가까이 있게 된 전자와 양전자 사이에 발생하는 자기 상호작용이 유의미한 영향을 일으킨다. 포지트로늄의 바닥 에너지 상태는 전자와 양전자의 스핀 배열에 따라 두 가지 상태로 갈라진다. 두 입자의 N극이 같은 방향이면 에너지가 조금 더 높고, 반대 방향이면 에너지가 낮다. 이처럼 두 상태의 '초미세 갈라짐hyperfine splitting' 현상은 실험으로 이미 측정되었다. 포지트로늄은 스펙트럼의 마이크로파 영역에서 스펙트럼선이 나타나고, 이는 진동수가 약 203기가헤르츠인 광자에 해당한다.

자기 상호작용은 좀 더 일반적인 물질에서도 두각을 나타낼 수 있다. 양성자 역시 양자 역학적 스핀을 지니고 있어 자기장을 생성하므로, 수소 원자에서 양성자와 결합한 전자 역시 자기 상호작용에 의해 에너지가 변하여 수소의 바닥 에너지 상태가 2개로 갈라진다. 이때의 에너지 차이는 진동수가 1.4기가헤르츠인 스펙트럼 전파 영역의 광자에 해당한다.[04] 전

04 포지트로늄보다 수소 원자에서 차이가 훨씬 작은 까닭은 양성자가 생성하는 자기장이 전자나 양전자의 자기장보다 훨씬 작기 때문이다.

파 천문학자들은 수소가 두 상태를 오갈 때 방출되는 빛을 토대로 먼 거리에 있는 수소 가스 구름을 연구한다.

앞에서 살펴본 두 경우 모두 자기 상호작용 에너지는 정전기 상호작용을 아주 미세하게만 교란한다. 포지트로늄의 초미세 갈라짐에서 나타나는 에너지 차이는 에너지가 가장 낮은 2개의 전자 오비탈 간 에너지 차이의 10,000분의 1 정도다. 그렇기 때문에 보어 모형은 자기 상호작용을 완전히 무시할 수 있었다. 기본 입자의 척도에서는 자기 상호작용의 영향이 정전기 상호작용보다 비교할 수 없을 정도로 작다. 하지만 여러 전자로 이루어진 원자 척도로 넘어가면 상황이 복잡해지면서 파울리의 배타 원리가 작용하기 시작해, 막강한 정전기 상호작용이 원자와 광물에서 자성을 생성하는 데에 결정적인 역할을 한다.

원자의 자성

공전하는 전자가 전자석의 전류처럼 행동하여 자성 작용을 일으킬 거라고 생각하기 쉽지만 그렇지 않다. 그러한 가정은 맥스웰의 고전적인 전자기 방정식에 훌륭하게 부합하지만, 우주의 모든 원자는 핵과 그 주변을 공전하는 전자들로 이루어져 있는데도 주기율표의 가운데에 있는 몇몇 원소만이 강한 자성을 띤다. 전자의 공전 운동만으로는 원자가 자성을 지닐 수 없다.[05]

05 간단히 설명하자면, 전자는 시계방향으로 공전하는 확률과 반시계방향으로 공전하는 확률이 같으므로 두 방향의 공전으로 인한 자성 효과가 서로 상쇄되기 때문이다.

은 원자 빔이 특수한 자석을 통과하는 여섯 번째 일상의 슈테른-게를라흐 실험 역시 전자의 공전 운동이 자성을 일으킨다는 생각에서 출발했다. 하지만 슈테른과 게를라흐의 실험 결과를 분석하던 물리학자들은 원자의 행동이 이론과 다르다는 사실을 발견했다. 공전 운동의 차이로 인해 빔은 최소 세 갈래로 갈라져야 하지만 실제로는 두 갈래로만 갈라졌다. 실험 결과는 오직 2개의 값만 갖는 전자의 속성인 스핀의 존재를 암시했을 뿐 아니라, 궁극적으로 전자의 스핀이 원자에 자성을 부여한다는 중요한 힌트를 제공했다.[06]

원자가 자성을 띠려면 원자 안에 있는 전자가 생성한 약한 자기장이 합쳐져 큰 자석이 되어야 한다. 그러기 위해서는 전자의 스핀이 같은 방향을 향해야 하므로 'N극'을 나란히 정렬해야 한다. 하지만 여기에는 한 가지 방해 요소가 있다. 전자 사이에 작용하는 자기 상호작용은 스핀이 서로 다른 방향인 상태를 선호한다는 점이다.

4개의 양자수인 n, l, m, s로 결정되는 하나의 양자 상태를 2개의 전자가 차지할 수 없는 파울리의 배타 원리 역시 전자쌍의 스핀을 서로 다른 방향으로 만들어 상황을 더 어렵게 만드는 것처럼 보인다. 여섯 번째 일상에서 설명한 것처럼, 어떠한 원자에서 전자의 바닥 에너지 상태는 해당 원자의 가능한 에너지 상태(n, l, m으로 결정)를 각각 최대 2개의 전자로 '채움으로써' 알 수 있다. 이때 하나의 전자스핀은 업($s = +1/2$)이고 다른 하나는

06 사실 전자의 공전 운동은 전자와 자기장의 상호작용에 영향을 미치기 때문에, 원자가 자기장에 놓였을 때 하나의 에너지 상태가 여러 하위 준위로 나뉘는 제이만 효과를 일으킨다. 하지만 원자가 영구 자석이 되기 위해서는 원자 밖에서도 자기장을 형성해야 하는데, 이러한 하위 준위는 원자 밖까지 자기장을 생성하지 못한다.

다운($s = -1/2$)이 되어야 한다. 스핀 업과 스핀 다운이 자연스럽게 짝을 이루는 현상 때문에 주기율표 가장자리 주변에 있는 어떠한 원자도 강한 자성을 띠지 않는다. 가장자리에 있는 원소는 가장 바깥에 있는 에너지 준위가 거의 또는 완전히 채워져 있기 때문에 쌍을 이루는 전자의 자기장이 서로 상쇄되기 때문이다.

한편 주기율표 가운데에 있는 원소에서는 배타 원리와 전자 사이에 작용하는 척력이 함께 작용해 전자의 스핀이 서로 정렬하길 원하는 상황이 된다. 이는 일곱 번째 일상에서 파울리 원칙을 좀 더 자세히 다루면서 설명한 전자들의 대칭성 요건 때문이다.

주기율표 가운데에 있는 원소들은 가장 바깥 껍질에 전자가 반만 채워져 있기 때문에 전자와 스핀을 배열하는 방법이 다양하다. 예를 들어 대표적인 자성 원소인 철에서 6개의 전자가 들어가 있는 l=2 상태는 에너지는

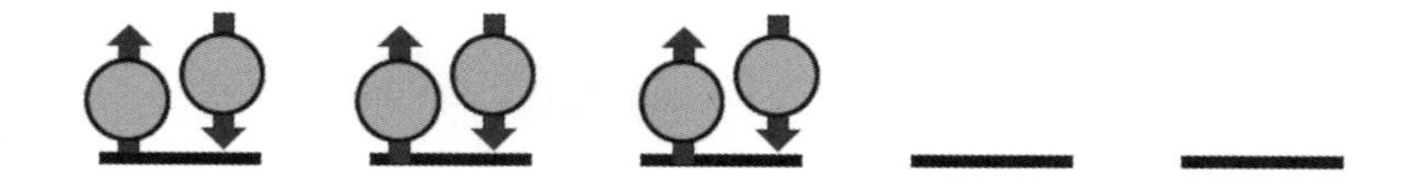

바깥 껍질이 반만 채워진 철 원소에서 전자스핀의 두 가지 배열 방식. 위의 배열은 자성을 띠지 않고 아래의 배열은 자성을 띤다.

같지만 m 값이 다른 5개의 불연속적인 부준위를 갖는다. 전자를 배열할 수 있는 방법은 여러 가지이지만, 철의 자기적 속성을 이해하려면 두 가지 방법에만 주목하면 된다. 그중 하나는 6개의 전자가 오로지 3개의 부준위에만 모여 있는 경우이고, 다른 하나는 부준위 모두에 고르게 전자가 들어가 있어 하나의 부준위에만 전자가 쌍을 이루는 경우다.

배타 원리에 따르면 두 전자가 같은 부준위에서 쌍을 이루면 스핀이 서로 달라야 한다. 앞선 그림의 두 가지 상태 모두 배타 원리를 만족하지만, 6개 전자 모두 쌍을 이루는 상태는 자성을 띠지 않지만, 분포가 고른 상태에서는 쌍을 이루지 않는 4개의 전자가 같은 방향을 향하고 있어 강한 자성을 띤다. 하지만 n, l, m으로 이루어진 5개 부준위 모두의 에너지는 두 배열에서 같기 때문에, 두 배열 중 다른 하나가 확률이 더 높아야 할 이유는 없어 보인다.

그러나 이는 서로 이웃한 전자 사이에 작용하는 척력의 에너지를 고려하지 않은 분석이다. 전자 간 척력은 전자 간격이 가까워지면 상승하는데, 같은 부준위에서 쌍을 이루는 전자는 간격이 아주 가까울 것이다. 쌍을 이룬 전자 사이에 발생하는 척력은 비자성 상태의 에너지를 높이기 때문에, 스핀이 같은 방향으로 정렬된 자성 상태가 가장 낮은 에너지 상태가 된다.

그렇지만 전자를 부준위에 고르게 분포시키더라도 비자성 상태를 만들 수 있다는 반박도 가능하다. 다시 말해 쌍을 이루지 않는 두 전자의 스핀을 바꾸면 1쌍의 전자, 2개의 스핀 업 전자, 2개의 스핀 다운 전자가 만들어진다. 하지만 이 문제는 배타 원리의 대칭성이 해결한다. 이를 가장 쉽게 이해하는 방법은 2개의 전자와 2개의 부준위만 가정하는 것이다.

일곱 번째 일상에서 설명했듯이, 배타 원리에 따르면 여러 전자로 이루어진 상태의 파동 함수는 반대칭이어야 한다. 전자는 모두 동일해 서로 대체 가능하므로, 전자 2개의 라벨을 바꾸더라도 상태의 측정 가능한 속성은 변하지 않지만, 결합된 파동 함수는 전자의 라벨이 바뀌면 부호가 바뀌어야 한다. 이러한 반대칭 요건은 전체 파동 함수, 즉 전자의 공간 분포(n, l, m으로 결정)와 스핀 분포 사이에도 적용된다. 다시 말해 둘 중 하나가 반대칭이면 다른 하나는 대칭이어야 한다. 스핀 파동 함수와 공간 파동 함수가 모두 반대칭이면 라벨이 바뀔 때 부호가 두 번 바뀌면서 처음 상태로 돌아간다. 물리학에서도 이중 부정은 긍정이 되는 원리가 작동하는 것이다.

그러므로 두 스핀의 방향이 같아 스핀 파동 함수가 대칭이면, 공간 파동 함수는 2개의 허용 부준위가 반대칭으로 조합되어야 한다. 스핀이 반대 방향이면 반대칭 상태가 될 수 있고[07] 이 경우 공간 파동 함수는 대칭이어야 한다.

앞에서 살펴본 것처럼, 공간 파동 함수의 경우 반대칭 상태는 전자를 더 많은 공간에서 배제하므로 에너지가 미세하게 상승한다. 그렇기 때문에 우리는 에너지가 높을 거라고 여기기 쉽고, 실제로도 전자가 1개일 경우 반대칭 상태는 에너지가 더 높다. 하지만 전자가 여럿이면 반대칭 배열에서 전자 간 거리가 평균적으로 더 멀다. 일곱 번째 일상에서 설명한 이원자 상태를 떠올리면 그 이유를 짐작할 수 있다. 반대칭 공간 파동 함수

07 스핀 업 전자 1개와 스핀 다운 전자 1개로 이루어진 대칭 조합도 있다. 이 조합은 두 스핀 모두 업인 상태와 두 스핀 모두 다운인 상태와 함께 '삼중항(triplet)' 상태로 분류되며, '일중항(singlet)' 반대칭 상태와 대비된다.

에서 배제된 영역은 두 원자의 가운데 지점이고, 여기에서는 2개의 최고점이 조금 멀리 떨어져 있다.

여러 전자로 이루어진 원자 1개에서의 전자에 대한 반대칭 파동 함수는 분자 상태에서처럼 2개의 핵 주변으로 갈라지는 대신, 1개의 핵 주변의 서로 다른 n, l, m 상태가 중첩된다. 하지만 결과는 마찬가지다. 오비탈이 반대칭으로 조합된 전자는 대칭 조합에서보다 평균적으로 서로 거리가 조금 멀다. 전자 사이의 거리가 늘어나면서 전자 간 척력으로 발생하는 에너지가 감소하는 정도는 대칭 공간 파동 함수와 반대칭 공간 파동 함수의 에너지 차이보다 크다.

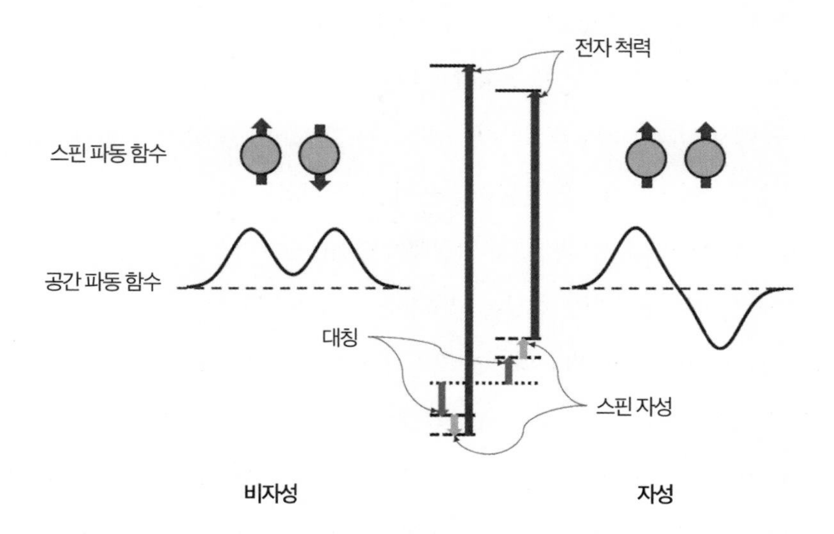

여러 전자로 이루어진 원자에서 자성 배열이 선호되는 과정이다. 비자성 배열은 공간 파동 함수가 대칭이고 스핀이 원하는 대로 배치되어 있으므로 그렇지 않을 때의 상태(점선)보다 에너지가 낮지만, 이러한 상태에서 전자 간 척력은 매우 강하다. 자성을 띠는 배열에서는 반대칭적 공간 파동 함수와 스핀 간 자기 상호작용으로 인해 에너지가 소폭 상승하지만, 전자 사이의 척력 상호작용 감소는 이를 상쇄하기에 충분하다.

그러므로 철이 가질 수 있는 바닥 에너지 상태는 바깥 껍질 전자가 있을 수 있는 모든 부준위에 분포되어 쌍을 이루지 않는 전자의 스핀이 정렬을 이루는 상태다. 다시 말해 각각의 스핀이 만든 자기장이 합쳐져 생긴 더 큰 자기장이 철을 자성이 강한 원자로 만든다. 바깥 껍질이 반만 차 있는 다른 모든 원소에도 동일한 물리학 원리가 적용되기 때문에 주기율표에서 가운데 기둥에 있는 원소는 강한 자성을 띤다.

결정의 자성

물론 앞에서 지적했듯이 어떠한 원소의 원자가 자성을 지닌다고 해서 같은 물질의 고체 덩어리가 영구 자석이 되는 것은 아니다. 만약 그렇다면 천연 자석은 곳곳에 널려 있어야 한다. 사실 크롬과 같은 원소들은 원자 수준에서는 강한 자성을 띠지만, 여러 원자가 모이면 자성이 거의 나타나지 않는다. 영구 자석을 만들려면 원자 안 전자의 스핀을 정렬해야 할 뿐 아니라 결정 안 원자의 스핀도 정렬해야 한다.

광물이 자성을 띠는 현상은 궁극적으로 원자가 자성을 띠는 현상과 마찬가지로 파울리의 배타 원리와 척력의 조합으로 일어나고 이 조합을 '교환 상호작용exchange interaction'이라고 부른다(하지만 이 용어에는 오해의 소지가 있다). 결정의 구조를 좌우하는 전자 공유는 원자 사이의 거리와 원자의 3차원 배열에 영향을 준다. 한편 여덟 번째 일상에서 살펴본 것처럼 결정 구조는 물질 안 전자의 에너지띠와 띠 틈에 영향을 주어 전기적 속성을 결정

한다.[08]

우리가 앞에서 분자와 고체 물질에 관해서 이야기했을 때는 전자 간 상호작용과 스핀의 영향은 대부분 무시했지만(배타 원리에 따라 상태가 채워지는 경우는 제외하고), 거시 물질의 척도에서는 원자 척도에서와 마찬가지로 스핀의 영향과 전자 간 상호작용의 역할이 매우 중요하다. 거시 물질에서는 원자보다 계산이 훨씬 복잡하지만, 전자가 가까이 모여 있으면 전자 간 척력이 에너지를 증가시키는 점은 마찬가지다. 전자 간 척력은 반대칭 공간 상태에서 감소하는 경향을 보이고, 전자가 반대칭 공간 상태에 있으면 스핀은 정렬된다.

광물에서 물질이 적절하게 조합되어 철 원자가 최적의 거리로 떨어져 있으면, 결정 안 전자가 반대칭 공간 파동 함수가 되어 총 에너지가 감소할 것이다. 그러면 스핀 파동 함수는 대칭이 되어야 하므로, 같은 방향을 향하는 스핀이 합쳐져 더 강한 자석을 형성한다.

자성을 띠는 원자 사이의 최적 거리는 세부적인 화학적 조성과 결정 구조로 결정되기 때문에 자성을 띠는 광물은 희귀할 수밖에 없다. 자성을 띠는 원소로만 만든 합금조차도 원자의 구성이 바뀌면 자성을 잃는다. 예를 들어 대부분 철로 구성되어 있고 크롬이 15퍼센트를 차지하는 스테인리스 스틸 합금은 자연적으로 자성을 띠지만, 크롬 함량을 조금 높이고 소량의 니켈(약 8퍼센트)을 주입하면 자성을 잃는다.

---

08 전자 상태가 원자 배열을 결정하고 원자 배열이 전자 상태를 결정하는 이러한 과정은 얼핏 순환하는 것처럼 보인다. 원자 배열과 전자 상태를 이론적으로 산출하는 과정은 그럴듯한 원자 배열을 고른 다음, 전자 상태를 계산하고, 새로운 전자 상태가 전이를 원하는지 밝히기 위해 원자 배열을 다시 계산하는 단계를 무수히 반복한다. 자연에서는 원자 배열과 전자 상태가 자연스럽게 결정되므로, 어찌 보면 이론 물리학자가 되기 보다는 원자가 되는 것이 더 쉬울지도 모르겠다.

또한 결정의 자성은 매우 취약하다. 자성에 관여하는 에너지 전이는 크기가 아주 작을 뿐더러 결정의 미세한 구조에 영향을 받기 때문이다. 자성을 띠지 않는 일부 합금은 단순히 역학적 구조를 변화시킴으로써 자성을 띠게 만들 수 있다. 가령 주방 가전제품에 주로 쓰이는 스테인리스 스틸 합금은 엄밀히 말해서 자성을 띠지 않지만, 스틸 패널을 만드는 공정에서 결정 구조를 어느 정도 변형하면 '자성을 띠지 않는' 스테인리스 스틸 냉장고 문에 크레파스로 그린 그림을 자석으로 붙일 수 있다.

모든 관련된 요인이 적합한 방식으로 작용하여 전자가 스핀을 주변 전자와 정렬하면, 결정이 아주 작은 자석처럼 행동하는 '자구magnetic domain'가 된다. 하지만 자구 현상도 영구 자석을 만들기에는 역부족이다. 자연적으로 생성된 금속을 구성하는 엄청난 수의 작은 결정은 각각의 방향이 미세하게 다르기 때문에 자구의 N극 방향이 모두 제각각이기 때문이다.

서로 다른 방향을 가리키는 수많은 작은 자구로 이루어진 금속 자성체가 강한 자기장에 노출되면(표면에 자석을 갖다대는 것처럼) 각각의 자구는 전자를 자기장과 정렬시켜 에너지를 낮춘다. 그러면 많은 자구의 S극이 자석의 N극을 향하게 되므로 자석과 금속 사이에 인력이 발생한다. 이러한 자구의 배열은 일시적이다. 자기장이 제거되면 각각의 자구는 제각각이었던 원래의 방향으로 돌아온다.

어떠한 물질이 영구 자석이 되려면 자구의 재배열도 좀 더 오랫동안 지속되어야 한다. 자구의 재배열은 역학적인 방식으로 지속시킬 수 있다. 가령 철로 만든 클립을 자석에 계속 문지르거나 높은 온도로 가열한 다음 강한 자기장에서 식히면 약한 영구 자석을 만들 수 있다.[09] 이러한 과정을 통해 모든 전자의 스핀이 같은 방향으로 정렬된 자구들이 합쳐지면 세기가 강한 자석이 된다.

이렇게 만들어진 영구 자석은 이름에서도 알 수 있듯이 자구의 결정 구조가 다른 배열을 선호하더라도 정렬된 스핀 배열을 유지한다. 물질이 지닌 총 에너지는 각각의 자구가 원하는 방향대로 전자를 향하게 하면 낮아질 수 있지만, 그러려면 그전에 이루어지는 중간 단계에서 에너지가 상승해야 한다. 하지만 영구 자석의 자성도 쉽게 없앨 수 있다. 물질을 가열하면 열에너지가 전자들의 운동과 합쳐지면서, 전자들의 스핀 방향을 자유롭게 하는 데에 필요한 에너지가 충분히 공급된다. 그러면 전자들의 스핀은 결정 구조의 자구가 선호하는 방향이 된다. 따라서 자성체는 특정 온도를 넘어서면 전자가 정렬하지 않아서 자성을 잃게 되는데 이러한 고유한 온도를 '퀴리 온도Curie temperature'라고 부른다.[10]

물리학자들이 전자스핀부터 결정 자구에 이르기까지 자기 작용의 원리를 이해하기 시작하면서 자연에서는 존재하지 않는 자성체를 만들 수 있게 되었다. 특히 1970년대에 네오디뮴과 같은 매우 희귀한 희토류 원소를 이용한 초강력 자석이 개발된 이래, 아이들의 장난감부터 자기 데이터

---

09 지구의 자기장에서 식은 암석도 약한 자성을 띤다. 자성을 띤 암석은 대륙 이동의 결정적 증거가 된다. 대서양 중앙 해령의 양 옆에서 발견되는 '줄무늬' 패턴은 지구의 자기극이 수백만 년 동안 여러 번 방향을 바꾸면서 자화가 교차적으로 일어나 생긴 것이다. 용암이 위로 올라와 해령에서 분출되면서 형성된 새로운 암석들은 지구의 극 변화와 해저 지형의 역사를 보여준다.

10 이는 자성체의 물리학적 원리를 연구한 피에르 퀴리의 이름을 딴 것이다. 하지만 마리 퀴리가 방사능을 연구하기 시작하면서 피에르 퀴리는 자석 연구를 포기하고 그녀의 연구에 함께했다. 이에 대해서는 다음 장에서 자세히 살펴볼 것이다.

저장 장치에 이르기까지 곳곳에서 고성능 자석이 사용되고 있다. 자석은 내 어린 시절의 그림이 냉장고를 장식했을 때보다 훨씬 흔해지고 강력해졌다.

자기 데이터 저장 장치

자성체를 자기장에 놓아 자구를 재배열하더라도 재배열된 구성은 보통 일시적이지만, 자기장이 충분히 크면 일부 물질의 자구는 좀 더 영구적으로 재배열될 수 있다. 이처럼 재배열된 자구는 가열, 역학적 변화, 반대 방향의 강한 자기장처럼 다른 요소가 방해하지 않는 한 자기장이 제거되더라도 새로운 방향을 그대로 유지한다. 자구가 유지되는 물질은 데이터 저장 산업의 중요한 자원이다.

컴퓨터가 처음 발명되었을 때에 주로 사용된 '자기 코어 기억 장치magnetic core memory'에서는 연산에 사용된 비트가 작은 자성체 조각에 일시적으로 저장되었다. 각각의 비트 주변을 감싸는 전선 고리에 전류가 흐르면 N극의 방향이 2개의 값 사이를 오갔다. 여기에 사용된 자석은 상당히 커서 근처에 있는 라디오 신호를 감지할 정도였다. 내가 대학생이었을 때 컴퓨터 과목을 가르치던 교수님은 컴퓨터 옆 라디오에서 흘러나오는 세서미 스트리트Sesame Street(미국의 대표적인 어린이 프로그램)의 주제가인 '러버 더키Rubber Duckie'의 박자 대로 비트를 만드는 천공 카드 프로그램을 개발한 일화를 들려주었다.

내가 십 대였던 시절에 영혼의 양식이었던 카세트테이프와 비디오테이프는 잘 휘어지는 자성체 줄로 만들어졌다. 녹음기나 비디오카메라에 내장된 전자석이 테이프에 자구의 패턴을 새겨 소리와 영상을 저장했다. 테이프가 플레이어에 있는 전선 코일 아래를 통과하면 패턴에 따라 자기장이 변하는데, 작은 자기장 탐지 장치가 이 같은 패턴을 해독했다. 테이프는 오랜 기간 동안 데이터를 저장할 수 있지만 여러 번 재생할수록 서서히 변형된다.

좀 더 현대적인 기술인 하드 디스크는 재기록이 가능한 자구를 활용한다. 기본적인 원리는 같다. '기록 헤드write head'에 있는 전자석이 디스크에 있는 자구들의 방향을 바꾸어 디지털 정보를 저장하고, '판독 헤드read head'는 디스크의 자기장 패턴을 감지하여 저장된 정보를 작업 메모리에서 다시 1과 0의 숫자로 변환한다. 지난 수십 년 동안 자성체와 고성능 데이터 기록/판독 시스템을 개발하려는 노력이 계속되면서 이제는 엄청난 양의 데이터를 저장할 수 있게 되었다. 내가 집에 있는 컴퓨터를 백업할 때 사용하는 4테라바이트 드라이브는 나의 첫 컴퓨터에 들어갔던 5.25인치 플로피 디스크를 보관하던 상자만큼의 크기이지만, 상자 속 플로피 디스크 전부에 저장되었던 데이터는 지금 내가 쓰는 백업 드라이브의 데이터 용량 중 100만분의 1에 불과하다.

아홉 번째 일상에서 간략하게 다루었지만, 사실은 엄청나게 복잡한 자석의 원리는 수많은 물리학자의 마음을 사로잡는다. 하지만 우리 역시 고성능 데이터 저장 장치를 사용하면서 또는 냉장고 자석으로 크레파스 그림을 붙이면서 자성체의 양자 원리를 접한다. 결국 우리의 주위에 있는 모든 자석은 전자의 고유한 스핀에 영향을 받는 양자 물질이기 때문이다.

열 번째 일상

연기 감지기

가모브의 탈출

Smoke Detector:

Mr. Gamow's Escape

침실에서 나오니 거실은 아직 어스름하고,
벽에 설치된 연기 감지기의 상태 표시등만이 희미하게 빛난다

내가 1990년대 중반부터 후반까지 메릴랜드 록빌에서 대학원을 다닐 때 월세로 살던 집에는 토스트를 굽기만 하면 거의 매번 울리는 아주 특이한 연기 감지기가 설치되어 있었다. 토스트를 태우지 않고 그저 굽기만 하는 데도 울리던 연기 감지기는 내가 다른 요리를 만들거나 룸메이트가 줄담배를 피워 댈 때는 잠잠했다.

그 후로 많은 시간이 지났지만, 왜 토스트만이 연기 감지기를 울리게 했는지 아직도 의문이다. 이상한 연기 감지기의 원리는 도통 알 수 없지만, 보통의 연기 감지기의 원리는 꽤 단순하다. 역시나 기묘한 양자 물리학이 작용한다. 연기 감지기에서는 입자가 철벽과 같아야 하는 고전 물리학의 장벽을 뚫고 지나간다.

연기 감지에 관한 고전 물리학

단순하게 말하면 연기는 불에 의해 공기에 떠다니게 된 작은 입자의 집합이다. 연기 감지기는 이러한 입자를 조기에 감지해 집주인에게 알려 화재로 인한 피해를 막는다.

기계가 연기를 감지하는 가장 간단한 방법은 우리가 눈으로 연기를 감지하는 방법과 본질적으로 같다. 공기 중에서 연기 입자로 일어난 빛의 산란을 인식하는 것이다. 연기가 우리 눈에 보이는 이유는 우리 눈에 닿지 않을 빛을 굴절시켜 닿게 하거나 닿아야 할 빛을 차단하기 때문이다. 빛의 굴절을 이용한 광전 연기 감지기photoelectric smoke detector에는 희미한 빛이 통과하는 관이 있고 관 옆에는 빛 센서가 장착되어 있다. 평상시에는 센서에 빛이 닿지 않는다. 하지만 연기 입자가 관을 통과해 빛 일부가 관 옆과 충돌하면 빛 센서에서 전자 신호가 발생해 고막이 터질 듯한 경보음이 울린다.

한편 너무 빨리 불이 번져서 입자가 빛을 그다지 많이 산란시키지 않는 경우에 대비하기 위해서는 방사성 붕괴를 이용한 연기 감지 기술이 필요하다. 이온화 감지기ionization detector는 전하를 띠는 두 장의 금속판 사이에 있는 작은 공기 통으로 알파 입자 줄기를 발사한다. 알파 입자가 공기 분자와 충돌하면 공기 분자는 양전하 입자와 음전하 입자로 쪼개진다. 양이온은 감지기에서 음전하 금속판에 이끌리고 음이온은 양전하 금속판에 이끌려 각각 금속판에 도달하면 두 금속판과 연결된 회로로 약한 전류가 흐른다.

연기 입자가 없어 전류의 흐름이 일정할 때는 '정상' 신호를 내보낸다. 하지만 공기 분자를 이온화시키는 통으로 연기가 들어가면, 연기 입자가 이온 중 일부를 흡수하여 금속판에 닿지 못하게 방해해 전류의 흐름을 교란시킨다. 전류가 감소하면 귀청을 떨어트리는 경보음이 작동한다.

두 감지 기술은 나름의 장단점이 있기 때문에 시중에 나온 연기 감지기 대부분은 두 기술을 모두 활용한다. 두 연기 감지 기술 역시 양자 물리학과 관련된다. 광전 연기 검출 기술의 토대가 되는 광전 효과가 규명된 건 세 번째 일상에서 살펴봤듯이 궁극적으로 광자의 존재 덕분이었다. 한편 양자 물리학과 더 직접적으로 연관된 이온화 감지기의 이온화 과정은 감지기 내부에 있는 인공 방사성 원소인 아메리슘-241이 붕괴하면서 생성된 알파 입자를 활용한다. 양자 물리학 시대 이전으로 거슬러 올라가는 방사성 원소 붕괴의 미스터리를 푼 사람은 파란만장한 삶을 산 소비에트 연방의 어느 과학자였다.

방사성의 미스터리

19세기 후반에 새로운 형태로 보이는 두 가지 방사선이 발견되면서 물리학계가 들썩였다. 첫 번째는 빌헬름 콘라트 뢴트겐Wilhelm Conrad Röntgen이 1895년에 진공관에 흐르는 전류를 관찰하다가 우연히 발견한 X선이었다. 전류가 흐르는 진공관에서 빛이 새어 나오지 않도록 장치를 밀폐했는데도 실험실 맞은편에 있는 형광판이 희미하게 빛나는 것을 발견했다. 실험 장치에서 투과율이 매우 높은 광선이 새어 나오고 있다고 생각했고 그의 추측은 정확했다. X선을 발견하고 곧바로 찍은 아내의 손뼈 사진은 후에 X선의 상징이 되었다. 뢴트겐의 발견은 얼마 지나지 않아 의료 분야에 적용되었고 1901년에 최초의 노벨 물리학상을 받았다.

뢴트겐의 진공관 장치가 만들어낸 X선은 매우 놀랍긴 하지만, 진공관을 통과한 전류가 방사선 생성에 필요한 에너지를 공급했다. 전류가 차단되면 X선 생성은 중단되었다.[01] 하지만 이후 이루어진 발견은 더욱 이상했다. 뢴트겐의 연구에 주목하던 앙리 베크렐Henri Becquerel은 우라늄 화합물은 에너지를 전혀 공급하지 않아도 X선을 비롯한 방사선이 항상 방출되는 현상을 발견했다. 물리학 법칙을 거슬러 아무것도 없는 상태에서 에너지가 저절로 생성되는 비밀을 풀기 위해 여러 과학자가 방사성 연구에 나섰다.

방사성 연구에 가장 성공한 과학자 중 한 명은 마리 스크워도프스카 퀴리Marie Sk odowska Curie였다('방사성radioactivity'이라는 용어를 만든 사람도 그녀다). 퀴리는 베크렐의 연구가 발표된 직후부터 우라늄 화합물을 실험하기 시작했고, 방사선은 분자 내의 상호작용으로 인한 화학 과정으로 발생하는 것이 아니라 우라늄 원자에서 발생한다는 사실을 입증했다. 또한 그녀는 우라늄이 포함된 일부 광물은 정제된 순수 우라늄보다 방사성이 더 강하다는 것을 발견했고 이는 다른 방사성 원소의 존재를 암시했다.

퀴리는 이 새로운 원소를 추출해 밝히기 위한 장기 프로젝트에 돌입했고 이후 남편인 피에르 퀴리도 동참했다. 파리 대학교 뒷마당에 꾸린 임시 실험실은 독일의 화학자 빌헬름 오스트발트Wilhelm Ostwald가 "마구간과 감자 창고의 중간"이라고 말할 만큼 변변찮았지만, 퀴리는 그곳에서 노벨상을 두 번이나 받았다. 1903년에 퀴리 부부는 방사성 실험으로 베크렐과 노벨

01 이제 과학자들은 진공관을 통과한 전자가 빠른 속도로 양극(positive electrode)과 충돌하면 X선이 발생한다는 사실을 안다.

물리학상을 공동 수상했고,[02] 1911년에는 마리 퀴리가 라듐과 폴로늄[03]을 추출한 업적으로 노벨 화학상을 단독 수상했다.[04]

그 무렵 캐나다 몬트리올의 맥길 대학교에 있던 어니스트 러더퍼드 역시 방사성 실험에 착수하여 현재도 통용되는 방사선 기호인 알파, 베타, 감마를 기준으로 방사선 종류를 분류했다. 그는 침투성에 따라 순서를 매겨 가장 약한 입자를 알파(종이 몇 장이면 충분히 막을 수 있다)로 부르고 가장 센 입자를 감마(납처럼 밀도가 큰 물질로 된 두꺼운 판도 통과한다)로 불렀다. 1900년에 베크렐은 베타 입자가 고에너지의 전자라는 사실을 발견했고, 1905년에 러더퍼드는 알파 입자가 이중 이온화된 헬륨임을 밝혔다. 1914년에는 감마선이 고에너지의 광자로 밝혀졌다.

20세기 초에 방사성은 그 자체로도 훌륭한 연구 주제였지만, 다른 문제를 연구하는 데에도 도움이 되었다. 1909년에 러더퍼드 실험실의 조교였던 마르스덴과 가이거는 원자핵의 존재를 입증하는 실험(네 번째 일상 참조)에서 라듐이 내보내는 고에너지 알파 입자를 활용했다. 그러나 방사선이 어떠한 과정으로 생성되고 특히 방사선 생성에 필요한 에너지가 어디에서 나오는지는 여전히 미스터리였다.

이 미스터리는 한스 가이거가 1921년에 수행한 알파 입자와 우라늄 상호작용 실험에서 극명하게 드러났다. 고에너지의 알파 입자를 우라늄 원

---

02 스웨덴 왕립과학아카데미(Royal Swedish Academy of Sciences)는 원래 남자 두 명에게만 상을 수여하려고 했지만 피에르 퀴리가 이를 거부해 마리 퀴리도 수상자가 될 수 있었다.

03 폴로늄은 마리 퀴리의 고국인 폴란드에서 따온 이름이다. 당시 폴란드는 러시아 제국에 속해 있었다.

04 피에르 퀴리가 1906년에 교통사고로 세상을 떠나지 않았다면 마리 퀴리와 공동 수상했을 것이다.

자를 향해 발사할 경우 우라늄 핵과 양전하의 알파 입자 사이에 발생하는 척력은 에너지가 약 8.6MeV보다 낮은 알파 입자들을 밀어냈고, 이는 우라늄 핵의 전하량을 바탕으로 한 예측과 일치했다.[05] 하지만 그 자체로 방사성 물질인 우라늄이 내보내는 알파 입자의 에너지는 약 4.2MeV로, 알파 입자를 우라늄 핵에 '닿게 하는 데에 필요한' 최소 에너지보다 낮다.

에너지의 관점에서 생각해 보면 이 문제가 고전 물리학에서는 왜 불가능한지 쉽게 알 수 있다. 입자는 두 종류의 에너지를 갖는데, 하나는 운동으로 인한 운동 에너지와 다른 하나는 척력/인력 상호작용으로 인한 위치 에너지다.

강한 상호작용은 강한 인력이지만 아주 짧은 거리에서만 작용하므로, 알파 입자가 핵과 아주 가까울 때에만 위치 에너지가 0보다 작아진다. 핵과 알파 입자의 거리가 매우 멀면 강력은 전혀 작용하지 않고 전자기 척력은 아주 작다.

한편 중간 거리에서는 둘 다 양전하를 띠는 핵과 알파 입자 사이에 상당한 전자기 척력이 발생하지만, 강력은 여전히 작용하지 않는다. 그러므로 멀리 떨어져 있던 알파 입자가 핵과 점차 가까워지면 알파 입자의 위치 에너지는 0에서 시작해 서서히 증가하다가 최고점에 이르게 되고, 핵이 강력의 끌어당기는 힘을 느끼기 시작할 정도로 거리가 가까워지면 위치 에너지는 곧바로 0보다 훨씬 작아진다.

05 가이거는 천연 방사성 물질로만 실험했기 때문에 알파 입자의 에너지가 낮았다. 그러므로 입자가 휘어지지 않을 정도로 높은 에너지로 입자들을 발사할 수 없었으므로 정확한 한계는 측정할 수 없었다. 대신 낮은 에너지에서 측정한 값들에서 최솟값을 유추했다.

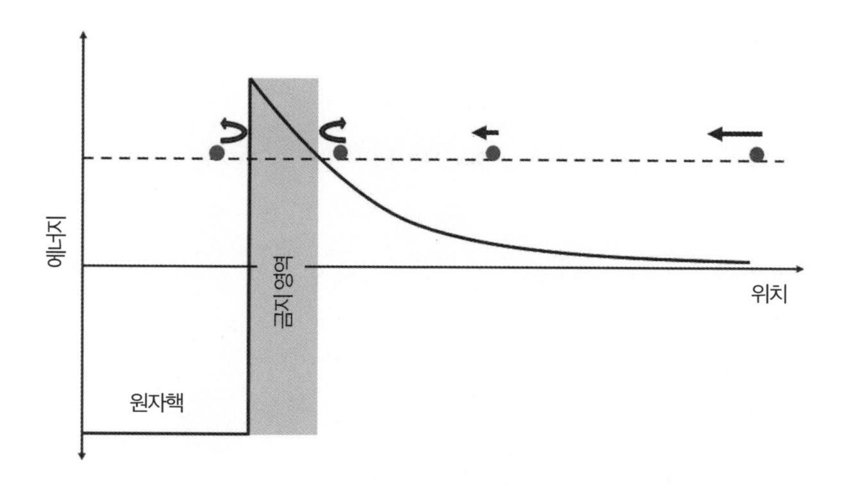

알파 입자와 핵의 거리에 따른 에너지 변화. 영향 범위가 넓은 정전기 척력이 강한 상호작용과 합쳐지면 위치 에너지 장벽이 세워져 핵에 있는 알파 입자는 핵에 갇히고 오른쪽에서 오던 알파 입자들은 되돌아간다.

이를 종합하면 알파 입자가 원자핵과 가까워지면서 나타나는 위치 에너지의 변화는 그림에서 표현된 것과 같다(오른쪽에서 왼쪽으로 갈수록 거리가 가까워진다).

그림에서 보는 바와 같이 왜 알파 입자의 운동이 제한될까? 입자의 전체 에너지, 다시 말해 운동 에너지와 위치 에너지의 합은 일정해야 하기 때문이다. 알파 입자가 원자핵과 멀리 떨어진 곳에서 출발해 일정한 속도로 움직이면 입자의 운동에서 나온 에너지 때문에 전체 에너지는 0보다 크다. 이때 알파 입자는 핵의 끌어당기는 힘이나 밀어내는 힘을 느낄 만큼 가깝지 않으므로 상호작용에 의한 에너지는 발생하지 않는다. 알파 입자가 핵과 가까워지면 정전기 척력을 느끼기 시작하면서 위치 에너지가 증가하지만, 전체 에너지는 그대로여야 한다. 그러려면 운동 에너지가 감소해야 하므로 알파 입자의 속도가 감소한다.

위치 에너지는 알파 입자와 원자핵이 가까워질수록 증가하다가 알파 입자가 처음 지녔던 전체 에너지와 같아진다. 그렇다면 운동 에너지는 0이어야 하므로 알파 입자는 잠깐 완전히 정지한다. 하지만 핵이 밀어내는 힘을 여전히 느끼므로 멈춘 지 얼마 되지 않아 바로 핵과 멀어지면서 위치 에너지가 감소한다. 이때 알파 입자가 빠르게 튕겨 나오면서 핵과 멀어지기 때문에 운동 에너지는 증가한다.

알파 입자의 에너지는 언덕을 구르는 공에 비유할 수 있다. 공을 위로 굴리면 속도가 느려지다가 잠시 멈춘 후 되돌아온다. 공이 도달할 수 있는 최고 높이, 다시 말해 알파 입자와 원자핵의 최소 간격은 알파 입자가 원래 지니고 있던 에너지에 따라 달라진다. 알파 입자가 '언덕'을 다시 내려오면 처음의 에너지와 속도로 출발점에 도달한다.

이 같은 고전 물리학 그림에서는 언덕 꼭대기에 도달하는 데에 필요한 에너지(가이거 실험에서 우라늄은 8.6MeV 이상)보다 에너지가 낮은 입자는 강력이 작용하는 원자핵 내부에 도달하지 못한다. 동일한 논리에 따라 원자핵 안에서 출발한 입자는 총 에너지가 장벽 높이보다 크지 않으면 밖으로 나갈 수 없다. 장벽보다 낮은 에너지를 지닌 입자는 위치 에너지가 빠르게 증가해 처음에 지녔던 전체 에너지와 같아지면서 장벽에 부딪혀 정지했다가 다시 원자핵 안으로 되돌아가야 한다.

가이거의 산란 실험과 우라늄의 알파 붕괴 간의 모순은 고전 물리학 관점에서 절대 가능하지 않다. 강한 상호작용에서 겨우 벗어날 만큼의 에너지를 지닌 알파 입자가 '언덕' 꼭대기에서 굴러 내려오면 입자의 에너지는 기본적으로 꼭대기 높이만큼이어야 한다. 다시 말해 강력을 가까스로 벗어난 알파 입자가 바깥세상과 만났을 때의 에너지는 8.6이어야 하고, 좀 더 수월하게 빠져나오려면 에너지가 더 커야 한다. 하지만 어찌 된 영문인지 자연적으로 붕괴하는 우라늄은 그 절반에도 못 미치는 에너지의 알파 입자를 내보냈다.

양자 물리학이 등장하면서 원자의 여러 미스터리가 풀린 후에도 알파 입자의 에너지 문제는 한동안 해결될 기미가 보이지 않다가, 1928년에 이르러서야 소비에트 연방의 젊은 물리학자 조지 가모브George Gamov가 마침내 수수께끼를 풀었다. 그는 알파 입자가 양자적 성질을 이용해 장벽에 터널을 뚫을 수 있기 때문에 원자핵을 빠져나오는 데 '많은 에너지가 필요하지 않다'는 사실을 발견했다.

터널 효과

조지 가모브는 알파 입자가 얼마 안 되는 에너지로 원자핵을 탈출할 수 있다는 사실을 밝혔을 뿐 아니라 자신도 거의 불가능한 탈출에 성공했다. 우크라이나에서 태어난 그는 소비에트 연방 대학들에서 경력을 쌓았다. 하지만 1930년대에 이오시프 스탈린Joseph Stalin이 집권하면서 압제 정권이 들어서자 떠나기로 결심하고 두 번이나 바다를 건너 서방 국가로 탈출하려고 했지만 모두 실패했다.[06] 이후 가모브와 그의 부인은 1933년에 파리에

06 한 번은 크림반도에서 터키로 건너가려고 했고 다른 한 번은 무르만스크에서 노르웨이로 가려고 했다. 두 번 모두 악천후 때문에 좌절되었다.

서 열린 솔베이 학회Solvay conference에 참석한 후 돌아오지 않을 계획을 세웠다. 학회에 초대받은 사람은 가모브이므로 혼자 출국해야 마땅했지만, 그는 대범하게도 아내의 여권도 발급해 달라고 요구하면서(가모브가 후에 밝힌 바에 따르면 뱌체슬라프 몰로토프Vyacheslav Molotov 외무 인민 위원에게 직접 요구했다고 한다) 아내와 함께 가지 않으면 학회에 참석하지 않겠다고 협박 아닌 협박을 했다. 뜻밖에도 그의 작전은 통했고, 마리 퀴리를 포함한 여러 학회 참석자의 도움을 받아 망명에 성공해 미국에 정착했다.[07]

이 모든 일은 1928년에 가모브가 막스 보른으로부터 양자 물리학의 최신 동향에 대해 배우기 위해 괴팅겐을 방문하면서 시작되었다. 당시 보른은 여러 수학식에 골몰해 있었지만 가모브는 항상 직관적인 모형에 기반해 근사치를 추론했기 때문에 보른의 연구에 흥미를 느끼지 못했다. 자신의 기호에 더 맞는 연구 주제를 찾기 위해 괴팅겐 도서관을 찾은 그는 러더퍼드가 알파 붕괴 에너지 문제를 자세히 설명한 글을 우연히 발견했고[08] 곧바로 답을 찾아냈다. 이 업적으로 물리학계에서 일약 유명 인사가 된 가모브는 솔베이 학회의 초대장을 손에 넣어 소비에트 연방을 탈출할 수 있었다.

가모브는 원자핵의 형태를 유지해 주는 강력과 알파 입자를 떨어트리려는 전자기력으로 만들어지는 '위치 에너지 장벽' 때문에, 공간의 좁은 금지 영역forbidden region에서는 에너지가 낮은 입자들이 되돌아간다는 사실을 발

07 가모브가 정착한 워싱턴DC의 조지워싱턴 대학교는 토스트를 유난히 싫어했던 연기 감지기가 설치된 나의 대학원생 시절의 숙소와 그리 멀지 않다.

08 러더퍼드는 에너지가 낮은 알파 입자가 원자핵을 탈출하는 원인을 설명하기 위해 원자핵 가장자리에서 알파 입자들이 공전하는 모형을 발표했다.

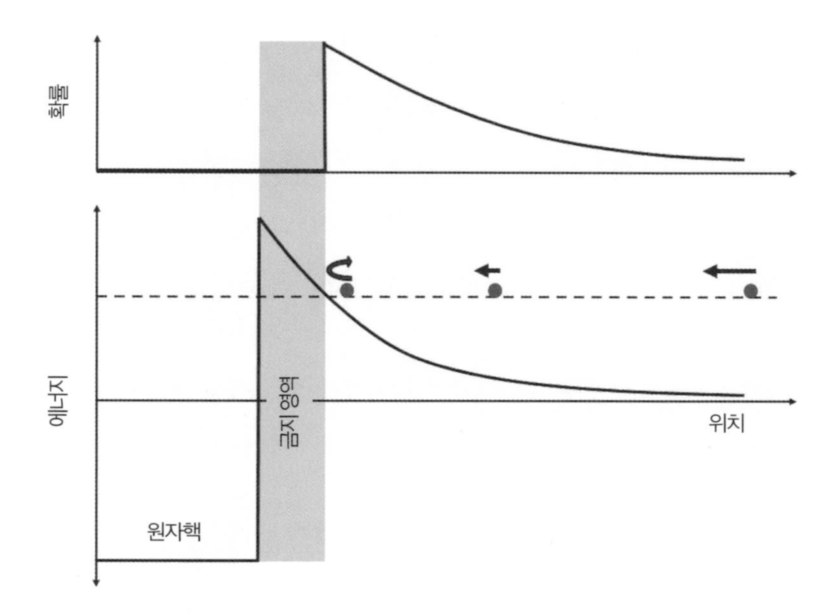

알파 입자가 먼 곳에서 출발해 원자핵으로 다가갈 때의 에너지와 고전 물리학에 따른 확률. 금지 영역과 가까워질수록 속력이 낮아져 머무는 시간이 길어지므로 알파 입자가 발견될 확률이 증가한다. 그러나 금지 영역에 닿는 순간 바로 0이 된다.

견했다. 하지만 알파 입자와 같은 양자 물질은 파동성을 지니기 때문에 장벽을 어느 정도 침범할 수 있고, 장벽이 얇으면 운동 에너지가 충분하지 않더라도 탈출할 가능성이 생긴다.

알파 입자의 양자적 상호작용을 설명하기 위해서는 파동 함수와 확률 분포 개념을 동원해야 하는데 그러면 한 가지 문제에 부딪힌다. 앞에 나온 고전 모형에 의한 확률 분포에서는 알파 입자가 핵을 향하면서 속도가 느려져 확률이 서서히 높아지다가,[09] 위치 에너지가 전체 에너지와 같아지면 0으로 급격히 떨어져야 한다. 이 전환점보다 가까운 곳에서 입자가 발견될 확률은 분명 0이다.

고전 물리학에서는 이처럼 확률이 갑자기 0으로 급락하는 것이 당연하지만 파동성을 지닌 양자 물체는 그럴 수 없다. 일곱 번째 일상에서 불확정성을 다루었을 때 이미 언급했지만, 파동 함수를 급격히 변화시키려면 엄청난 수의 서로 다른 파장이 추가되어야 한다. 하지만 에너지가 확정적인 입자로 들어오는 상황에서 파장은 엄청나게 광범위할 수 없다. 실제 입자는 파동 함수가 갑자기 0이 되지 않고 있고 서서히 작아지면서 장벽을 어느 정도 침범한다. 다시 말해, 입자가 출발했을 때 지녔던 에너지보다 위치 에너지가 큰 금지 영역에서도 입자가 발견될 확률이 존재한다.

이처럼 파동 함수가 서서히 감소하므로 장벽 꼭대기보다 에너지가 낮은 입자도 원자핵 안으로 진입할 약간의 확률을 갖는다. 알파 입자가 금지 영역으로 들어가면 확률은 급격히 떨어지긴 하지만,[10] 금지 영역은 좁기 때문에 입자의 에너지가 장벽보다 너무 낮지 않은 한 핵 안으로 들어갈 확률이 0에 이르지는 않는다. 알파 입자가 원자핵 안으로 들어가면 강력이 알파 입자를 가둔다.

이러한 일이 일어날 가능성은 극도로 낮기 때문에, 가이거의 실험에서는 아주 적은 양의 입자만 사라져 입자의 실종을 감지하기가 어려웠을 것

---

09 속도가 낮아졌다는 것은 공간의 특정 지점에 머무는 시간이 길기 때문에 그 지점에서 발견될 확률이 높다는 의미다.

10 파동 함수의 정확한 형태는 위치 에너지에 따라 미세하게 다르지만, 기본적으로는 알파 입자가 금지 영역으로 점차 깊숙이 침투하는 지수함수형 붕괴(exponential decay)로 나타난다.

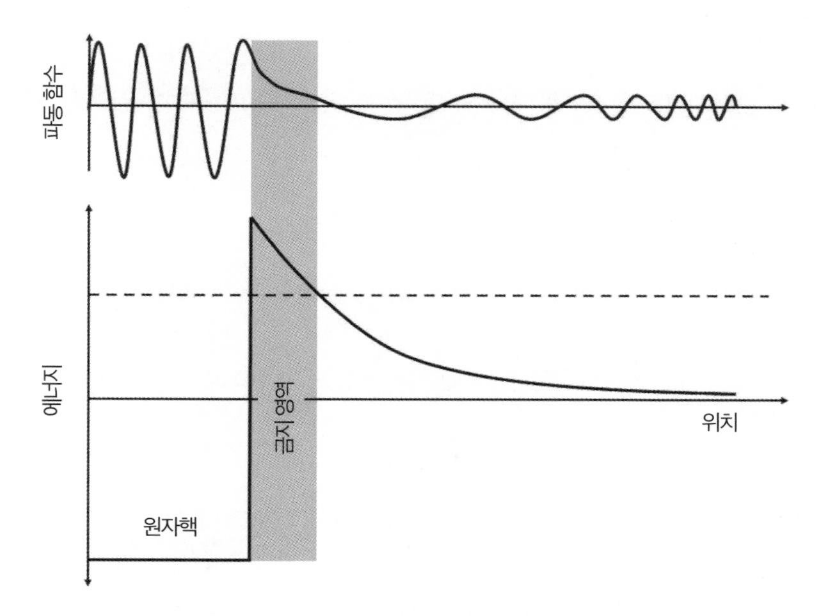

가모브 모형에 따라 알파 입자가 터널 효과를 통해 원자핵을 빠져나올 때의 에너지와 파동 함수. 알파 입자가 장벽을 통과할 때 파동 함수는 기하급수적으로 감소하므로 바깥에 도달할 확률은 미미하지만 0은 아니다.

이다. 하지만 같은 과정은 반대 방향으로도 일어날 수 있다. 원자핵이라는 '상자'는 어렵긴 해도 투과될 수 있어서 핵 안에서 일부 입자가 빠져나올 수 있다. 에너지가 0보다 크고 장벽 꼭대기보다는 낮은 좁은 에너지 범위에서는 입자가 핵 안에서 정상파와 같은 상태로 갇힐 수 있다. 금지 영역에서 이러한 입자가 발견될 확률은 0이 아니라 거리가 멀어질수록 서서히 감소한다. 그리고 중요한 점은 금지 영역의 바로 밖에서도 확률이 0이 아니라는 것이다.

그렇다면 알파 입자는 장벽을 만날 때마다 가능성이 작긴 하지만, 탈출할 기회를 갖는다. 우라늄 원자를 향해 발사된 알파 입자는 장벽을 한 번만 만나지만, 원자핵 안에서 이리저리 튕기는 알파 입자는 장벽에 여러 번 부딪힌다. 프린스턴 대학교에서 가모브와 같은 문제를 고민하던 에드워드 콘든Edward Condon과 로널드 거니Ronald Gurney는 알파 입자가 장벽에 초당 10^{20}번 충돌한다고 추산했다. 단 한 번의 충돌이 탈출로 이어질 확률은 아주 낮지만, 충분한 시간이 주어지면 알파 입자는 결국 원자핵을 빠져나간다. 그러면 전자기 상호작용으로 알파 입자가 바깥으로 밀려 나오면서 방사성 붕괴가 일어나고 이때 알파 입자의 운동 에너지는 장벽 높이보다 낮을 것이다.

이 과정을 '터널 효과tunneling'라고 부른다. 에너지가 충분하지 않은 입자가 에너지 '언덕' 서쪽에서 동쪽으로 터널을 뚫어 장벽을 건너는 것처럼 보이기 때문이다. 가모브는 알파 붕괴가 지닌 모순을 터널 효과로 해결할 수 있음을 곧바로 알아채고(터널 효과라는 명칭은 가모브의 소비에트 연방 동료인 레오니트 만델스탐Leonid Mandelstam과 미하일 레온토비치Mikhail Leontovich가 1928년에 만들었다), 방사성 원자핵 안에 있는 알파 입자가 탈출 기회를 갖는 단순한 방사성 붕괴 모형을 만들었다. 특정 원소의 붕괴 수명이 방출된 알파 입자들의 에너지가 증가함에 따라 기하급수적으로 줄어든다는 가모브의 분석은 가이거의 실험과 존 미첼 누탈John Mitchell Nuttall이 그전에 수행한 실험 결과와 훌륭하게 일치했다.

가모브의 모형은 가이거 실험에서 나타난 에너지 불균형을 규명했을 뿐 아니라 알파 붕괴의 여러 속성도 밝혔다. 터널 현상은 본질적으로 확률론적이기 때문에, 입자는 장벽에 충돌할 때마다 약간의 탈출 확률을 얻지만, 탈출이 언제 일어날지 정확히 예측할 수는 없다. 이러한 사실은 러더퍼드가 20세기 초에 발표한 방사성의 중요한 특징인 '반감기'를 설명한다. 각 원소의 방사성은 '반감기'라는 고유의 속도로 붕괴한다. 원소의 통계적 물리량인 반감기는 처음에 있던 원자 중 절반만이 원래의 상태에 남아 있는 평균적인 시간을 일컫는다. 두 번째 반감기가 지나면 처음 원자 중 4분의 1만이 붕괴하지 않고 남는다. 이는 일정한 확률을 지닌 무작위적인 붕괴에서 예상되는 현상이고, 알파 붕괴가 반감기를 갖는 이유는 가모브의 모형으로 설명할 수 있다.

터널 모형은 알파 붕괴가 자연 상태에서는 왜 아주 무거운 중원소에서만 일어나는지도 알려준다. 원자핵 속에 입는 입자가 터널을 뚫으려면 운동 에너지와 위치 에너지의 합은 장벽 꼭대기보다는 낮더라도 0보다는 커야 하므로, 취할 수 있는 에너지 범위가 좁다. 하지만 핵 안에 있는 입자의 허용 상태 대부분은 강력의 강한 인력 때문에 총 에너지가 0보다 작은 정상파와 같은 상태가 된다. 이러한 입자들은 터널을 뚫을 곳이 없다. 원자핵 바깥에서 금지되지 않는 영역이 존재하지 않기 때문이다. 이처럼 영구적으로 알파 입자가 갇히면 주기율표 대부분을 차지하는 원소들처럼 원자핵은 안정적인 상태가 된다.

하지만 여러 중원소 원소에서는 앞에서 수차례 다룬 파울리의 배타 원리가 등장한다. 입자들을 추가해 원자핵을 무겁게 만들면 에너지가 낮은 상태가 채워진다. 이미 충분히 무거운 원소의 핵에 추가로 투입된 마지막 입자들은 총 에너지가 0보다 큰 상태로 들어갈 수밖에 없게 되면서 터널 효과가 일어난다. 그렇기 때문에 알파 붕괴 현상은 중원소에서만 관찰된다.

가모브가 괴팅겐에서 터널 효과를 발견한 때와 거의 같은 시기에 콘든과 거니 역시 프린스턴에서 동일한 개념을 바탕으로 알파 붕괴 경로를 밝혔다. 하지만 가모브의 접근방법이 좀 더 구체적이었다. 그는 원소의 터널 탈출 비율과 알파 입자 에너지에 관한 훌륭한 근사치 분석법을 개발해 정량적 예측을 수월하게 만들었다. 그 결과 방사성 붕괴의 비율을 측정하는 데에 사용되는 상대적인 물리량 중 하나는 '가모브 인자Gamow factor'로 불리게 되었다. 터널 모형은 알파 붕괴 에너지 문제에 관한 고전적인 가정들을 곧바로 대체하며 그야말로 하루아침에 큰 성공을 거두었다. 가모브는 나날이 다르게 발전하는 양자 물리학계에 돌풍을 일으키며 핵심 인물로 부상한 덕에 스탈린 치하의 소비에트 연방을 탈출할 수 있었다.

햇빛과 쪼개진 원자

사실 터널 효과는 태양을 다룬 첫 번째 일상에서 이미 우리의 아침 일상 이야기에 알게 모르게 등장했었다. 핵융합이 일어나려면 2개의 양성자가 강력에 의해 결합할 만큼 가까워야 하는데, 태양 안에서 양성자 2개가 서로 충돌하면서 경험하는 에너지는 알파 입자가 원자핵에 다가가면서 경험하는 상호작용 에너지와 같다. 다시 말해 중간 거리에서는 척력을 느끼고 가까운 거리에서는 강력에 의한 인력을 느낀다. 양성자 1개가 에너지 장벽을 통과하는 데에 필요한 에너지는 그리 어렵지 않게 계산할 수 있다. 2개의 양성자가 원자핵의 너비만큼 떨어져 있을 때 발생하는 정전기 척력의 위치 에너지만큼 필요한데, 이를 온도로 환산하면 약 150억K다. 태양의 핵이 아무리 뜨겁더라도 1,000만K 정도이기 때문에 1,500배는 더 뜨거워야 직접적으로 핵융합을 일으킬 수 있다.

태양에 연료를 공급하는 융합 반응은 터널 효과를 통해 일어난다. 양성자가 지닌 에너지로는 강한 상호작용이 발생할 만큼 다른 양성자와 가까워질 수 없지만, 양자적 성질 덕분에 터널을 통해 장벽을 건너 융합할 확률을 갖는다. 그러할 확률은 굉장히 낮지만, 태양 안에는 엄청난 수의 양성자가 있기 때문에 계속 뜨겁게 빛날 수 있다.

가모브가 알파 붕괴에 대한 터널 이론을 발표했을 때, 어니스트 러더퍼드(당시 케임브리지에 있는 캐번디시 연구소Cavendish Laboratory의 연구소장이었다)와 함께 연구하던 존 코크로프트John Cockroft와 어니스트 월턴Ernest Walton을 포함한 몇몇 이론 물리학자들이 반대의 과정 역시 가능해야 한다는 사실을 곧바로 알게 되었다. 전하를 지닌 입자를 원자핵을 향해 쏘면 장벽을 통과해 원자핵 안에 도달할 확률은 낮지만 분명 존재해야 하고, 그렇다면 적절한 환경에서는 어떠한 입자를 만들어 낼 수 있을 것이다. 러더퍼드 실험실의 오랜 목표는 입자를 원자핵 안으로 집어넣는 것이었지만, 척력의 장벽을 넘으려면 매우 많은 에너지가 필요하므로 자연적으로 방사능을 방출하는 물질로는 역부족이었다. 하지만 가모브의 터널 모형에 따르면, 인공적으로 만든 고에너지의 입자라면 원자핵 내부에 다가가게 하는 데에 그리 많은 에너지가 필요하지 않다.

코크로프트와 월턴은 고에너지 양성자를 생성할 입자 가속기를 만들기 시작했고 1932년에 마침내 리튬 원자핵 안으로 양성자를 주입하는 데에 성공했다.[11] 약 10억 개의 양성자 중 1개가 성공하는 극히 낮은 확률이었지만, 리튬 핵에 양성자가 주입되어 생성된 불안정한 베릴륨 동위원소는 곧바로 2개의 알파 입자로 쪼개졌고 이는 그들의 실험이 성공했음을 보여 주는 확실한 증거였다. 원자를 쪼갠 최초의 물리학자가 된 코크로프트와 월턴은 1951년에 노벨상을 공동 수상했다. 그들이 제작한 가속기는 비슷한 시기에 미국의 물리학자 로버트 밴더그래프Robert Van de Graaff와 어니스트 로렌스Ernest Lawrence가 개발한 밴더그래프 가속기와 사이클로트론cyclotron과 더불어 실험 핵물리학의 새 시대를 열었고, 입자 가속기들의 덩치가 커져 감에 따라 표준 모형의 물리학적 원리가 차례로 밝혀졌다.

그 무렵 유럽에서는 이렌 졸리오-퀴리와 프레데리크 졸리오-퀴리가 '인공 방사능artificial radioactivity'을 발견했다. 중성자를 최초로 발견할 기회를 아깝게 놓쳤던 졸리오-퀴리 부부는(그들은 중성자의 증거를 찾긴 했지만, 자신들이 발견한 것이 무엇을 의미하는지 몰랐다. 이후 러더퍼드의 조교인 제임스 채드윅이 일련의 실험을 통해 중성자를 규명했다), 중성자의 행동을 연구하다가 원래는 방사성이 아니었던 원소가 중성자에 노출되면 방사능 원소로 바뀌는 현상을 관찰했다. 덕분에 물리학자들은 불과 몇 년 동안 온갖 인공 방사성 원소를 만들 수 있었고, 졸리오-퀴리 부부는 1935년에 노벨상을 받았다.

졸리오-퀴리 부부가 발견한 중성자 흡수 현상은 가모브가 규명하고 코크로프트와 월턴이 활용한 터널 효과 메커니즘과는 다르다. 중성자는 전하를 띠지 않으므로 원자핵에 들어갈 때 터널이 필요 없지만, 열 번째

11 물론 두 사람은 성공하기까지 길고 힘든 시간을 보냈다. 브라이언 캐스카트(Brian Cathcart)의 《The Fly in the Cathedral》는 러더퍼드가 전성기를 보낸 시기의 캐번디시 연구소의 모습을 생생하게 보여준다.

일상 맨 처음에 나온 연기 감지기와 밀접하게 관련된다. 일반적인 연기 감지기에서 이온화 재료로 쓰이는 아메리슘-241은 원자로에서 나온 중성자를 플루토늄 원자가 흡수할 때 만들어지는 인공 원소다. 아메리슘의 반감기는 400여 년에 이르기 때문에 웬만한 주택의 수명보다 훨씬 오랫동안 연기 감지기 안에서 공기 분자를 계속 이온화할 수 있다.

인공적으로 만든 원소의 방사성 붕괴는 의료 촬영 기술에 매우 중요하다. 방사선과 의사들은 반감기가 짧은 방사성 동위원소를 환자에게 투여한 후 방사선 탐지기로 경로를 추적하여 장기가 제대로 기능하는지 진단한다. 예를 들어 환자가 음식과 함께 테크네튬을 섭취하면 음식물이 소화기관을 얼마나 빨리 이동하는지 알 수 있다. 장기마다 진단에 사용되는 원소는 다르다. 갑상선은 많은 양의 요오드를 소비하므로, 환자의 몸에 방사성 요오드 동위원소를 주입하면 상당한 양이 갑상선으로 몰린다. 그러면 의사는 감마선 감지기로 이미지를 찍어 갑상선이 제대로 기능하는지 확인한다.

인공 방사능은 병의 진단뿐 아니라 치료에도 쓰인다. 의사들은 베타 입자나 알파 입자를 내보내는 인공 원소가 담긴 '씨앗seed'을 장기에 이식해 암세포를 죽인다. 종양의 종류나 위치에 따라 적절한 반감기와 붕괴 에너지의 동위원소를 선택하면 종양을 최대한 파괴하되 정상 조직에 대한 피해는 최소화할 수 있다.

비록 우리의 일상과는 거리가 먼 예이지만, 물리학 실험실도 터널 효과로부터 큰 혜택을 받는다. 대표적인 예로 1981년에 게르트 비니히Gerd Binnig와 하인리히 로러Heinrich Rohrer가 개발한 주사형 터널 현미경scanning tunneling microscope을 들 수 있다. 원자 하나의 직경보다 더 작은 거리를 측정하는 이 특수한 현미경은 날카로운 금속 바늘과 물체의 표면 간 터널 효과로 발생하는 미세한 전류를 이용해 바늘 끝과 표면의 거리를 잰다. 이 기술을 통해 물리학자들은 물질의 원자 단위 구조를 파악할 수 있을 뿐 아니라 물체 표면 위에 있는 원자들을 이리저리 이동시키며 흥미로운 무늬를 만들기도 한다.

이 모든 현상이 연기 감지기와 같은 평범한 사물에도 이용된다고 생각하면 새삼 놀랍다. 이처럼 기묘한 물리학이 다음번에 당신을 놀라게 했다면, 생명과 재산을 보호하려는 의도에서 그랬을 것이기 때문에 즐거운 일로 받아들이기 바란다. 요리하다가 음식을 태웠지만, 위험한 상황에 이르기 전에 연기 감지기가 울렸거나 아니면 연기 감지기가 싫어하는 방법으로 토스트를 만들다가 고막이 터질 뻔했다면, 고마워해야 할 또는 원망해야 할 대상은 터널을 통해 불안정한 원자핵에서 몰래 빠져나온 알파 입자이다.

열한 번째 일상

양자 암호

결국 위대했던 실수

Encryption:

A Final Brilliant Mistake

이메일 수신함은 과제에 대한 학생들의 질문이 대부분이고,
간혹 온라인 구매 영수증과 배송 공지가 보인다.

20년 전만 하더라도 인터넷 상거래는 아주 낯선 개념이었지만, 이제는 거의 모든 사람이 온라인에서 물건을 사기 시작하면서 한때 막강했던 대형마트가 파산 위기에 몰리는 지경에 이르렀다. 인터넷으로 살 수 없는 물건은 이제 거의 없고, 어떤 사람들은 우유 한 팩을 사더라도 온라인 마켓을 이용한다.

고객이 자신의 신용카드 정보가 유출될 걱정 없이 신상 정보를 기업에 믿고 맡길 수 있는 암호화 기술이 개발되지 않았다면 인터넷 상거래는 결코 현실화되지 못했을 것이다. 기업이 인터넷 거래를 위한 보안 기술에 막대한 돈을 투자하고 고객의 금융 정보를 안전하게 관리할 수 있는 여러 방법을 개발하면서 온라인 시장은 폭발적으로 성장했다.

인터넷 상거래는 양자 물리학을 다루는 이 책에 맞지 않은 주제일지도

모른다. 왜냐하면 현재 온라인 거래에 쓰이는 보안 기술은 순전히 고전 물리학을 바탕으로 하기 때문이다. 하지만 일상의 양자 물리학을 탐험하는 우리의 여정을 마무리하는 단계에서 잠시나마 상상의 세계를 그려보는 것도 좋을 듯하다. 이번 열한 번째 일상에서 설명할 양자 암호 기술은 아직은 널리 사용되고 있지 않다.

하지만 양자 암호 기술은 분명 실재하고 실용화 단계로 빠르게 진입하고 있다. 2017년 가을에 열린 한 학회는 베이징과 빈의 과학자들이 중국 위성을 통해 양자 암호 전화 통화로 개막식을 열면서 양자 보안 통신을 소개했다. 양자 통신은 이제까지 발견된 물리학 원리 중 가장 기이한 원리 중 하나를 토대로 하지만, 전 세계로 보급될 날이 그리 멀지 않았다.

양자 암호는 양자 역학의 가장 난해한 속성인 '얽힘entanglement'에 기반을 둔다. 멀리 떨어져 있는 입자가 서로 연결되어 있다는 양자 얽힘 이론에 대해 아인슈타인은 "유령과 같은 원격 작용"이라고 조롱했다. 하지만 1970년대 이래 수많은 실험에서 양자 얽힘이 실재하는 현상임이 증명되면서 물리학자들은 시간과 공간 그리고 정보의 전달이 내포하는 더 깊은 의미를 고민하게 되었다.

얼핏 보면 얽힘 이론은 심오한 철학적 문제 같지만, 일상에서 매우 유용하게 활용할 수 있다. 우리가 어떤 사람에게 메시지를 보낼 때 상대방 외에 다른 어떤 사람도 읽지 않기를 원한다면, 입자들의 '유령' 같은 얽힘이 무척이나 유용할 것이다.

비밀 유지의 비밀

암호는 문자의 역사만큼이나 오래되었을 것이다. 비밀을 유지하는 가장 쉬운 방법은 서로 얼굴을 보고 이야기하는 것이지만, 매번 직접 만날 수는 없는 노릇이다. 한 가지 해결책은 상대방만 알아볼 수 있는 암호로 메시지를 작성해 중간에 다른 사람이 가로채더라도 무슨 이야기인지 이해하지 못하도록 만드는 것이다.

수천 년 전부터 기발한 암호 체계가 헤아릴 수 없을 정도로 많이 존재했지만, 이 책에서 이야기하는 현대의 암호는 수학을 토대로 한다. 현대의 암호 체계에서 발신자는 비밀 메시지를 수열로 변환한 다음 연산을 통해 다른 조합의 숫자로 바꾸어서 수신자에게 보낸다. 정확한 연산 과정을 아는 수신자는 암호를 풀어 원래의 메시지로 바꿀 수 있지만, 수신자가 아닌 사람에게는 무의미한 숫자의 나열일 뿐이다.

간단한 예를 들어 설명하면, 알파벳에 차례로 숫자를 매길 경우 A = 01, B = 02…Z=26이 된다. 그러므로 'BREAKFAST'를 암호화하면 다음과 같은 결과가 나온다.

B	R	E	A	K	F	A	S	T
02	18	05	01	11	06	01	19	20

이러한 결과를 알아보기 어렵게 하기 위해 수학적 연산을 추가해 보자. 우선 각 알파벳마다 1이나 0을 부여해 1과 0이 무작위로 나열된 암호

키를 만든다. 그 자리의 암호 키가 1이면 원래의 숫자에 1을 더하고 0이면 1을 뺄 경우 결과는 다음과 같다.

B	R	E	A	K	F	A	S	T
02	18	05	01	11	06	01	19	20
0	1	0	0	0	0	1	1	0
01	19	04	26	10	05	02	20	19
A	S	D	Z	J	E	B	T	S

암호를 모르는 사람이 "ASDZJEBTS"라는 메시지를 받았다면, 고양이가 키보드를 밟고 지나갔을 거라고 여길 것이다. 반면 암호 키와 연산 과정을 아는 수신자는 암호 키가 0이면 1을 더하고 1이면 1을 빼서 원래의 메시지를 복구할 수 있다.

하지만 이 같은 기본적인 암호화 방식에는 치명적인 문제가 있다. 발신자와 수신자가 모두 연산을 수행할 암호 키를 알아야 한다는 것이다. 앞에서 든 예에서 서로 알아야 하는 암호 키는 010000110이다. 수신자와 발신자의 암호 키가 다르다면 수신자는 중간에 몰래 메시지를 가로챈 사람과 마찬가지로 메시지를 읽지 못한다.

가장 간단한 해결 방법은 발신자와 수신자가 한 가지 수열만 기억해 공유할 수 있도록 항상 1개의 암호 키만 사용하는 것이다. 하지만 분석을 시도할 수 있는 암호화된 메시지 텍스트가 많고 충분한 시간이 주어지면 수학 분석을 통해 암호 키를 밝혀 메시지를 복구할 수 있다. 여기에서 '충분한 시간'은 정말 긴 시간이 될 수 있다. 암호 키가 아주 길다면 현재 존재하는 컴퓨터가 메시지를 해독하는 데에 우주의 나이보다 긴 시간이 걸릴지도 모른다. 현재 대부분의 인터넷 메시지는 이처럼 누구도 쉽게 풀지 못할 만큼 긴 수열로 된 하나의 암호 키를 사용한다. 하지만 컴퓨터 성능이 나날이 발전하고 새로운 수학 분석법이 개발되면서 암호 유출의 위험이 점차 커지고 있다. 불순한 의도를 지닌 사람들이 뛰어난 암호 해독 프로그램을 개발하여 엄청난 양의 자료를 손에 넣는 것은 시간문제다.

보다 안전한 방법은 암호 키로 사용할 무작위 수열을 목록화한 일회용 암호표one-time pad(OTP)를 만들어 새로운 메시지마다 새로운 암호를 사용하는 것이다. 하지만 이러한 전략은 발신자와 수신자를 번거롭게 한다. 수신자와 발신자 모두 무작위 수열 목록을 보관해야 할 뿐 아니라, 목록이 길면 길수록 다른 사람에게 노출될 위험이 크다.[01] 그뿐만 아니라 발신자와 수신자가 서로 쉽게 만날 수 없는 상황이라면 메시지를 여러 번 교환한 후 목록을 안전하게 갱신하기도 어렵다.

가장 이상적인 암호 체계는 필요할 때마다 무작위 수열을 생성하는 것이다. 하지만 수신자나 발신자가 사용할 암호 키를 다양한 경로를 통해 무작위로 생성하더라도, 서로 다른 곳에서 생성한다면 수열은 다를 수밖에 없으므로 암호 해독에 사용할 수 없다. 발신자와 수신자의 수열이 동일해야 하므로 이른바 주문형on-demand 암호 생성은 불가능하다.

---

01 수열의 목록이 짧다면 머릿속에 기억하거나 안전한 장소에 보관하기가 쉽지만, 긴 목록은 다른 사람의 눈에 띄지 않게 꺼내어 보기가 어렵다. 외우기는 쉽지만 안전하지 않기 때문에 짧은 암호 대신 복잡하고 긴 암호를 사용할 때도 마찬가지의 문제가 발생한다. 매번 암호를 기억하지 못해 결국에는 포스트잇에 적어 컴퓨터 모니터에 붙인다면 보안은 결코 이루어질 수 없다.

최소한 '고전 물리학'에서는 불가능하다. 하지만 양자 역학은 두 사람이 서로 다른 장소에서 무작위 수열을 공유할 통로를 만들어준다. 이 같은 기술이 가능한 것은 양자 물리학계에서 거론된 가장 난해한 철학적 문제 덕분이고, 아인슈타인은 이 문제 때문에 자신이 초석을 마련했던 양자 물리학과 결별했다.

우주와의 주사위 놀이

"신은 우주와 주사위 놀이를 하지 않는다"는 아인슈타인이 남긴 가장 유명한 말 중 하나다. 사실 이 말은 그가 1926년에 막스 보른에게 보낸 편지에서 다음과 같이 쓴 문장이 변형된 것이다. "양자 역학은 많은 것을 말하지만, 사실 '오래 전부터 찾고 있던' 비밀을 진정으로 알려주지는 못해. 어쨌든 난 신이 주사위를 던지지 않는다고 확신하네."[02]

아인슈타인이 지적한 근본적인 문제는 보른이 처음 제안한 양자 역학의 확률성, 즉 양자 파동 함수는 어떠한 측정 결과에 대한 '확률'만 알려준다는 점이었다. 실험을 수없이 반복한 다음 모든 결과를 취합하여 산출한 파동 함수는 결과 범위를 훌륭하게 보여줄 것이다. 하지만 파동 함수를 안다고 해도 특정한 실험의 정확한 결과는 예측할 수 없다. 양자 입자에 대한 단 한 번의 실험은 결과가 완전히 무작위적이다.

바로 이러한 무작위성이 어려운 철학적 질문을 던진다. 아인슈타인도

02 당연히 원문은 다음과 같이 독일어였다: The original was, of course, in German: "Die Theorie liefert viel, aber dem Geheimnis des Alten bringt sie uns kaum näher. Jedenfalls bin ich überzeugt, dass der Alte nicht würfelt."

확률을 문제 삼지는 않았다. 앞에서 살펴보았듯이 아인슈타인 자신도 개별 입자의 행동을 관측하는 대신 통계 분석을 통해 수많은 입자의 행동을 예측하여 큰 업적을 남겼다. 하지만 그는 무작위성을 구체적인 상호작용에 대한 '지식'의 부족을 보상하기 위한 방편으로만 여겼다. 각각의 입자가 갖는 결과를 예측하는 더 정교한 이론은 분명 가능하지만, 엄청난 수의 입자가 일으키는 상호작용을 모두 산출하기란 너무 어렵기 때문에 편의상 통계적 분석법을 활용한 것이었다. 고전적인 물리계에서도 마찬가지다. 우리가 룰렛 게임을 할 때 구슬과 바퀴의 처음 위치와 속도를 안다면 이론적으로는 구슬이 어디에서 멈출지 정확히 예측할 수 있지만, 계산이 너무 복잡하므로 구슬이 무작위로 움직인다고 여기며 확률을 바탕으로 결과를 예상한다.

하지만 새로 등장한 양자 역학에서는 무작위성이 본질적이었다. 한 번의 양자 실험이 어떠한 결과로 이어질지 예측할 수 없는 까닭은 기술이 부족해서가 아니라 그러할 수밖에 없기 때문이다. 하이젠베르크와 슈뢰딩거가 정립하고 보어와 보른, 파울리가 해석한 양자론에서는 개별 입자의 구체적인 속성을 논하는 자체가 무의미하다. 하이젠베르크의 불확정성 원리(일곱 번째 일상)는 위치와 운동량 측정법에 기술적인 문제가 있다는 의미가 아니라 파동성을 지닌 입자의 위치와 각운동량을 확정적으로 아는 것은 그저 불가능하다는 뜻이다.[03]

---

03 양자 이론의 대안으로 제시된 드 브로이-봄 파일럿 파동 접근법에 따르면 개별 입자들은 확정적인 속성을 '갖고' 있지만, 양자 입자와 관련한 더 기묘한 속성을 지닌 또 다른 장이 개별 입자들의 속성을 유도한다. 그렇더라도 하나의 입자가 애초에 지닌 구체적인 속성은 결국 무작위로 결정되어 측정이 불가능하므로, 한 번의 양자 실험 결과는 여전히 예측이 불가능하다.

파울리와 하이젠베르크를 비롯한 젊은 물리학자들은 수 년 동안 물리학자들을 괴롭혔던 실험 결과를 정확하게 예측하는 이 새로운 이론의 능력에 감탄하며 무작위성을 기꺼이 감수했다. 반면 기성 세대의 물리학자들은 무작위성이 본질적이라는 생각에 쉽사리 동의하지 못했고 더 확실한 대안 이론을 찾으려고 했다.[04] 그중에는 아인슈타인과 슈뢰딩거처럼 양자론 탄생의 주역들도 있었다.

슈뢰딩거는 고양이 사고 실험을 통해 양자론의 근본적인 비결정성이 어떠한 문제를 지니는지 꼬집으려고 했다. 하지만 슈뢰딩거가 제기한 질문은 양자 역학의 발전을 저해하기는커녕, 새롭고 유용한 연구 분야들의 토대가 되었다. 아인슈타인 역시 불확정성 원리를 반박하기 위해 사고 실험을 구상했지만, 그의 사고 실험은 결국 고양이 사고 실험보다 더 큰 결실을 낳았다.

양자 물리학과 베터리지의 헤드라인 법칙

1920년대 말인 1927년과 1930년에 열린 솔베이 학회에서 아인슈타인이 닐스 보어와 양자 물리학 해석에 관해 나눈 토론은 크나큰 이목을 끌었다. 토론 초반의 주요 논점은 아인슈타인이 고전적인 직관에 위배된다는 이유로 반대한 불확정성 원리였다. 토론이 진행되면서 아인슈타인은 결국 불

04 1999년에 표준 모형을 발전시킨 공로로 노벨상을 받은 헤라르뒤스 엇호프트(Gerard't Hooft)를 포함한 몇몇 물리학자는 여전히 양자 물리학보다 더 확실한 대안을 찾고 있다. 하지만 파울리와 하이젠베르크의 뒤를 잇는 대부분의 물리학자는 데이비드 머민(David Mermin)의 비아냥대로 "입 다물고 계산에만 몰두하고" 있다.

확정성 원리의 개념에 대해서 한발 물러서긴 했지만, 다른 측면에서 양자 물리학을 계속 공격했는데, 보어는 그가 불확정성 원리를 받아들였다고 여겼다. 다시 말해 두 천재 물리학자는 많은 사람이 지켜보는 가운데 서로 딴소리를 한 것이다.

아인슈타인은 1935년에 젊은 물리학자인 보리스 포돌스키와 네이선 로젠과 공동 집필한 논문을 발표해 여전히 계속되는 양자론 논쟁에 대한 그의 마지막이자 가장 중요한 업적을 남겼다. 그전까지 아인슈타인이 불확정성을 전제로 주장을 펼쳤다고 믿었던 보어와 다른 많은 물리학자들은 세 명의 집필자 이름의 앞글자를 딴 'EPR' 논문을 읽고 어안이 벙벙했다. 아인슈타인이 양자론이 지닌 보다 심각한 문제를 지적하면서 양자론에 대한 자신의 반대를 천명했기 때문이다.[05]

논문 제목은 '물리적 실재에 대한 양자 역학적 설명을 완벽하다고 볼 수 있는가?Can Quantum-Mechanical Description of Physical Reality Be Considered Complete?'였다. 신문기자들은 헤드라인이 질문 형식이면 그 답은 '아니다'라고 우스갯소리를 하는데 이를 '베터리지의 헤드라인 법칙Betteridge's Law of Headlines'이라고 부른다. EPR 논문도 예외는 아니었다. 아인슈타인과 다른 두 명의 집필자는 보어와 그의 동료들이 만든 코펜하겐 해석의 양자론이 전체적인 물리적 실재를 포착하지 못한다는 것을 보여 주기 위해 한 가지 비정상적인 물리계를 가정했다. 이로써 EPR 집필자들은 여전히 물리학자들을 괴롭히는 '얽힘'

05 아인슈타인에게는 조금 억울한 면이 있다. EPR은 영어로 발표해야 했기 때문에 최종 원고는 로젠이 작성했는데, 말년에 아인슈타인은 로젠이 작성한 내용이 마음에 들지 않았다며 불평했다고 한다.

개념을 공식적으로 물리학계에 소개했다.[06]

EPR은 두 입자의 위치와 운동량을 다루었지만, 전자의 스핀과 같이 두 가지 상태로 이루어진 계를 생각하면 이해하기가 더 쉽다. 슈테른-게를라흐 실험(여섯 번째 일상)에서 살펴봤듯이, 자기장을 이용하면 전자들을 스핀이 위(업)로 향하는 전자들과(자기장과 정렬) 아래(다운)로 향하는 전자들로(자기장과 반대 방향) 분류할 수 있다.

하지만 슈테른-게를라흐 자석은 방향이 임의적이어서 업과 다운이 공간에서 반드시 위와 아래를 지칭하지는 않는다. 자석 장치를 옆으로 누이면 전자 중 반은 '스핀-레프트spin-left'가 되고 나머지 반은 '스핀-라이트spin-right'가 된다. 무작위적인 전자 표본을 무작위적인 방향의 자기장에 통과시키면, 전자들은 언제나 두 분류로 나뉜다. 또한, 두 분류 중 하나를 골라 전자들을 다시 같은 자기장으로 통과시켜 측정하면 결과는 그대로여서, 스핀-업 전자는 그대로 스핀-업(스핀-레프트는 그대로 스핀-레프트)이고 스핀-다운(스핀-라이트)도 그대로 스핀-다운(스핀-리이트)이다.

이 실험을 확장하여, 처음의 자석에서 둘로 나뉘었던 전자 중 한 부류를 골라(가령 스핀-업) 방향을 다르게 한 또 다른 자석에(이를테면 왼쪽-오른쪽) 통과시켜 볼 수 있다. 그러면 전자는 또 한 번 두 부류로 나뉘어 스핀-업이었던 전자 중 절반은 스핀-레프트가 되고 나머지 반은 스핀-라이트가 된다. 왼쪽-오른쪽 자석에 먼저 통과시킨 다음 위-아래 자석에 통과시키거나 두 번째 자석을 90도로 회전시켰을 때도 두 분류로 나뉜다.

06 '얽힘'이란 용어는 아인슈타인과 같은 의혹을 지녔던 슈뢰딩거가 만들었다.

여기까지는 모든 게 순탄하다. 하지만 '세 번째' 자석이 등장하면 상황은 꼬이기 시작한다. 상식대로 생각하면 첫 번째 자석에서 스핀-업이었고 두 번째 자석에서 스핀-레프트였던 전자를 다시 한번 위-아래 자석에 통과시키면, 모든 전자가 스핀-업이 되어야 한다. 이미 스핀-업으로 측정된 전자이기 때문이다.

그러나 실제 상황은 다르다. 스핀-업이었다가 스핀-레프트가 된 전자들 중 반은 스핀-업이 되고 나머지 반은 스핀-다운이 된다. 마치 전자가 스핀-레프트가 되는 과정에서 처음의 스핀-업 결과가 지워져 버려 다시 업-다운 측정에서 무작위적인 결과가 나온 것처럼 말이다.[07]

파울리가 스핀에 관해 설명한 수학 원리를 떠올리면 이유는 간단하다. 전자의 위치와 운동량과 마찬가지로, 스핀의 업-다운과 레프트-라이트의 측정은 서로 상보적이기 때문이다. 스핀 업-다운, 레프트-라이트 상태 역시 불확정성 원리에 따른 관계를 맺기 때문에, 전자의 스핀은 업-다운과 레프트-라이트에 대해 동시에 확정된 값을 갖지 않는다.

EPR 저자들은 2개의 입자로 이루어진 계를 예로 들어 이 같은 양자 비결정성이 실재를 완전하게 설명하지 못한다고 주장했다. 그들은 두 입자 각각의 상태는 불확정적이지만, 두 입자가 조합된 상태는 확정적인 값을 갖는 상황을 가정했다. 스핀의 틀에서 해석한다면, 두 입자의 스핀은 서로 반대여서 하나가 업이면 다른 하나는 다운이라는 사실을 알 수 있거나 하

07 맨 처음의 상태에 대한 정보가 완전히 없어지는 경우는 자석들을 90도로 회전했을 때만이다. 중간 각도로 회전하면 두 부류가 다른 확률을 지닌다. 가령 60도로 회전한 두 번째 자석에 스핀-업 전자를 통과시키면 스핀-라이트가 75퍼센트가 되고 스핀-레프트는 25퍼센트가 된다. 이는 뒷부분에서 자세히 다룰 것이다.

나가 레프트이면 다른 하나는 라이트라는 사실은 알 수 있지만, 어느 입자가 업이거나 다운인지 또는 라이트이거나 레프트인지는 알 수 없는 경우다(이러한 상황은 어렵지 않게 만들 수 있다. 예를 들어 이원자 분자를 둘로 쪼개면 된다). 그들은 두 입자를 상당한 거리로 떨어트린 다음 각각의 속성을 측정했을 때 어떠한 결과가 나올지 추측했다.

두 입자는 상관성을 지니므로, A 입자를 가진 과학자(암호학 관행에 따라 그녀를 앨리스Alice라고 부르자)가 스핀-업을 관측했다면 앨리스는 자신의 동료 밥Bob이 가진 B 입자가 스핀-다운이라고 100퍼센트 확신할 수 있다. 앨리스와 밥은 어떤 입자가 업이고 어떤 입자가 다운인지는 미리 알 수 없지만, 두 입자의 측정 결과는 절대적인 상관성을 갖기 때문에 한 입자의 상태를 알면 다른 입자의 상태를 자동으로 알 수 있다.

한 가지 종류의 측정만 이루어진다면, 이는 고전 물리학 관점에서도 그리 놀라운 일이 아니다. 내가 카드 한 벌에서 스페이드 퀸과 다이아몬드 잭을 고른 다음 각각을 봉투에 넣어 서로 다른 곳에 있는 앨리스와 밥에게 보냈다고 생각해 보자. 앨리스가 봉투를 열었을 때 스페이드 퀸이 나왔다면 그녀는 밥이 어디에 있든 다이아몬드 잭을 갖고 있음을 곧바로 알 수 있다. 이 경우 무작위성은 어떠한 상태가 본질적으로 비확정적이라는 의미가 아니라 우리가 그 상태에 대한 정보가 부족하다는 의미다. 각각의 봉투에는 배달되는 내내 특정한 카드가 들어 있었다. 단지 우리가 무슨 카드인지 몰랐을 뿐이다.

하지만 스핀은 측정이 한 종류로 제한되지 않고, 서로 상보적인 측정 중에서 선택할 수 있다. 앨리스가 여러 측정 중 업-다운이 아닌 레프트-

라이트를 측정하기로 결심하고 그 결과가 스핀-레프트가 나와야, 밥이 스핀-라이트라고 절대적으로 확신할 수 있다. 이때의 무작위성은 고전적인 의미의 정보 부족이라기보다는 근본적인 비확정성에 가깝다. 내가 카드 한 벌에서 고른 두 장의 카드를 우편으로 보냈을 때, 봉투 위를 열면 그 카드가 스페이드 퀸인지 다이아몬드 잭인지를 알 수 있지만, 봉투 아래를 알면 하트 에이스인지 클로버 2인지 알게 되는 상황과 같다. 봉투를 열어 보기 전까지는 각각의 봉투에 어떤 카드가 들었는지 알 수 없을 뿐 아니라 어떠한 선택지가 있는지도 모른다.

그러나 아인슈타인, 포돌스키, 로젠이 지적했듯이, 입자들은 측정이 레프트-라이트가 될지 업-다운이 될지 미리 알 수 없고, 측정 타이밍에는 어떠한 제약도 없으므로 A 입자가 B 입자에 메시지를 전달하여 어떤 결과를 선택할지 알려줄 수 없다. 하지만 측정 사이의 상관성은 반드시 유지되어야 한다. 아인슈타인은 이 같은 사실이 암시하는 바는 모든 가능한 측정 결과가 미리 정해져 있어 각각의 입자는 어떠한 측정에서 어떠한 결과를 선보여야 할지에 관한 일련의 지시를 띠고 있는 것이라고 생각했다. 하지만 입자가 결과 목록을 갖는다는 것은 양자 비결정성 개념과 모순된다. 양자 역학이 아닌 더 정교하고 완벽한 이론으로 설명할 수 있는 숨은 변수가 측정 결과를 결정한다면, 각각의 입자는 항상 확정적인 상태를 갖는다고 해야 한다.

이에 대한 유일한 대안은 앨리스의 측정 결과가 빛보다 훨씬 빠른 속도로 밥의 입자로 전달되는 것이다. 이를 두고 아인슈타인은 "유령과 같은 원격 작용spukhafte fernwirkung"이라고 비꼬았다. 멀리 떨어져 있는 입자가 연결되어 있다는 생각은 상대성 이론에 의한 공간, 시간, 정보에 관한 기본적인 직관에 위배된다. 이러한 '비국소적[non-local]' 상호작용은 고전 물리학에서는 여러 심각한 문제를 일으킨다. 무엇보다도 정보를 빛보다 빠른 속도로 전달할 수 있다면 결과가 원인을 앞서는 모순이 발생하므로 아인슈타인은 이를 단호하게 거부했다.

아인슈타인에서 벨 그리고 아스페

보어의 친한 동료인 레옹 로젠펠트[Leon Resenfeld]는 EPR 논문을 "마른하늘에 날벼락"이라고 일컬으며 경악을 금치 못했다. 코펜하겐 학파는 전혀 예상하지 못한 아인슈타인의 주장을 어떻게 해석해야 할지 우왕좌왕했다. 보어는 EPR 논문과 같은 제목인 '물리적 실재에 대한 양자 역학적 설명을 완벽하다고 볼 수 있는가?'라는 또 다른 논문을 서둘러 발표했지만, 더 큰 혼란만 야기했다. 결코 훌륭한 문장가라고 할 수 없는 보어의 논문은 EPR의 사고 실험 앞에 무릎을 꿇었다.

시간이 흐르면서 과학자들은 EPR 논문의 주요 전제 중 하나에 도전하기 시작했다. A 지점에서 이루어지는 측정은 B 지점에서 이루어질 측정에 '결코 방해되지 않는다'는 전제를 반격하고 나선 것이다. 보어에 따르면, 두 입자가 하나의 양자 상태에 얽혀 있다는 것은 앨리스의 측정이 밥이 가진 입자가 '미래에 보일 행동에 대해 어떠한 예측이 가능한지 이를 정의하는 조건들 자체에 영향'을 준다는 의미다. 코펜하겐 해석에 의하면, 실재를 양자적으로 완벽하게 설명하는 것은 멀리 떨어져 있는 지점들에서 이루어질 또는 이루어질 수 있는 측정 전부를 본질적으로 포괄하는 것이다.

이와 같은 얽힘 접근법은 사실 누구도 100퍼센트 만족시키지 못했지만, 대부분의 물리학자는 너무나도 난해하고 부자연스러워 보이는 상황을 그리 문제 삼지 않았다. 양자 역학을 이용하면 물리계의 수많은 흥미로운 속성을 매우 훌륭하게 계산할 수 있었기 때문에, 대부분의 물리학자는 계산에 몰두하느라 실험으로는 증명할 수 없는 아인슈타인과 보어의 불가해한 철학적 논쟁에는 관심을 두지 않았다. 아인슈타인 진영과 보어 진영은 EPR 실험의 측정 결과에 대해서는 모두 동의했지만, '왜' 그런 결과가 나오는지에 대해서 의견이 달랐다. 보어는 측정 결과들은 본질적으로 비확정적이지만 얽혀있다고 주장한 반면, 아인슈타인은 숨겨져 있는 변수에 의해서 미리 정해진다고 주장했다. 보어의 견해는 존 폰 노이만John von Neumann이 '숨은 변수' 이론은 수학적으로 불가능하다고 단언하면서 점차 더 많은 지지를 받았다. 사실 당시 폰 노이만이 한 주장은 완전히 틀린 것이었지만, 그는 매우 존경받는 수학자였기 때문에 보어 편에 섰던 많은 물리학자가 공식을 검토해 보지도 않고 그의 주장을 무작정 받아들였다.

지지부진한 철학적 논쟁은 어떠한 돌파구도 찾지 못한 채 거의 30년 동안 이어졌다. 그사이 아인슈타인과 슈뢰딩거는 양자론에서 거의 손을 떼고 다른 분야에 눈을 돌렸고,[08] 양자 역학은 보어를 중심으로 한 코펜하겐 학파를 중심으로 계속 발전했다. 하지만 1960년대 중반 존 벨John Bell이라는 아일랜드의 물리학자가 아인슈타인, 포돌스키, 로젠의 주장을 꼼꼼

08 아인슈타인은 인생의 마지막 몇십 년을 중력과 전자기를 하나의 통일된 장으로 결합하는 이론을 찾는 데에 쏟았지만 실패하고 말았다. 슈뢰딩거 역시 장 이론을 연구하는 한편 생명에 관한 위대한 물리학 책을 발표했다.

하게 검토한 후 그들이 내세웠던 '국소적 숨은 변수' 이론과 정통적인 양자적 설명의 승패를 판별할 실험 방법을 발견했다.

벨이 제시한 방법의 핵심은 앨리스와 밥이 서로 다른 측정을 했을 때의 상황이다. 두 대의 스핀 탐지기를 모두 업-다운 또는 모두 레프트-라이트를 측정하도록 동일하게 설정한다면, 측정 결과는 분명한 상관성을 나타낼 것이다. 하지만 한 대는 업-다운을 측정하고 다른 한 대는 레프트-라이트를 측정한다면, 각각의 가능한 조합은 확률을 갖게 된다. 국소적 숨은 변수 이론에서 가능한 확률들의 범위는 양자 역학에서의 범위와 다르다.

국소적 숨은 변수 접근법에 따르면, 각각의 입자는 어떠한 측정이 이루어지느냐에 따라 어떠한 결과를 선보여야 하는지에 관한 일련의 지침을 지니고 있다. 구체적으로 설명하기 위해, 2개의 서로 다른 가능한 결과에 각각 '0'과 '1'의 숫자를 매기고(예컨대 스핀-업은 1, 스핀-다운은 0) 탐지기의 방향을 위-아래를 축으로 세 가지 각도로 설정할 수 있다고 가정해 보자(측정 선택지를 세 가지로 한 까닭은 벨의 이론을 수학적으로 설명할 수 있는 가장 작은 수이기 때문이다. 실제로는 선택지가 무한하므로 미적분으로 계산해야 한다). 국소적 숨은 변수 이론에서는 입자 쌍이 다음 표에 나온 여덟 가지 상태에 존재할 수 있다.[09]

09 벨의 이론을 이처럼 도표로 나타낸 사람은 데이비드 머민이었다.

	A1	A2	A3	B1	B2	B3
I	1	1	1	0	0	0
II	1	1	0	0	0	1
III	1	0	1	0	1	0
IV	1	0	0	0	1	1
V	0	1	1	1	0	0
VI	0	1	0	1	0	1
VII	0	0	1	1	1	0
VIII	0	0	0	1	1	1

가로줄은 입자 쌍이 취할 수 있는 상태로, 각 탐지기 설정 상태마다 측정 결과가 어떻게 나오는지 보여준다. A로 표시된 세로줄은 앨리스가 세 가지 설정에서 측정한 결과이고, B는 밥의 측정 결과이다. 실험에 사용된 얽힌 입자 쌍은 8개의 상태 중 무작위로 선택된 한 가지 상태에 반드시 속해야 한다.

벨의 이론을 이해하기 위해, 우리는 스스로 '변수 결정자setter of variables'가 되어 양자 역학적 예측에 맞추어 각각의 얽힌 입자 쌍의 상태를 선택한다고 상상해 보자. 우리는 여덟 가지 상태가 일어날 각각의 확률을 자유롭게 조정할 수 있지만, 한 가지 제약이 있다. 각각의 탐지기가 어떻게 설정되었든지 간에 여러 번 측정하면 0이 나올 가능성과 1이 나올 가능성이 각각 항상 50퍼센트여야 한다.

앞의 표에서 알 수 있듯이, 탐지기 두 대가 동일하게 설정되어 있다면, 결과는 항상 반대이기 때문에 입자 사이의 얽힘이 반영되므로, 이 경우에는 변수 결정자의 역할이 그리 어렵지 않다. 하지만 벨이 지적했듯이 두 탐지기가 서로 다른 각도로 회전한다면 상황은 복잡해진다. 우리가 숨은 변수 접근법을 양자 예측에 맞추려면, 설정이 서로 다른 A와 B의 결과가 반대로 나올 최대의 확률과 최소의 확률을 알아내야 한다.

최대 확률이 100퍼센트라는 사실은 상대적으로 알기 쉽다. 상태 I 안에서 얽혀 있는 쌍들 중 반과 상태 VIII의 반을 조합하면 100퍼센트가 되기 때문이다. 상태 I과 상태 VIII에서는 앨리스가 자신의 탐지기를 어떻게 설정하든 간에 1은 밥의 0과 쌍을 이룰 것이고 0은 밥의 1과 쌍을 이룰 것이다.

최소 확률을 구하기 위해서는 당연히 상태 I과 상태 VIII을 배제해야 한다. 남은 6개의 상태를 자세히 보면, 두 탐지기가 어떻게 설정되는지 간에 결과가 반대로 나오는 상태는 오직 2개뿐이다. 가령 A1과 B2를 조합하면 상태 II와 상태 VII이 결과가 반대이고, A2와 B3를 조합하면 상태 IV와 상태 V가 결과가 반대다. 각각의 탐지기가 0과 1의 가능성이 50대 50이어야 하므로, 상태 I과 상태 VIII을 뺀 나머지 6개 상태의 가능성이 모두 동일하다면 측정 결과가 서로 반대될 가능성은 세 번 중 한 번이 된다.

그렇다면 서로 다른 설정에서 결과가 다르게 나올 확률의 범위는 최댓값이 100퍼센트이고 최솟값이 33퍼센트가 된다. 변수 결정자인 우리는 측정 결과가 서로 반대일 확률이 3분의 1 이하가 되도록 해서는 안 된다

그렇다면 변수 결정자가 고려해야 할 양자 예측은 무엇일까? 양자 역학에서는 측정이 독립적이지 않다. 다르게 표현하면, 앨리스가 자신의 탐지기를 A1으로 설정하여 1이라는 결과를 얻었다면, 밥의 입자는 그와 같은 설정에서 확정적으로 0의 상태가 된다. 얽힌 입자가 스핀이라면, 밥이

다른 설정에서 0이 될 정확한 확률은 두 설정 사이의 정확한 각도에 따라 달라진다. 밥의 입자가 앨리스의 A1 설정에 해당하는 각도에서 0이라는 결과가 나오는 상태에 있다는 사실을 우리가 안다면, B2설정이 A1과 같을 때 밥이 B2 설정에서 0을 관측할 확률은 100퍼센트가 되고, B2가 회전하여 A1과 각도 차이가 벌어지면 확률은 낮아진다. 각도를 미세하게 변경해 보면 확률은 25퍼센트까지 내려간다(탐지기 사이의 각도가 60도일 때).

그렇다면 변수 결정자의 임무는 불가능해진다. 탐지기 설정을 조합하다 보면 양자 물리학의 예측에 따라 서로 반대되는 결과가 나올 최소 확률은 국소적 숨은 변수들에 따른 최소 확률보다 낮게 나타난다. 그뿐만 아니라 25퍼센트의 확률과 33퍼센트의 확률 중 무엇이 맞는지는 정교한 실험을 통해 쉽게 판별할 수 있다. 이로써 물리학계는 보어와 아인슈타인의 논쟁에 종지부를 찍었다.

물론 실제 벨의 이론은 8개의 상태로 이루어진 이 같은 단순한 모형보다 훨씬 정교해 현실의 복잡성을 반영한다. 그의 방대한 이론은 어떠한 형태의 EPR 실험에서든 탐지기 설정을 변화시키면 국소적 숨은 변수 이론에 어긋나는 예측이 항상 가능하다는 것을 수학적으로 철저하게 증명했다.

EPR 사고 실험에 대한 벨의 초기 논문은 큰 관심을 받지 못했지만, 흥미를 느낀 몇몇 물리학자들이 직접 실험에 나섰다. 1970년대 중반에 존 클로저John Clauser가 처음 한 실험은 양자 예측에 부합하긴 했지만, 통계적 검증력이 약했다. 1981년과 1982년에 프랑스의 젊은 물리학자 알랭 아스페Alain Aspect가 수행한 일련의 실험은 국소적 숨은 변수 이론이 양자 결과를 흉내 낼 수도 있다는 기존 실험들의 주요한 허점들을 메우며 정확성을 널리 인정받았다.[10] 지난 35년 동안 수많은 '벨 실험'이 이루어졌고 항상 양자 예측이 옳았다. 아인슈타인, 포돌스키, 로젠이 내세웠던 숨은 국소적 숨은 변수 접근법은 우리의 양자 우주를 올바르게 설명하지 못한다.

양자 암호

EPR 주장과 벨의 이론이 물리학자들의 마음을 사로잡는 가장 큰 이유는 우주의 본질을 알려주기 때문이다. 얽혀 있는 입자 사이에서 일어나는 '유령 같은' 상관성은 분명 실재하고 수많은 실험에서 입증되었다. 다시 말해 서로 멀리 떨어진 장소는 분리되어 있다는 우리의 직관에 위배되는 점이 있지만, 멀리 떨어져 있는 점들은 양자적으로 서로 연결되어 있다. 이 같은 근본적인 비국소성의 본질과 비국소성이 더 큰 척도에서는 일어나지 않아 우리의 평범한 현실에 영향을 미치지 않는 이유를 파고드는 물리학자와 철학자는 비록 소수이지만, 활발히 연구 활동을 펼치고 있다.[11]

이 책은 양자 물리학이 우리 일상에 어떠한 영향을 미치는지에 대해 이야기하지만, 공교롭게도 매우 매력적인 양자 기초 연구 분야인 얽힘의 가장 큰 특징은 일상에서 그 어떠한 영향도 드러내지 않는다는 것이다.

하지만 양자 얽힘을 실생활에 응용할 수 있는 분야가 딱 한 가지 있다.

---

10 아스페의 실험은 매우 흥미롭지만 이 책에서 다루기에는 내용이 방대하다. 더 자세히 알고 싶다면 《강아지도 배우는 물리학의 즐거움》을 참고하기 바란다. 데이비드 케이저(David Kaiser)의 《How the Hippies Saved Physics(히피는 어떻게 물리학을 구했을까)》를 참고하면 클로저와 아스페 실험의 재미있는 비화를 알 수 있다.

11 조지 머서(George Musser)의 《Spooky Action at a Distance(유령과 같은 원격 작용)》은 비국소적 상호작용 연구의 역사와 학계의 최신 동향을 소개한다.

바로 양자 암호다. 얽힌 입자들을 관측한 실험 데이터를 살펴보면 그 이유를 알 수 있다. A 지점에서 이루어진 측정 결과는 무작위로 0과 1이지만, A 지점의 과학자는 B 지점에서 똑같이 측정한 다른 과학자의 결과가 반대일 거라고 100퍼센트 확신할 수 있다. 그러므로 멀리 떨어져 있는 두 사람은 완벽하게 무작위적이면서도 완벽한 상관성을 갖는 두 가지 수열 목록을 얻을 수 있다. 그렇다면 비밀 메시지를 암호화한 다음 해독할 수 있다.

숨길 게 많은 물리학자들이 도청을 방지하고 싶다면, 공유하는 입자들을 측정할 때 벨 실험을 약간 변형하여 탐지기 설정을 바꾸면 된다. 많은 수의 얽힌 입자 쌍을 공유하는(앞에서와 마찬가지로 전자스핀이라고 생각하자) 앨리스와 밥이 목록을 살피면서 업-다운을 측정할지 레프트-라이트를 측정할지 무작위로 결정한다. 앨리스는 모든 측정이 끝난 후 측정된 값이 아닌 스핀 측정 방법, 즉 업-다운이었는지 레프트-라이트였는지에 관한 목록을 공개적으로 밥에게 전달한다. 밥이 절반 정도를 앨리스와 같은 방식으로 측정하면 그 결과들은 완벽한 상관성을 갖게 될 것이다. 다시 말해 앨리스가 1이었다면 밥은 0이 되고 0이었다면 1이 될 것이다. 밥이 앨리스에게 자신의 측정 결과를 알려주는 대신 자신의 측정 중 앨리스와 같은 방식으로 이루어진 측정이 무엇이었는지를 알려주면, 즉 어떤 입자 쌍이 탐지기 설정이 같은지만 알려주면, 상관성이 완벽한 무작위적인 수열을 얻게 된다. 앨리스가 탐지기 설정이 같은 절반의 데이터에서 1을 발견하면 밥의 결과는 0이었다고 유추할 수 있고 0을 발견하면 밥은 1이었다고 유추할 수 있다. 앨리스와 밥은 이렇게 얻은 숫자들로 암호 키를 만들어 메시지를 암호화할 수 있다.

이처럼 측정 방식을 무작위로 뒤바꾸면 암호 키가 생성되는 속도는 느려지지만, 도청을 막을 수 있다. 앨리스와 앙숙인 이브[Eve]가 얽혀 있는 입자 하나를 가로채 입자의 상태를 측정한 다음 측정 결과에 부합하는 상태의 다른 입자를 밥에게 보내면 암호 키를 훔칠 수 있다. 예를 들어 이브가 스핀-업을 측정해 1이라는 결과를 얻으면 상태 1의 새로운 입자를 준비해 밥에게 알려주면 된다. 하지만 이브는 어떠한 측정이 이루어질지는 전혀 모르므로 무작위로 탐지기 설정을 선택해야 해서 에러가 발생할 수밖에 없다. 가령 앨리스와 밥은 레프트-라이트를 측정하는 반면 이브는 업-다운을 측정했다면, 예상대로 1-0 쌍이 나오지 않고 1-1 쌍이 나올 가능성이 50퍼센트가 된다.

이브가 암호 키를 가로채 메시지를 해독하려고 해도 에러 때문에 의미

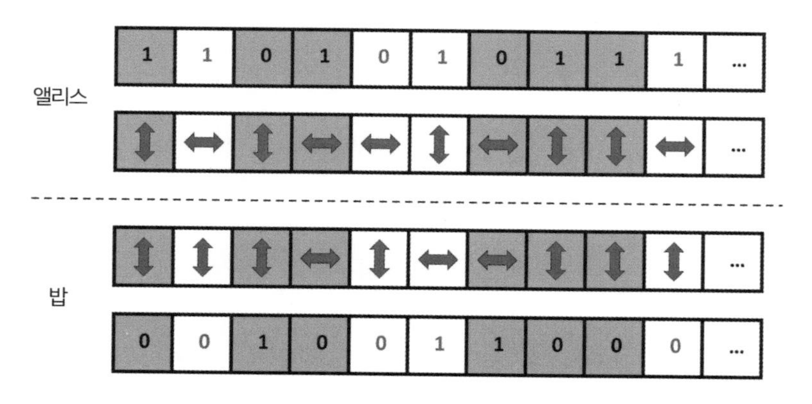

양자 암호 키 생성 과정. 앨리스와 밥이 얽혀 있는 동일한 스핀들을 공유하고 스핀-업/스핀-다운을 측정할지 스핀-레프트/스핀-라이트를 측정할지 각자 무작위로 결정한다. 그들의 측정 방법 선택이 일치하면(어두운 칸), 앨리스가 0일 경우 밥은 1이 되고 앨리스가 1이면 밥은 0이 된다. 각각의 스핀에 대해 어떠한 측정을 했는지 서로 알려준 다음 같은 방식으로 측정한 스핀의 결과들을 조합하면, 상관성을 지닌 무작위 수열을 얻게 되어 암호 키로 사용할 수 있다.

없는 문자만 나열된다. 더 중요한 사실은 앨리스와 밥이 이브의 존재를 알아차릴 수 있다는 것이다. 암호 키를 생성하는 데에 필요한 쌍보다 훨씬 많은 수의 쌍을 측정한 후 해당 목록에서 일부 구간을 무작위로 골라 측정 방식뿐 아니라 측정 결과도 확인하면 된다. 만약 상관성이 완벽하지 않은 경우가 지나치게 많다면 이브가 암호 키를 가로채려고 한 사실이 밝혀지므로, 도청 위험을 제거할 수 있다.

물론 이는 기본적 원리를 개략적으로 설명한 것에 불과하고 실용화까지는 수많은 기술적 난관이 존재한다. 실제 양자 암호 시스템은 극성을 지닌 광자를 얽혀 있는 양자 입자로써 사용하는데, 광자들을 안정적으로 보내고 감지하기가 몹시 어렵다. 하지만 이 같은 기술이 1984년에 처음 구상된 이후 연구가 활발히 진행되면서 꾸준히 성과가 나오고 있다. 극성을 지닌 광자들을 광섬유로 보내 양자 암호 키를 분배하는 기술이 수백 킬로미터에 이르는 거리에서 성공하면서 상업 시스템으로 사용될 잠재력을 충분히 보여 주었다.

앞에서 언급한 중국 연구팀은 지상에 있는 연구실들과 궤도를 도는 위성 간에도 양자 암호 키를 배분하는 데에 성공했다. 그들은 2017년 가을에 미셔스Micius라는 이름의 위성(기원전 5세기의 중국 철학자인 묵자의 라틴어 표기)을 통해 오스트리아로 최초의 '양자 보안' 국제 전화를 걸었다. 미셔스가 베이징에 있는 연구소 위를 지날 때 중국 과학자들은 레이저 펄스를 위성으로 발사해 암호 키를 생성했다. 얼마 후 위성이 오스트리아 빈 위를 지날 때 빈에 있는 과학자들도 똑같은 과정을 반복했다. 이렇게 서로 공유한 암호 키가 양자 연구 학회의 개막을 장식한 바이춘리白春礼 중국 과학원

원장과 안톤 차일링거Anton Zeilinger 오스트리아 과학원 원장의 영상 통화 비디오 링크를 암호화하고 해독했다.

양자 암호 키 분배 시스템은 아직 널리 사용되지는 않지만, 온라인 상거래의 중요성이 그 어느 때보다 커지고 있는 만큼 은행과 기업이 그리 멀지 않은 시기에 고객 정보 보호에 양자 얽힘을 활용할 것이다. 물론 양자 얽힘이 완전한 보안을 보장하지는 않는다. 해커들이 양자 암호 키를 훔치는 데 활용할 '양자 해킹 기술'을 개발하려는 연구자들도 있기 때문이다. 양자 역학은 비밀을 지키려는 자와 비밀을 캐내려는 자의 끝없는 싸움을 결코 종식할 수 없을 것이다. 전쟁터가 새롭고 유령 같은 곳으로 바뀔 뿐이다.

위대한 실수

양자 물리학 탄생의 주역인 아인슈타인이 양자론과 결별한 것은 그의 삶에서 옥의 티로 취급될 때가 많다. 아인슈타인 전기 중 가장 권위 있는 것으로 평가되는 에이브러햄 파이스Abraham Pais의 《Subtle Is The Lord(보이지 않는 신)》에서 EPR 논문은 말년의 불운한 해프닝 정도로 짧게 묘사된다.

아이러니하게도 파이스의 책이 출간된 1982년에 EPR 시나리오를 가장 뛰어나게 재현했다고 평가받은 알랭 아스페의 세 번째 광자 얽힘 실험이 발표되었다. 존 벨의 연구를 바탕으로 한 아스페의 실험은 양자적으로 얽힌 입자가 맺는 상관성은 아인슈타인이 내세우던 국소적 숨은 변수 이론으로 전혀 설명할 수는 없다는 것을 확정적으로 입증했다. 이후 EPR 논문의 위상은 엄청나게 달라졌다. 2005년 집계에 따르면 1980년까지 EPR 논문이 인용된 횟수는 36번뿐이었지만, 1980년부터 2005년까지는 456번에 이르렀다. 2017년 말인 지금 인터넷을 검색해 보면 EPR 논문이 인용된 글은 5,900개가 넘는다.

결국 아인슈타인, 포돌스키, 로젠의 주장은 틀린 것으로 밝혀졌지만, 그러한 판명이 이루어지기까지의 과정은 매우 역동적이었다. 그들의 실수는 양자 물리학에서 그 누구도 주목하지 않던 기이하고 난해한 문제에 관심을 끌게 한 위대한 실수였다. EPR이 지닌 심오하고 미묘한 허점은 물리학을 상식적인 시각으로 접근하는 것이 왜 실패할 수밖에 없는지를 여실히 보여 주면서 물리의 철학적 논쟁을 도약시켰고, 이를 계기로 양자 얽힘의 본질적인 기묘함을 탐구하는 기술이 눈부시게 발전했다.

어찌 보면 EPR 논문은 아인슈타인에게 옥의 티가 아니라 그에게 어울리는 양자 물리학과의 결별 방법이었다. 1905년에는 빛이 입자라는 파격적인 주장으로 양자론 개척에 기여했지만, 30년 뒤에는 양자 얽힘이라는 또 다른 파격적인 주장으로 양자 역학의 아성을 무너트리려고 했다. 두 논문은 각자의 방식으로 우주에 대한 인류의 이해를 송두리째 바꾸었고 평범한 일상에는 엄청난 기묘함이 숨어 있음을 보여 주었다.

맺으며

대부분의 사람이 물리학이라고 하면 거대한 입자 가속기에서 찰나에 존재하는 기이한 입자나 빅뱅 직후 일어난 물질과 시공간의 탄생 또는 커다란 별들이 붕괴하며 블랙홀이 형성되는 미스터리한 과정처럼 극단적이고 기묘한 현상만을 다루는 학문으로 여긴다는 사실을 책의 첫 부분에서 이야기했다. 이러한 일들은 상상력을 동원해야 하는 척도에서 일어나기 때문에 세상이 어떻게 작용하는지에 대한 우리의 일상적인 직관에 완전히 배치된다.

하지만 앞에서 보았듯이, 기묘한 시나리오에 등장하는 물리학 원리는 우리가 침대에서 일어나 아침을 차려 먹고 출근하기까지의 극히 평범한 활동에도 영향을 미친다. 우리의 존재를 가능하게 하는 고체 물질의 안정성 같은 기본적인 현상도 양자론 없이는 설명할 수 없다. 전자스핀과 파울리의 배타 원리가 없었다면, 거시 물질을 만들기 위한 모든 시도는 내부 폭발이라는 재앙으로 이어질 것이다. 우리가 하는 모든 일은 아무리 지루해 보여도 궁극적으로는 양자 물리학에 뿌리를 두고 있다.

하지만 난 이 책이 평범한 일상과 양자 물리학의 관계가 쌍방향이라는 사실을 분명히 보여 주었길 바란다. 다시 말해 기묘한 양자 물리학 역시 궁극적으로 일상 사물들의 행동에 영향을 주는 극히 평범한 현상에 뿌리를 두고 있다. 양자 물리학의 시작은 '뜨거운 물체는 왜 특정한 색으로 빛나는가?'라는 시시하리만큼 단순한 질문이었다. 발열체의 빛 변화는 전기 토스터 오븐, 백열전구, 태양에서처럼 어디서나 나타나기 때문에 우리는 그러한 현상에 어떠한 설명이 필요하다는 사실조차 쉽게 잊는다. 빛의 색을 세심하게 관찰한 19세기 분광학자들의 남다른 호기심과 막스 플랑크의 과감하고 대범한 트릭 덕분에, 인류는 가장 기이하고 강력한 물리학 이론의 길에 첫발을 들였다.

하지만 물리학자들이 단숨에 기묘하고 반직관적인 이론에 달려든 건 아니다. 그들은 비교적 평범한 환경에서 쉽게 관찰할 수 있는 현상으로부터 일련의 추론 단계를 거쳐 이론을 만들어 내는 단계에 도달했다. 플랑크가 흑체 복사를 설명하기 위해 양자 가설을 도입한 후, 알베르트 아인슈타인이 플랑크의 아이디어를 바탕으로 광전 효과를 설명했고, 광전 효과의 발견은 이후 광자에 대한 통계학과 레이저의 개발로 이어졌다. 마리 퀴리가 방사성의 존재를 밝힌 후, 어니스트 러더퍼드가 방사성을 토대로 원자핵을 발견했고, 닐스 보어는 원자핵 덕분에 불연속적인 원자 상태 개념을 만들 수 있었으며 이는 초정밀 원자시계를 가능하게 했다. 드미트리 멘델레예프가 만든 주기율표는 원자 껍질 개념의 탄생으로 이어졌고, 이를 바탕으로 볼프강 파울리는 사실상 모든 존재에 없어서는 안 될 배타 원리를 발견했다.

양자 물리학 이야기는 말도 안 되는 상황에만 적용되는 이상한 생각을 떠올리는 사람들의 이야기가 아니라, 결단력과 철저한 논리력을 갖춘 호기심 많은 사람들의 이야기다. 또한 용기의 이야기이기도 하다. 플랑크, 아인슈타인, 보어, 루이 드 브로이 등이 제시한 주장은 그저 헛소리로 여겨질 만큼(실제로 그런 적도 있다) 모두 파격적이고 대범했지만, 엄격한 시험을 통과하여 현실에 적용 가능한 주장임을 입증했다.

양자 물리학과 일상생활은 상호 보완적인 관계를 맺는다. 평범해 보이는 아침 식사라도 양자 물리학이 없이는 불가능하고, 양자 물리학은 발열체의 빛이나 자석의 끌어당기는 힘을 보고 '왜 이런 일이 일어나지?'와 같은 사소한 호기심을 보이는 과학자가 없었다면 존재할 수 없다.

여러분이 이러한 관계에서 교훈을 얻었길 바란다. 일상을 있게 하는 물리학에 관해 나눈 우리의 이야기가 여러분에게 일상을 좀 더 세심하게 바라보는 기회를 제공하고, 평범한 하루에 숨겨진 놀랍고 신기한 물리학 원리를 이해하는 데에 도움이 되었길 바란다. 그리고 양자론 발전에 관한 이야기가 호기심을 유발하는 계기가 되었길 바란다. 주변 세계에 관해 질문하고, 고민하고, 그러한 질문이 손짓하는 곳이면 어디든 따라가 보라. 언제나 당신을 놀라게 하는 사실이 기다리고 있을 것이다.

감사의 말

대부분의 책 표지에는 한 사람의 이름만 쓰여 있지만, 수많은 사람의 고마운 도움이 없다면 최종 결과물은 나올 수 없다. 내가 가장 먼저 고마워해야 하는 사람은 이 책이 세상의 빛을 보게 해준 에이전트 에린 호시어Erin Hosier다.

이 책의 여러 아이디어는 내 포브스Forbes 블로그에서 미리 '시험'을 거쳤다. 포브스 블로그에 기고할 기회를 준 알렉스 냅Alex Knapp에게 고마움을 전하고 싶다. 내용 중 많은 부분은 애쉬 조글래커Ash Jogalekar, 넬리아 만Nelia Mann, 더그 나텔슨Doug Natelson, 마이클 닐슨Michael Nielsen, 데이브 필립스Dave Phillips, 탐 스완슨Tom Swanson, 마크 워커Mark Walker를 포함한 여러 과학자와의 대화 덕분에 더욱 명확하게 설명할 수 있었다. 그들 모두 내용의 정확성을 높이는 데 도움을 주었고, 혹시 오류가 있다면 그건 모두 나의 실수다.

벤벨라BenBella의 알렉스 스티븐슨Alex Stevenson 편집자와 원월드Oneworld의 샘 카터Sam Carter 편집자 덕분에 논점을 날카롭게 하고 초점을 잃지 않을 수 있었고, 교정자 스콧 칼라마르Scott Calamar와 제임스 프렐라이James Fraleigh는 내가 맞춤법과 구두점 표기법을 잘 아는 사람처럼 보이도록 해 주었다. 그리고 제시카 리크Jessika Rieck가 이끄는 제품팀 덕분에 최종 원고가 멋진 옷을 입었다.

네 번째로 낸 이 책은 앞서 낸 책들보다 유난히 더 쓰기가 어려웠다. 가족의 도움이 없었다면 결코 끝내지 못했을 것이다. 내 이야기를 끈기 있게 들어주고, 초고를 검토해 주며, 나의 이상한 근무 시간과 산만한 성격을 다 참아준 내 아내 케이트 냅뷰Kate Nepveu에게 특히 고마움을 표현하고 싶다. 그리고 자주 컴퓨터에서 눈을 뗄 핑계를 제공해준 클레어Claire와 데이비드David에게도 감사한다.

찾아보기

ㅅ

ㅇ

ㅈ

ㅊ

ㅋ

ㅌ

ㅍ

ㅎ